Reinhard Nissen

SOLARSTROM FÜR DIE FREIZEIT

Reinhard Nissen

SOLARSTROM
FÜR DIE FREIZEIT

Wochenendhäuser – Gartenhäuser
Boote – Caravans – Camping

Frech-Verlag Stuttgart

Der Verlag bittet zu beachten:
Unsere Veröffentlichungen von Schaltungen und Verfahren erfolgen ohne Rücksicht auf bestehende Patente, da sie nur für Amateur- und Lehrzwecke bestimmt sind. Eine gewerbliche Nutzung ist ausdrücklich untersagt.
Trotz sorgfältiger Überprüfung aller Schaltungen und Angaben durch Verfasser und Verlag lassen sich Fehler nie ganz vermeiden. Der Verlag kann deshalb weder eine Garantie für Fehlerlosigkeit noch die juristische Verantwortung oder irgendeine Haftung übernehmen.
Verfasser und Verlag sind für Hinweise auf Fehler sowie auf Verbesserungs- und Ergänzungsvorschläge dankbar.

2. Auflage 1992
ISBN 3-7724-5444-5, Best.-Nr. 444
© 1990

frech-verlag
GmbH + Co. Druck KG Stuttgart

Druck: Frech, Stuttgart 31

Inhaltsverzeichnis

3. Kapitel

Die Solarstrom-Anlage

4. Kapitel

Aufstellung, Inbetriebnahme und Wartung der Solarstrom-Komponenten

5. Kapitel

Von Köln nach Mallorca: Anwendungsbeispiele stationärer Anlagen

Mein Solarwort

Meine erste Bekanntschaft mit Solarzellen machte ich Anfang der sechziger Jahre. Ich hatte damals in einer bekannten französischen Akkumulatoren-Firma Gelegenheit, an einem Demonstrationsmodell für die solare Stromversorgung eines Erdsatelliten den Aufbau mitgestalten zu können.

Die solare Stromversorgung von Erdsatelliten war damals noch eine Sensation, sie ist für die heutige Zeit allerdings eine Selbstverständlichkeit. Nachrichtensatelliten, ob für Fernseh-, Radio- oder Telefongesprächsübertragungen werden inzwischen in der Regel solar mit Strom versorgt. Die extraterrestrische Anwendung von Solarzellen hat somit den Weg für deren Anwendung auf unserem Planeten geebnet.

Die jährlichen Produktionszahlen betrugen in den sechziger Jahren nur wenige Kilowatt, sie sind jedoch inzwischen auf mehrere Megawatt angestiegen und werden sich voraussichtlich alle 2 Jahre verdoppeln. Damals waren Solarzellen noch teurer als Gold. Ihr Preis ist inzwischen, bedingt durch die Großserienproduktion, bereits auf ein erschwingliches Niveau gesunken.

Durch die Übernahme des Weltmarktführers Arco Solar in Kalifornien von Siemens Solar wurde auf einen Schlag Europa zum größten Produzenten von Solarmodulen. Sicherlich ist dies eine positive Entwicklung.

Überall in Europa entstehen inzwischen Solarstrom-Anlagen, wie z.B. die Versuchsanlage der RWE bei Kobern-Gondorf an der Mosel mit einer Spitzenleistung von 340 Kilowatt, die in der Lage ist, ein kleines Dorf mit Strom zu versorgen. In Italien ist sogar ein Solar-Kraftwerk mit einer Spitzenleistung von 3 Megawatt im Bau. Doch verglichen mit herkömmlichen Kraftwerken von über 1000 Megawatt sind solche Anlagen noch sehr klein. Trotzdem rechnen Experten, daß im Jahr 2000 ein Prozent der Stromerzeugung durch Solarzellen erfolgen wird.

Obgleich sich bis heute die amorphe Siliziumzelle wegen ihres zu geringen Wirkungsgrades und ihrer hohen Degradation (wird im 1. Kapitel erklärt) noch nicht durchsetzen konnte, wurden bereits Solarzellen auf Basis der Dünnschichttechnik mit sehr hohem Wirkungsgrad im Labormaßstab hergestellt. So erzielt eine Galliumarsenid-Zelle mit Lichtverstärker (Prinzip Brennglas) einen Wirkungsgrad von 37 %. Das entspricht dem Wirkungsgrad eines Ottomotors. Anzumerken sei hierbei, daß Gallium ein sehr seltenes und deshalb teures Material ist und somit für eine Großproduktion kaum in Frage kommt.

Hoffnung bereitet dagegen die Entwicklung der CIS-Zelle (Kupfer, Indium und Selen), die ebenfalls mit einer Dünnschichttechnik auf Glas aufgedampft werden kann und bei weiteren guten Eigenschaften bereits einen Wirkungsgrad von über 14 % erzielt. Jedoch wurden auch die Wirkungsgrade der mono- und polykristallinen Silizium-Solarzellen bereits bis auf 23 % gesteigert. Die Neuentwicklungen geben somit Hoffnung, daß Solarmodule in der Zukunft noch erheblich preiswerter werden.

Aber bedenken Sie bitte, daß Solarmodule heutiger Bauart auch unter mitteleuropäischen Wetterbedingungen nach etwa drei bis vier Betriebsjahren selbst soviel Strom erzeugt haben, wie für ihre Herstellung benötigt wurde. Man spricht daher mit Recht von einer Brütertechnik. Solarstrom dürfte daher eines Tages mit dazu beitragen, Kraftwerke auf fossiler Brennstoffbasis zu ersetzen, somit die Kohlendioxid-Emission zu verringern und dem bedrohlichen Treibhauseffekt wirkungsvoll entgegenzutreten. Solarzellen haben außerdem eine fast unbegrenzte Lebensdauer, erzeugen keine schwer deponierbaren Abfälle, rauchen, gasen und riechen nicht während ihrer lautlosen Stromproduktion.

Solarstrom-Anlagen haben jedoch gegenüber konventionellen Kraftwerken insofern Nachteile, als ihre Stromproduktion von der eingestrahlten Energie, also von den Sonnenstunden, abhängt und sie außerdem sehr viel größere Aufstellflächen benötigen. Dies wird auch ein verbesserter Wirkungsgrad kaum verändern.

Betrachten wir einmal einen PkW der Mittelklasse, so beträgt die Spitzenleistung eines Ottomotors etwa 60 kW (ca. 80 PS). Sollte diese Energie über Solarmodule erzeugt werden, so würde eine Fläche von mindestens 600 Quadratmetern benötigt. Solch ein „Solarauto" müßte also mit der Spielfläche eines Tennisplatzes durch die Gegend fahren. Eine wohl etwas phantastische Vorstellung.

Auch wenn jedes Jahr „Solar-Rallyes" stattfinden, mit extrem leichten Fahrzeugen und jeglicher freien Fläche mit Solarzellen belegt, so zeigt dies nur, daß durch Solarkraft etwas bewegt werden kann, ein wirklich technisch nutzbares Solar-Auto wird es nie geben.

Zukunftschancen haben jedoch Elektroautos, die an Solartankstellen "aufgetankt" werden, wie dies auf der Hannover-Messe jedes Jahr zu bewundern ist. Solche Fahrzeuge dürften eines Tages vor allem unsere Städte vor Lärm und schädlichen Abgasen schützen, ohne daß auf den uns lieben Individualverkehr verzichtet werden muß.

Das Anliegen meines Buches ist, Sie mit dem Strom, der von der Sonne kommt, im Freizeitbereich vertraut zu machen, Ihnen aber auch die Anwendungsgrenzen, sei es im Caravan, auf dem Boot oder Wochenendhäuschen aufzuzeigen. Auch im Alltag kann der Solarstrom uns das Leben erleichtern, es angenehmer, komfortabler und schöner machen. Jede durch Solarstrom eingesparte Kilowattstunde hilft außerdem, unsere Umwelt zu schützen.

Solarstrom ist umweltfreundlich

Nachrichtensatellit „Olympus". Die Stromversorgung von Satelliten im Weltraum durch Solarzellen ist sehr effektiv und gegenüber Atomreaktoren vollkommen gefahrlos. Foto AEG.

Photovoltaik-Anlage Kobern-Gondorf. Spitzenleistung 340 Kilowatt. Testanlage für Solarzellen mit direkter Netzeinspeisung des Stromes über Wechselrichter.

Solartankstelle auf dem Messegelände in Hannover mit einer Spitzenleistung von 15 kWp. Während der Messe werden die Elektrofahrzeuge „betankt". In der übrigen Zeit geht der Strom ins öffentliche Netz. Foto AEG.

1. Kapitel

Strom aus Licht und Sand?

Es ist schon eine großartige Entwicklung, mittels Solarzellen die Sonnenenergie auszunutzen, um mit ihnen auf direktem Wege Strom zu erzeugen. Nun, Solarzellen bestehen nicht aus Sand, jedoch aus Silizium, das aus diesem schließlich gewonnen wird. Übrigens ist das Silizium nach dem Sauerstoff das an der Erdoberfläche am meisten vorkommende Element, und als Quarzmineral steht es unbeschränkt zur Verfügung.

Das Sonnenspektrum, das wir umgangssprachlich mit Licht bezeichnen, muß bestimmte Voraussetzungen erfüllen, um die Solarzellen zur Produktion von Strom anzuregen. Das Licht einer Kerze allein reicht dazu meist nicht aus. Auch die Wärme, die durch die Sonne erzeugt wird, veranlaßt die Solarzellen nicht unbedingt zu einer Stromproduktion.

Hier darf darauf hingewiesen werden, daß mit Solarzellen oder mit Solarmodulen Strom erzeugt wird und im Normalfall mit diesem keine Wärme. Strom ist eine hochwertige Form der Energie, die zur Warmwassererzeugung viel zu wertvoll ist.Solarkollektoren hingegen verwandeln mit einem hohen Wirkungsgrad die Sonnenenergie in Wärme zur Erzeugung von Brauchwasser für das Bad oder die Heizung.

Um eine Abgrenzung zu den Solarkollektoren zu finden, wird die direkte Umwandlung von Licht in Strom mittels Solarzellen als Photovoltaik bezeichnet. Photo kommt aus dem Griechischen und heißt Licht, während Volta in diesem Wort den italienischen Forscher ehrt, der die elektrische Spannung entdeckt hatt. Mir erscheint die Bezeichnung Solarstrom gegenüber der Photovoltaik verständlicher.

Über die Herstellung und Funktionsweise der Solarzellen sowie über die Strahlung der Sonne wird im ersten Kapitel dieses Buches berichtet.

Zum Verwechseln ähnlich: oben Solarkollektor zur Warmwassererzeugung, unten Solarmodule aus polykristallinem Silizium zur Stromgewinnung.

Die Herstellung von Solarzellen

Wie bereits eingangs erwähnt, werden die Solarzellen aus Silizium hergestellt, einem Werkstoff, der große Bedeutung gefunden hat für die Produk-
tion der Mikrochips, die man in jedem Computer findet. Silizium kommt in der reinen Form in der Erdrinde nicht vor, sondern überwiegend als Quarz, einem Siliziumoxid. Um daraus das benötigte Silizium zu gewinnen, wird es einem metallurgischen Prozeß unterworfen, in dem es mit Kohle in einem Elektroofen eingeschmolzen wird. Das Resultat ist ein noch stark verunreinigtes Rohsilizium.

Aus diesem Material läßt sich noch keine Solarzelle herstellen, da es hochgradig verunreinigt ist. Es muß also gereinigt werden oder, wie der Hüttenmann sagt, es muß raffiniert werden. Für diesen Raffinationsprozeß wird eine fraktionierte Destillation angewendet, wie sie für die Destillation des Weinbrands aus Wein bekannt ist. Rohsilizium hat die Eigenschaft, mit einem Gemisch aus Chlor-Wasserstoff eine leicht flüchtige Verbindung einzugehen, die bei höheren Temperaturen verdampft und wie beim Alkohol abdestilliert wird. Während die Verunreinigungen im Rückstand bleiben, bei der Weindestillation ist dies das Wasser, wird ein Silizium höherer Reinheit gewonnen. Mehrmalige Wiederholung dieses Prozesses ergibt eine zuneh-
mende Reinheit des Materials.

Durch diesen Destillationsvorgang gelingt es schließlich, die Verunreinigun-
gen aus dem Rohsilizium um das 100000fache zu senken. Das gereinigte Silizium wird nun nochmals eingeschmolzen und kann dann in die Zellenpro-
duktion gehen.

Aus dem Silizium muß nun schließlich eine kompakte Zelle entstehen. Hierfür gibt es drei Wege, je nachdem ob mono- oder polykristalline oder amorphe Zellen hergestellt werden.

Hier scheiden sich die Geister, denn trotz identischen Ausgangsmaterials entstehen Solarzellen, die sich vor allem in ihrem Wirkungsgrad unterscheiden.

Die Herstellung amorpher Solarmodule ist einfacher gegenüber den mono-
oder polykristallinen Zellen. Das Silizium wird nämlich direkt aus der Gas-
phase auf dem Trägermaterial abgeschieden. Einzelne Zellen müssen daher nicht mehr hergestellt werden. Die Schichtdicke der amorphen Zellen beträgt auch nur noch 1 bis 2 μm (1 μm = 0,001 mm), also demnach bis zu 500fach geringeren Menge an Silizium, als bei den herkömmlichen Zellen benötigt wird.

Als Trägerplatte kann eine Glasscheibe oder auch eine flexible Metallfolie dienen. Mit einem Laserstrahl werden dann die Zellen ausgeschnitten.

Obgleich solche Solarmodule bereits auf dem Markt sind, haben diese sich, vor allem wegen ihres niedrigen Wirkungsgrades und auch wegen ihrer schnellen Alterung (die Leistung verringert sich im Laufe der Betriebszeit), noch nicht bewährt. Auch sind die Preise nicht einmal günstiger.

Eine großtechnische Anwendung dieser amorphen Solarzellen ist jedoch jedem von uns bekannt. Die Solarrechner enthalten solche Zellen, wobei ihre Leistung jedoch sehr gering ist. Aber schließlich genügen einige Milliwatt, um das Elektronengehirn arbeiten zu lassen.

Bei der Herstellung des polykristallinen Materials wird das Silizium nochmals eingeschmolzen und unter genau kontrollierten Bedingungen in einer Kokille vergossen.

Durch das langsame Abkühlen der Schmelze entstehen fächerartige Ausscheidungen, die Siliziumkristalle. Diese sehen nun nicht wie Kristalle aus, die wir z.b. bei einem Bergkristall vorfinden, von der Struktur her sind es jedoch ähnliche Gebilde. Vielleicht haben Sie auch schon einmal Laternenpfähle gesehen, die gegen Korrosion verzinkt wurden. Sie weisen auf der Oberfläche sehr oft flächen- oder kastenförmige Strukturen auf. Hierbei handelt es sich dann um Zinkkristalle.

Bei dem monokristallinen Silizium ist der Aufwand der Herstellung noch größer. Hierbei wird aus dem geschmolzenen Silizium ein einziger Kristall gezogen. Dieses ist ein aufwendiges und sehr kompliziertes Verfahren. Pro Stunde wächst dieser Einkristall nur um wenige Zentimeter. Für die Herstellung der etwa 1 m langen runden Stäbe mit einem Durchmesser von bis zu 130 mm werden daher Tage benötigt.

Schneidet man diese Stäbe durch und fertigt einen Schliff an, so können die fächerartigen Strukturen nicht beobachtet werden. Es handelt sich um einen Einkristall.

Die Vorteile des Gießverfahrens gegenüber dem Ziehen von Einkristallen liegen darin, daß die Produktionsgeschwindigkeit höher ist, das Verfahren kontinuierlich durchgeführt werden kann und erheblich weniger Energie verbraucht. Außerdem werden in einer rechteckförmigen Kokille Gußblöcke hergestellt, aus denen quadratische Zellen geschnitten werden können.

Die weiteren Verarbeitungsverfahren zur Herstellung von mono- oder polykristallinen Zellen sind nunmehr identisch.

Herstellung von Solarzellen
Fließbild

Quarzgrube
↓
Quarzsand

Elektroofen
↓
Rohsilizium

Fraktionierte Destillation
↓
Reinstsilizium

**Aufschmelzen und Einkristallziehen
oder kontrollierter Guß**
↓
Mono- oder polykristalline Blöcke

Sägen und Schleifen
↓
Wafer (undotierte Zelle)

Dotierung
↓
Dotierte Zelle

Aufbringen der Leiterbahnen
↓
Solarzelle mit Grit

Bedampfung (Antireflexschicht)
↓
Fertige Solarzelle

Durch Abdrehen, Schleifen bzw. ähnliche Verfahren wird der Gußblock auf die Dimension der Zellen gebracht. Mit Diamantsägen werden dann aus dem spröden und harten Silizium Scheiben gesägt.

Dies ist wiederum ein teurer und aufwendiger Vorgang. Vor allem geht beim Sägen wertvolles hochreines Silizium verloren. Aber nun hat die Solarzelle bereits ihre Form erhalten. Um sie allerdings funktionsfähig zu machen, bedarf es weiterer Arbeitsschritte.

Zunächst wird sie geschliffen, um die Oberfläche zu glätten. Sie hat dann eine Stärke von 0,3 bis 0,5 mm.

Durch ein thermisches Verfahren muß die Zelle mit Bor und Phosphor verunreinigt werden. Diese Dotierung, wie der Fachmann diesen Vorgang nennt, muß unter höchster Präzision und Sorgfalt durchgeführt werden.

Eigentlich ist die Solarzelle nunmehr funktionsfähig. Um ihr jedoch Strom entnehmen zu können, müssen noch metallische Kontakte auf ihrer Oberfläche aufgebracht werden. Die ewige Schattenseite ihres Lebens wird dabei ganz mit einer Metallschicht überzogen; ihre Sonnenseite dagegen sollte eigentlich gar nicht abgedeckt sein. Weil dies jedoch nicht möglich ist, da von der Oberfläche kein Strom abgeführt werden könnte, werden auf ihr feinste Metalleiter aufgebracht, die wie ein Spinnennetz zu Kontaktpunkten führen.

Nun ist die Solarzelle fast fertig. Ihr wird nur noch eine Antireflexschicht aufgedampft, damit sie das Licht nicht wie eine Speckschwarte reflektiert.

Wie wir nun erfahren haben, ist die Herstellung der Solarzellen zur Zeit noch sehr aufwendig. Vom Sand bis zur Zelle werden elf Arbeitsgänge benötigt, wobei dies nur die wichtigsten sind. Die Herstellungskosten sind daher immer noch sehr hoch. Bei der Entwicklung der polykristallinen Zellen wurden in der letzten Zeit jedoch Fortschritte erzielt, so daß sie gegenüber den monokristallinen bei einem nahezu gleichen Wirkungsgrad erheblich preisgünstiger hergestellt werden können.

Die Zukunft gehört jedoch der Dünnschichttechnik, also den amorphen Silizium-Solarzellen. Amorph heißt, daß dieses Silizium keine Kristallstruktur aufweist, wie z.B. Glas.

Silizium-Solarzellen: oben monokristallin, unten polykristallin. Das Grit und die Kontaktleiter erscheinen hier als graue oder silbrig glänzende Linien.

Amorphe Solarzellen einer Solarleuchte. Der Wirkungsgrad liegt nur bei etwa 4 %

Von der Solarzelle zum Solarmodul

Mit einer einzelnen Solarzelle läßt sich bereits Strom erzeugen, jedoch zum Laden einer Batterie reicht die Spannung nicht aus. Ihre Zellspannung beträgt nämlich nur etwa ein halbes Volt. Erst wenn eine Vielzahl von Solarzellen in Reihe geschaltet werden, ergibt sich die notwendige Spannung, um eine Batterie zu laden.

Zum Laden einer 12-Volt-Batterie werden im Normalfall 36 bis 40 Zellen benötigt. Die Zellenzahl ist hierbei abhängig von dem Zellentyp, der entnehmbare Strom hingegen von der Größe und dem Wirkungsgrad der Zelle.

Es müssen also die Kontaktpunkte auf der Vorderseite der Zelle mit der Kontaktfläche der Unterseite mit Kontaktdrähten verbunden werden. Es entsteht hierdurch ein Solarmodul.

Weiterhin müssen die Solarzellen vor Witterungseinflüssen, vor allem gegen Korrosion durch Feuchtigkeit, aber auch gegen Beschädigungen, z.B. durch Hagelschlag, geschützt werden.

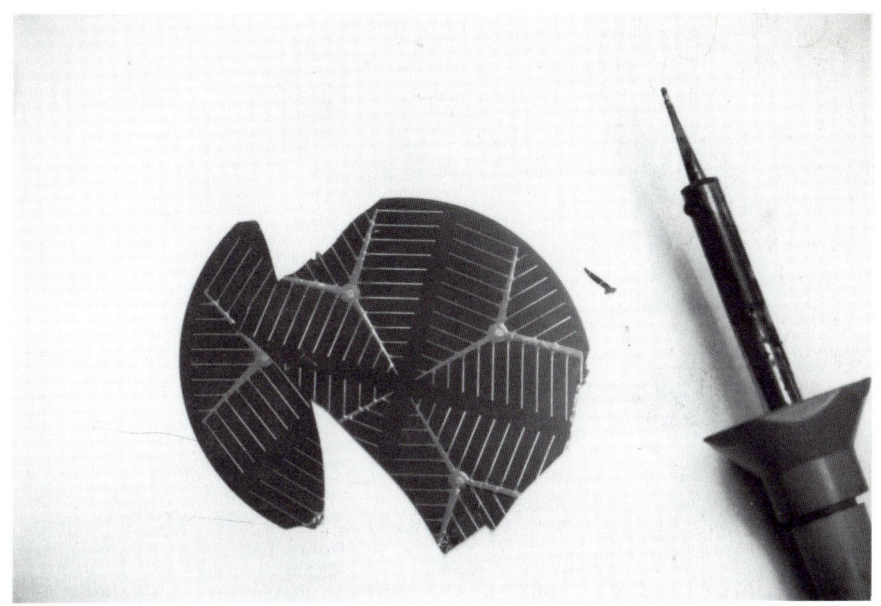

Der Selbstbau von Solarmodulen kann teuer werden, da die Solarzellen leicht zerbrechlich sind.

Die in Serie geschalteten Zellen werden daher wie ein Sandwich zwischen zwei Glasplatten oder, wie dies heute zumeist geschieht, zwischen einer Glasplatte und einer Kunststoffolie gebettet. Dabei muß die Glasscheibe auf der Lichtseite aus einem gehärteten und hochtransparenten Spezialglas bestehen. Normales Fensterglas ist hierfür nicht geeignet.

Außerdem werden die Zellen in einen weichen Kunststoff eingebettet, damit sie sich durch Erwärmung ausdehnen können, ohne Risse zu bekommen. Der Schutz der Rückseite des Moduls durch eine mit Kunststoff beschichtete Aluminiumfolie hat gegenüber einer Glasplatte den Vorteil, daß die durch starke Einstrahlung in den Solarzellen erzeugte Wärme besser abgeführt werden kann.

Nun muß diesem Gebilde noch ein stabiler Rahmen, vergleichbar einem Fensterrahmen, angepaßt werden. Dieser besteht zumeist aus eloxiertem Aluminium oder rostfreiem Stahl. Eine Gummidichtung an den Glaskanten verhindert das Eindringen von Feuchtigkeit und verbindet die Glasscheibe mit dem Rahmen. Ein Kabelanschlußkasten oder ein Anschlußkabel macht das Solarmodul so richtig perfekt.

Bezeichnung von Solarmodulen

Manche Leute bezeichnen solch ein Gerät mit in Serie geschalteten Solarzellen auch als Platte. Dies ist sicherlich technisch kein sehr gebräuchlicher
Ausdruck. In der Literatur oder in Prospekten finden Sie jedoch auch noch
weitere Bezeichnungen.

Mir würde die Bezeichnung "Solargenerator" am besten gefallen. Manche
Autoren verstehen hierunter jedoch den Zusammenschluß von mehreren
Solarmodulen in einer Einheit.

Um keine Irrtümer aufkommen zu lassen, habe ich mich für den Ausdruck
Solarmodul entschieden, auch dann, wenn die Solarstromanlage aus
mehreren Solarmodulen besteht.

Es gibt aber auch noch weitere Bezeichnungen, die überwiegend aus dem
Englischen kommen, zum Beispiel:

− Solarpanel oder Solarpaneel

− Solararray

Oft werden Solarmodule fälschlicherweise auch als Solarkollektoren bezeichnet. Wie eingangs bereits erwähnt, handelt es sich bei Solarkollektoren
um Geräte, mit denen mittels der solaren Strahlungswärme Warmwasser
erzeugt wird. Zum Teil sehen solche Kollektoren den Modulen zum Verwechseln ähnlich.

Fakten über die Sonne

Ich glaube, jeder von uns hat schon einmal träumend am Strand, vor seinem
Häuschen, auf einer einsamen Alm oder im Angesicht von Fabrikschloten
einen Sonnenuntergang beobachtet. Und ich glaube, daß jeder von diesem
Spektakel beeindruckt war. Für mich war und ist dies immer wieder ein
herrliches Erlebnis.

Besonders schön war es einmal auf Santorin, der griechischen Kykladenin-
sel. Ich saß in einem Restaurant, genoß ein erfrischendes Getränk, hörte
klassische Musik, und die Sonne ging riesengroß hinter der Vulkaninsel
unter. Es war ein faszinierendes Schauspiel, aber ohne Regisseur und ohne
Schauspieler, sondern nur mit der phantastischen Kulisse der Vulkanland-
schaft als Bühne und natürlich mit Mutter Sonne.

In solch einer Situation werden Sie sich sicherlich keine Gedanken machen über die unermeßliche Energie, die dieser Fusionsreaktor ausstrahlt. Aber in einem Buch über Solarstrom sollten doch einige Fakten genannt werden, und dann kommen Sie aus dem Staunen gar nicht mehr heraus.

Ich will Sie nun nicht mit den komplizierten Vorgängen der Kernfusion vertraut machen; das ist das Gebiet von Atomphysikern, und darüber gibt es auch einschlägige Fachliteratur. Doch sollten Sie wissen, daß als Brennstoff der Sonne Wasserstoff dient, der dann bei unvorstellbaren Temperaturen von einigen Millionen Grad zu dem Edelgas Helium verschmilzt. Durch diesen Fusionsprozeß werden wiederum unglaubliche Mengen an Energie frei.

Würde ein Kilogramm Wasserstoff mit Sauerstoff verbrannt, so entspräche dies einer Steinkohlenmenge von 4 kg. Bei dem Kernfusionsvorgang entspricht jedoch die gleiche Menge Wasserstoff dem Energiegehalt von 25 Millionen Kilogramm Steinkohle.

Bei einem Radius der Sonne von 700.000 Kilometern, dem 110fachen der Erde, einem Gewicht, das 330.000 mal so groß ist wie das der Erde, würde der Wasserstoff, aus dem die Sonne überwiegend besteht, durch eine direkte Verbrennung nur für 14.000 Jahre ausreichen. Sie wäre bereits seit Jahrmilliarden ausgebrannt, denn nach Schätzung der Wissenschaftler existiert sie bereits seit 10 bis 24 Milliarden Jahren.

Durch den Kernfusionsprozeß jedoch wird die Sonne noch weitere Milliarden Jahre ohne eine merkliche Leistungsminderung ihre Energie abgeben können.

Große Anstrengungen werden unternommen, um die Kernfusion auch irdisch zu realisieren, ohne daß die Zündung des Wasserstoffs mit einer Atombombe und der dadurch bedingten radioaktiven Verstrahlung erfolgt. Um einen kontinuierlichen Kernfusionsreaktor zu realisieren, werden jedoch noch Jahrzehnte vergehen und Forschungsmittel in Höhe von Milliarden benötigt werden, ohne daß bis heute feststeht, ob dieses überhaupt realisierbar ist.

Aber zurück zur Sonne! Der mittlere Abstand der Sonne zur Erde beträgt 149.600.000 km. Obgleich ihr Licht sich mit der „wahnsinnigen" Geschwindigkeit von fast 300.000 km pro Sekunde ausbreitet, braucht es doch noch rund 8 Minuten, bis es für uns sichtbar wird.

Würden wir jedoch eine Lichtminute näher bei ihr wohnen, dann säßen wir wohl in einem Treibhaus, eine Minute weiter weg von ihr, in einem Kühlschrank. Da kann man nur sagen, daß wir mit unserer Entfernung zu ihr Glück gehabt haben. Ihre gesamte je Sekunde abgestrahlte Energie beträgt 376 und dann kommen 21 Nullen (Trilliarden) Kilowatt, also eine für uns nicht mehr zu erfassende Zahl. Davon treffen auf die Erde immerhin noch 130.000.000.000.000 Kilowatt, was auf das Jahr bezogen über das 20.000fache des Energiebedarfs der Welt entspricht.

Um dies noch etwas zu verdeutlichen: 10 % der Saharafläche würden bereits ausreichen, um den gesamten Strombedarf der EG-Länder mittels Solarzellen zu decken.

Auf der Sonnenoberfläche herrscht eine Temperatur von „nur" 5.500 Grad, im Sonneninneren ist es dagegen 16 Millionen Grad heiß. Allein bei der Oberflächentemperatur der Sonne wären die meisten irdischen Mineralien oder Metalle geschmolzen oder nur noch gasförmig anzutreffen. Aus diesem Grund ist es schwierig, solche Temperaturen außer über einen indirekten Weg, wie z.B. den des Lichtbogens, zu erzeugen. Mit fossilen Brennstoffen sind solche Temperaturen hingegen nicht zu erreichen. Doch hohe Temperaturen sind auf der Erde auch mit dem Sonnenlicht zu erzielen, dann nämlich, wenn ihre Strahlen gebündelt werden. So kann bekanntlich ein Stück Papier mit dem Brennglas entzündet werden. Großtechnisch wird dies sogar mit dem Sonnenofen von Odeillo in den französischen Pyrenäen realisiert. Mit großen Parabolspiegeln wird die Sonnenstrahlung auf einen Fleck konzentriert, so daß die Strahlen sogar Mineralien mit sehr hohen Schmelzpunkten schmelzen können, ohne daß Verunreinigungen auftreten.

Zum Abschluß der Fakten über die Sonne sei hier noch vermerkt, daß sie auf ihrer Oberfläche binnen einer Minute eine Eisschicht von fast 15 Metern Dicke schmelzen könnte. Oder, daß in ihrem Inneren ein Druck von 200 Milliarden Atmosphären herrscht. Und wir sausen um dieses Zentralgestirn mit einer Geschwindigkeit von 108.000 km/h; gäbe es ein so schnell fliegendes Flugzeug, dann könnten wir binnen 4 Minuten von Frankfurt nach New York fliegen.

Die Strahlung der Sonne

Der Mensch hat die Fähigkeit, die Sonnenstrahlung über das Auge als sichtbares Licht und die infrarote Strahlung über seine Haut als Wärme wahrzunehmen. Die dritte Komponente der Strahlung, die ultraviolette, kann er nur indirekt feststellen, nämlich dann, wenn er zu lange „in der Sonne" gelegen und einen Sonnenbrand abbekommen hat.

Aber was verstehen wir nun eigentlich unter der Strahlung? Es handelt sich um eine Energie, die von der Sonne in Form von elektromagnetischen Wellen ausgestrahlt wird.

Wir können diese Wellen vergleichen mit der Wellenbewegung des Wassers. Bei ruhigem Wetter treten fast keine oder nur sehr lange Wellen auf. Bei einer kleinen Bö jedoch kräuselt sich die Wasseroberfläche, und es bilden sich kurze Wellen, die dann am Strand zerfließen. Bei einem Sturm jedoch treten Wellen mit einer Kraft auf, die an den Klippen mit lautem Getöse zerschellen.

Die Wellen des Wassers haben also zwei Eigenschaften, nämlich je nach den Windverhältnissen unterschiedliche Wellenlängen und Höhen und damit auch verschiedene Energieinhalte.

Die Wellenlänge kann hierbei einige Zentimeter, aber auch Kilometer betragen. Dieses ist das Wellenspektrum des Wassers.

Auch die Strahlung der Sonne hat ein Wellenspektrum, das jedoch gegenüber dem Wasser eine sehr viel kleinere Wellenlänge aufweist. Dieses Spektrum der Wellenlängen liegt nur im Mykrometerbereich, und zwar von 0,3 bis etwa 3 µm. Die kurzwelligste ist die ultraviolette (UV-), die langwelligste die infrarote (IR-) Strahlung.

Aber wie reagiert eine Solarzelle auf die von der Sonne eingestrahlte Energie? Wir wollen hier eine mikrokristalline Silizium-Zelle betrachten.

Zum ersten können wir aus dem Diagramm ablesen, daß ihre spektrale Empfindlichkeit ebenfalls stark von der Wellenlänge abhängt. Auffallend an dem Diagramm ist, daß die beiden Kurven nur teilweise übereinstimmen. Die höchste Empfindlichkeit der Solarzelle liegt im Übergangsbereich vom sichtbaren Licht in das IR-Gebiet. Die maximale Bestrahlungsstärke der Sonnenstrahlen liegt jedoch im Übergangsbereich vom UV- zum sichtbaren Licht. In etwa erzeugt somit die Solarzelle jeweils zu 50 % ihren Strom im Gebiet des sichtbaren Lichts und im IR-Bereich. Die harte UV-Strahlung trägt somit zur Energieumwandlung kaum bei.

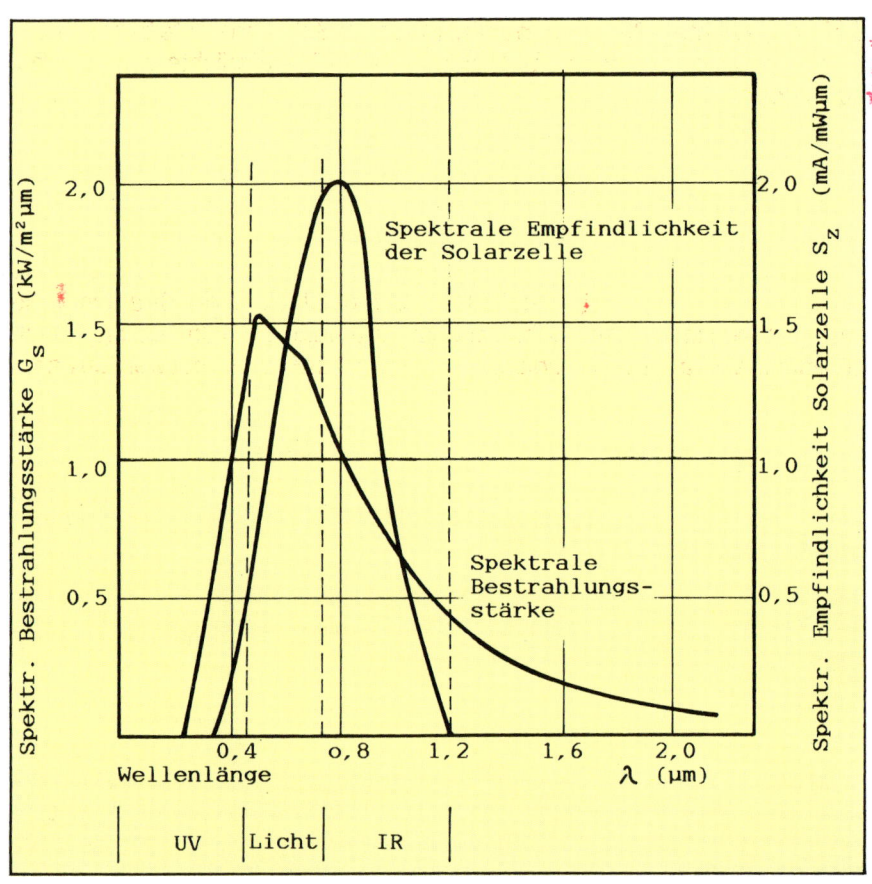

Spektrale Bestrahlungsstärke der Sonne, terrestrisch gemessen, und spektrale Empfindlichkeit der monokristallinen Solarzelle in Abhängigkeit von der Wellenlänge. UV = Ultraviolett, IR = Infrarot.

Dadurch, daß die spektrale Empfindlichkeit der Solarzelle nicht mit der spektralen Bestrahlungsstärke der Sonnenstrahlen übereinstimmt, liegt der rein theoretische Wirkungsgrad der Silizium-Solarzelle, wenn keine weiteren Verluste auftreten würden, nur bei 44 %.

Beim Durchtritt der Sonnenstrahlen durch die Erdatmosphäre verlieren diese an Energie. Während extraterrestrisch, also im Bereich der Satelliten, die Energiedichte 1,35 kW/m^2 beträgt (auch als Solarkonstante bezeichnet), hat die Strahlung auf der Erde nur noch eine Energiedichte von maximal 1,0 kW/m^2.

Diese Verringerung wird dadurch hervorgerufen, daß beim Durchtritt der Strahlung sich die spektrale Bestrahlungskurve, vor allem im UV-Bereich, zu niedrigeren Werten verschiebt. Die Strahlung wird langwelliger und weniger "hart". Ferner werden die Sonnenstrahlen durch die Erdatmosphäre teilweise reflektiert sowie durch Wasserdampf, Sauerstoff, aber vor allem das Kohlendioxid absorbiert. Auch die Umgebung schwächt die Strahlung. Sie verringert sich im Industriegebiet zusätzlich um 25 %, so daß dort nur noch mit einer maximalen Energiedichte von 0,75 kW/m^2 gerechnet werden kann.

Die Strahlung, die die Erdoberfläche erreicht, wird als Globalstrahlung bezeichnet. Sie setzt sich aus drei Komponenten zusammen:

– der direkten Strahlung, die sich ergibt, wenn die Sonne scheint und deren Strahlen direkt auf eine Fläche treffen. Diese Strahlung hat den größten Energiegehalt.

– der diffusen Strahlung, die bei wolkigem oder bedecktem Himmel auftritt. Sie ist mehr oder weniger von der Dicke der Wolkenschicht abhängig und damit auch ihr Energieinhalt.

– die reflektierte Strahlung tritt nur an geneigten Flächen auf und wird von der Umgebung bestimmt. Die Leistung eines Solarmoduls kann bei klarem Wetter in einer Schneelandschaft durch Reflexion der Sonnenstrahlen um bis zu 10 % höher liegen als bei einem dunklen Waldhintergrund. Auch eine Reflexion durch weiße Häuserwände oder Spiegelung durch das Meer erhöht die tägliche Leistung eines Solarmoduls.

Von den Meßstationen der Wetterwarten wird stets unter der Globalstrahlung nur die direkte und diffuse Strahlung verstanden, da die reflektierte Strahlung ortsabhängig ist. Die Messungen erfolgen daher an horizontalen Flächen. Je nach Sonnenstand (abhängig vom Sonnenstand und Breitengrad) muß die Globalstrahlung von der horizontalen auf die geneigte Fläche umgerechnet werden, um eine optimale Energieausbeute zu erhalten. Diese Umrechnungen sind jedoch sehr kompliziert.

Die Funktionsweise der Solarzelle

Wie wir bereits über die Herstellung der Solarzellen erfahren haben, muß zunächst ein hochreines Silizium hergestellt werden, um daraus Rohzellen (auch Wafer genannt) herzustellen. Erst durch die Dotierung allerdings werden diese auch funktionsfähig. Die im folgenden beschriebenen physikalischen Vorgänge sind jedoch für den Laien recht kompliziert und werden daher hier auch nur vereinfacht dargestellt.

Der photovoltaische Effekt ist es, der in der Solarzelle die elektrische Energie erzeugt. Hierunter wird die direkte Umwandlung von Licht in elektrischen Strom mittels eines Halbleiters, der einen p-n-Übergang hat, verstanden. Ein Halbleiter ist ein Metall oder eine Metallegierung, die in reinem Zustand nur schwach den Strom leiten. Die Leitfähigkeit kann jedoch dadurch erhöht werden, daß Fremdatome in das Kristallgitter eingelagert werden. Dies nennt man Dotierung.

Nun müssen wir auch wissen, daß die elektrische Leitung des Stroms im Metall durch Elektronen erfolgt. Dies sind negativ geladene, sehr kleine Teilchen. Sie können durch einen Leiter wie Wasser in einem Leitungsrohr fließen. Die Mehrzahl der Elektronen jedoch treffen auf benachbarte Elektronen und übertragen dabei ihre Energie.

Betrachten wir eine reine Siliziumscheibe, so setzt sich deren Kristallgitter aus unzählbaren Atomen zusammen. Diese Siliziumatome bestehen aus dem Atomkern, um den die Elektronen kreisen. Ähnlich also wie die Planeten, die, so auch unsere Erde, ihre Bahnen um die Sonne ziehen.

Das Siliziumatom hat auf der äußersten Elektronenbahn, auch Schale genannt, vier Valenzelektronen. Diese Elektronen geben Auskunft über die chemische Bindung der Atome im Kristallgitter. Es handelt sich dabei um eine vierwertige stabile Verbindung. Wird nun eine Dotierung mit einem Element durchgeführt, das fünf Valenzelektronen hat, so findet das überschüssige Elektron keinen Bindungspartner und ist somit schwächer gebunden als die vier Valenzelektronen des Siliziums. Dieser Elektronenüberschuß bewirkt, daß das mit Phosphor dotierte Gitter negativ geladen ist und somit den n-Halbleiter bildet.

Wird nun die Rückseite mit einem Element dotiert, das ein Valenzelektron weniger als das Silizium hat, also drei statt vier, so tritt ein Mangel an Elektronen auf, es entstehen Löcher. Solche Löcher können Elektronen aufnehmen, sie sind Akzeptoren. Diese Seite wird positiv geladen und als p-Halbleiter bezeichnet. Als Element zur Dotierung eignet sich Bor.

Durch diese Dotierung der Siliziumscheibe mit einem Element, das ein Überschußelektron auf der einen Seite und auf der anderen einen Mangel an Elektronen aufweist, wurde ein p-n-Halbleiter gebildet. Das Überschußelektron hat nun das Bestreben, auch bei der nicht bestrahlten Zelle zu dem Loch zu wandern. Durch den Elektronenfluß entsteht eine Spannung, die den photovoltaischen Effekt erst ermöglicht.

Fällt nun auf die Oberfläche der Solarzelle Licht, so werden die Photonen absorbiert und dringen bis zum p-Halbleiter vor, wo ihre Energie Elektronen losschlägt und somit neue Löcher gebildet werden. Wird die Zelle nun kurzgeschlossen, fließt ein Strom, indem die freigesetzten Elektronen zum n-Leiter fließen und die Überschußelektronen in der Zelle zum p-Leiter. Die Zelle liefert Strom, dessen Stärke nur von der Stärke der Bombardierung mit Photonen und somit von der Beleuchtungsstärke abhängt.

Der Wirkungsgrad von Solarzellen

Wird eine Solarzelle einer Lichtquelle ausgesetzt und eine kleine Glühlampe an sie angeschlossen, so erzeugt sie elektrische Energie, und das Birnchen leuchtet auf.

Wieviel der durch die Sonne eingestrahlten Energie läßt sich nun in elektrische Arbeit durch die Solarzelle verwandeln? Diese interessante Größe wird durch den Wirkungsgrad der Solarzelle beschrieben. Der Wirkungsgrad ist somit das Verhältnis der maximalen elektrischen Arbeit der Solarzelle zu dem der eingestrahlten Sonnenenergie.

Wie wir bereits erfahren haben, liegt der maximale theoretische Wirkungsgrad von monokristallinen Solarzellen bei 44 %, der praktische jedoch nur bei 12 % (im Labor erreichter Wert bei 19 %). Woran liegt es nun aber, daß die eingestrahlte Energie nur zum geringsten Teil ausgenutzt wird?

Wir wissen bereits, daß das Spektrum der Sonne nicht mit dem der Solarzelle übereinstimmt, wodurch ein Viertel der Energie verloren geht. Ein Drittel der absorbierten Photonen können ihre Energie nicht in elektrische Energie, sondern nur in Wärme umwandeln. Auch die Antireflexschicht kann nicht verhindern, daß trotzdem noch ein Teil der Strahlung reflektiert wird.

Weitere Verluste treten dadurch auf, daß, wie dies die Strom-Spannungs-Kennlinie zeigt, die Leerlaufspannung sowie der Kurzschlußstrom höhere Werte aufweisen als der Strom und die Spannung am Punkt der höchsten Leistung (W_p). Das Verhältnis der maximalen Leistung zu der Leerlaufleistung wird als Füllfaktor der Solarzelle bezeichnet. Hinzu kommt, daß die notwendigen Kontaktstege die Solarzelle abdecken. Spannungsverluste ergeben sich noch durch den elektrischen Widerstand der Materialien und Kontaktierungen.

Ein weiterer Faktor der Leistungsminderung und somit des Wirkungsgrades der Solarzelle ist ihre Degradation. Hierunter wird verstanden, daß die Solarzelle nach ihrer Fertigstellung zunächst eine höhere Leistung aufweist als nach einiger Zeit der Bestrahlung. Bei mono- oder polykristallinen Solarzellen ist die Degradation sehr gering und beträgt etwa 1 %. Daher werden für solche Solarmodule in der Regel Leistungsgarantien von 10 Jahren abgegeben, wobei jedoch auch noch nach 20 Jahren annähernd die ursprüngliche Leistung zu erwarten ist. Amorphe Solarzellen weisen z. Z. noch einen hohen Degradationsgrad auf. Der ursprüngliche Wirkungsgrad von 8 % fällt zunächst schnell, mit der Zeit jedoch langsamer, d.h. exponentiell auf 4–5 % ab. Die Leistungsgarantie für solche Solarmodule beträgt daher in der Regel nur 5 Jahre. Die Degradation bedeutet daher also: Leistungsminderung durch Alterung.

Für mono- und polykristalline Silizium-Solarzellen kann mit einem Wirkungsgrad von 10 % bis 14 % gerechnet werden. Vor allem die Entwicklung der polykristallinen Zellen haben hinsichtlich ihres Wirkungsgrades in jüngster Zeit große Fortschritte gemacht.

Dieser Wirkungsgrad der einzelnen Zelle muß aber nicht mit dem Flächenwirkungsgrad eines Solarmoduls übereinstimmen. Werden z.B. für das Solarmodul 36 monokristalline runde Solarzellen mit einem Durchmesser von 100 mm verwendet, so lassen diese sich nur so anordnen, daß etwa 75 % der Fläche bedeckt wird, die Restfläche ist daher ungenutzt. Wird hingegen gleiches Material benutzt, die Rundungen jedoch abgeschnitten, so daß sich rechteckige Zellen ergeben, wird der Flächennutzungsgrad schließlich um annähernd 25 % erhöht. Dies kann für manche Anwendungen, wie z.B. auf Booten, von Vorteil sein.

Elektrische Daten des Solarmoduls

Wir werden in den folgenden Kapiteln noch sehr oft mit gewissen elektrotechnischen Begriffen der Solarmodule konfrontiert; daher will ich Ihnen diese anhand der Strom-Spannungs-Kennlinie erklären.

Die Strom-Spannungs-Kennlinie

Schlagen Sie einen Prospekt über ein Solarmodul auf, so werden Sie neben einer Beschreibung der mechanischen und elektrischen Daten meist (leider nicht immer) ein Diagramm finden, nämlich die Strom-Spannungs-Kennlinie. In diesem Diagramm sollten Sie (leider nicht immer) eine Schar von Strom-Spannungs-Kurven in Abhängigkeit der eingestrahlten Sonnenenergie und der Zellentemperatur finden.

Was können Sie aus solch einem Diagramm alles ablesen?

Ich habe Ihnen anhand eines Solarmoduls mit 36 monokristallinen Solarzellen und einer Spitzenleistung von 35 Watt zwei solche Diagramme aufgestellt. Das erste (Seite 38 oben) wurde in Abhängigkeit von der eingestrahl-.. ten Sonnenenergie, das zweite (Seite 38 unten) in Abhängigkeit von der Zellentemperatur dargestellt.

Die Spitzenleistung W_p

Das Diagramm auf Seite 38 oben zeigt Kurven für eine Sonneneinstrahlung E von 650, 800 und 1000 W/cm^2. In manchen Prospekten wird die Energie auch in mW/cm^2 angegeben, 1000 W/m^2 = 100 mW/cm^2. Je nach der eingestrahlten Energie ändert sich, und zwar fast proportional, die Spitzenleistung der Solarzellen. Die gestrichelten Linien geben in dem Diagramm den Bereich konstanter Leistung P (W) an. Am Berührungspunkt der Strom-Spannungs-Kurve mit der Kurve konstanter Leistung P (W), finden wir je nach Einstrahlung die Spitzenleistung Wp (Watt-peak-Wert) des Solarmoduls.

Die Leerlaufspannung U_L

Die Leerlaufspannung ist wie der Kurzschlußstrom eine weitere charakteristische Kenngröße. Sie kann leicht ermittelt werden, indem ein Voltmeter direkt an die Pole des Solarmoduls, ohne daß eine Batterie oder ein Verbraucher zugeschaltet wurde, angeschlossen wird. Wie wir aus dem Diagramm auf Seite 38 oben sehen, ist die Leerlaufspannung von der eingestrahlten Energie nur geringfügig abhängig. Unter Normbedingungen beträgt die Leerlaufspannung für dieses Modul 21,5 Volt.

Der Kurzschlußstrom I_k

Der Kurzschlußstrom I_k kann ebenfalls leicht ermittelt werden. Die beiden Pole des Solarmoduls werden hierbei direkt an ein Amperemeter angeschlossen. Sie brauchen bei solch einem Experiment keine Sorge zu haben, daß das Solarmodul durch einen Kurzschluß Schaden nehmen könnte. Solarmodule sind kurzschlußfest. Wie die Spitzenleistung ist auch der Kurzschlußstrom von der eingestrahlten Energie abhängig und nimmt annähernd linear mit steigender Einstrahlung zu. Unter Normbedingungen beträgt der Kurzschlußstrom für dieses Solarmodul 2,4 Ampere.

Der Füllfaktor F

Der Füllfaktor ist ebenfalls eine charakteristische Kenngröße eines Solarmoduls, wird jedoch selten angegeben. Er läßt sich jedoch mittels der Spitzenleistung unter Normbedingungen sowie dem entsprechenden Kurzschlußstrom und der Leerlaufspannung leicht berechnen. Der Füllfaktor ist der Quotient aus der Spitzenleistung und dem Produkt aus Kurzschlußstrom und Leerlaufspannung. Er läßt sich für dieses Solarmodul zu 0,68 berechnen. Je höher der Wert liegt, um so besser ist die elektrische Charakteristik der Solarzelle.

Der Temperatureinfluß T_c

Einen wesentlichen Einfluß auf die Leistung eines Solarmoduls hat die Zellentemperatur. Unter Normbedingungen ist, wie wir bereits erfahren haben, die Zellentemperatur mit 25 °C festgelegt. Bei einer hohen Einstrahlung von 1000 W/m², werden jedoch je nach Umgebungsbedingungen Modultemperaturen von weit über 60 °C erreicht. Somit ist die angegebene Spitzenleistung nur ein mehr oder weniger theoretischer Wert.

In dem Diagramm auf Seite 38 ist die Strom-Spannungs-Kennlinie in Abhängigkeit von der Zellentemperatur aufgezeichnet. Für die eingestrahlte Energie wurde ein Wert von 800 W/m² gewählt, der in unseren Breiten einem normalen Sonnentag entspricht. Aus dem Diagramm wird ersichtlich, daß oberhalb von 25 °C die Leerlaufspannung sinkt, unterhalb jedoch ansteigt.

Der Temperaturkoeffizient für die Leerlaufspannung beträgt für dieses Solarmodul 76 mV/°C oder 0,35 %/°C. Der Kurzschlußstrom ist hingegen von der Temperatur nur sehr geringfügig abhängig. Sein Temperaturkoeffizient beträgt nur 1,5 mA/°C oder 0,06 %/°C.

Der Temperaturkoeffizient ist abhängig von der Art der Solarzelle, nämlich ob sie aus mono- oder polykristallinem oder amorphem Silizium besteht. Prozentual lassen sich für die Änderung der Leistung, Leerlaufspannung und dem Kurzschlußstrom folgende Grenzbereiche aufstellen.

Spannung	sinkt steigt	um 0,3 bis 0,4 %/°C	über unter	25 °C
Strom	steigt sinkt	um etwa 0,05 %/°C	über unter	25 °C
Leistung	sinkt steigt	um 0,3 bis 0,5 %/°C	über unter	25 °C

Die Temperaturerhöhung der Solarzellen im Solarmodul und damit Leistungsminderung und Spannungsabfall sind von verschiedenen Kriterien abhängig:

• Aufbau und Konstruktion des Solarmoduls.
Die Wärmeabfuhr bei Solarmodulen mit einer verhältnismäßig dünnen rückseitigen Folie ist günstiger als die Doppelscheiben-Einbettung der Solarzellen.

• Aufstellung der Solarmodule.
Werden Solarmodule frei aufgestellt, so daß die Wärme auch rückseitig gut abgeführt werden kann, so weisen diese eine geringere Erwärmung auf als bei einer Montage direkt auf die Unterlage. So sind Solarmodule in Form von Dachziegeln, auch wenn dies optisch besser aussehen mag, schlecht rückseitig zu belüften.

• Windgeschwindigkeit
Je höher die Windgeschwindigkeit, um so besser die Kühlung der Solarmodule. Ein zugiger Aufstellungsort ist daher einem windstillen vorzuziehen.

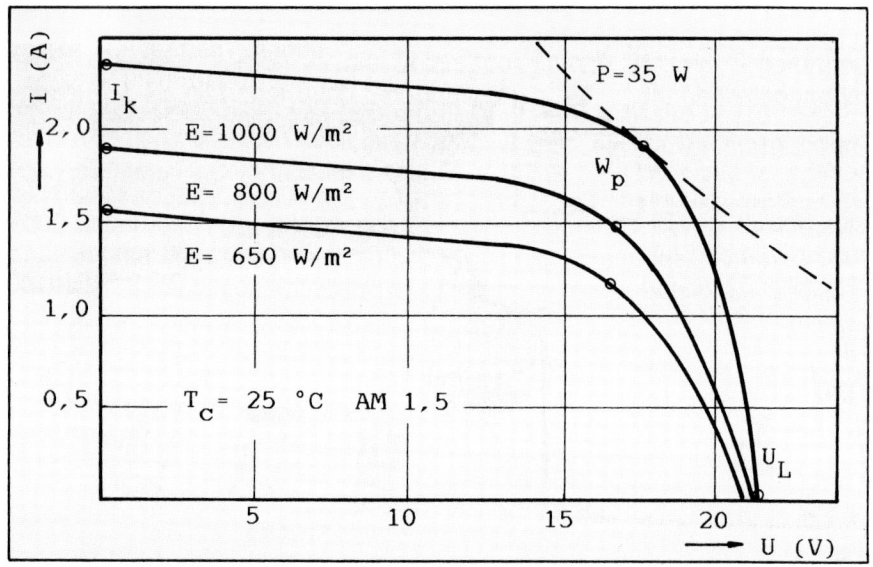

Strom-Spannungs-Kennlinien eines Solarmoduls mit monokristallinen Solarzellen und einer Spitzenleistung von 35 Wp. Kurvenscharen für verschiedene Sonneneinstrahlungswerte.

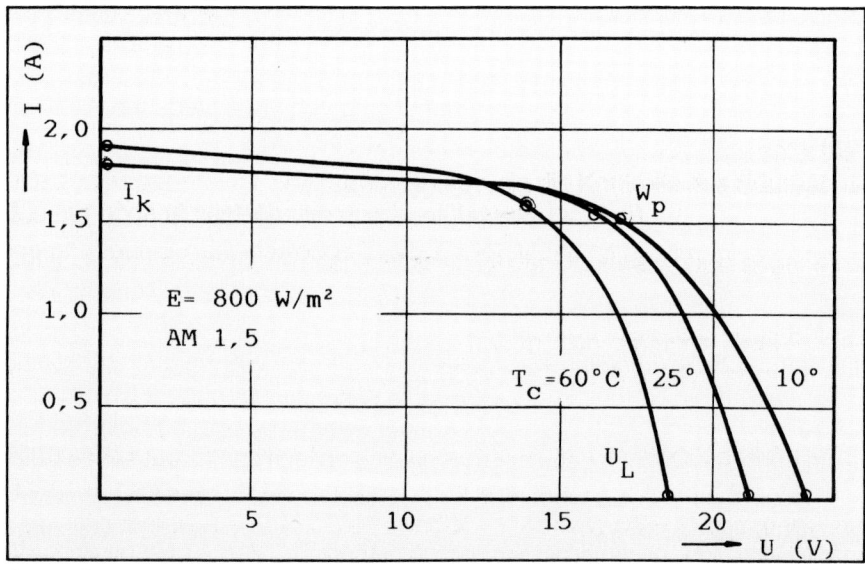

Strom-Spannungs-Kennlinie eines Solarmoduls mit monokristallinen Solarzellen und einer Spitzenleistung von 35 Wp. Kurvenscharen für verschiedene Zellentemperaturen.

- Umgebungstemperatur
  Je höher die Umgebungstemperatur, um so größer die Erwärmung der Solarzellen. Ideal wäre die Umgebungstemperatur am Nordpol mit den Einstrahlungswerten der Sahara.

- Sonneneinstrahlung
  Hohe Sonneneinstrahlung und damit meist auch verbundene hohe Umgebungstemperatur führen zu einer starken Erwärmung der Solarzellen. Deshalb müssen die Solarmodule eine genügend hohe Leerlaufspannung haben, um Batterien laden zu können.

Selbstregulierung gleich Selbstbetrug?

Auf dem Markt werden Solarmodule propagiert, die selbstregulierend sein sollen. Was wird darunter verstanden? Ein selbstregulierendes Solarmodul soll eine Überladung der Batterie verhindern, indem der Ladestrom sich automatisch der Batteriespannung anpaßt. Dadurch soll schließlich der Laderegler, jedenfalls was den Überladeschutz betrifft, eingespart werden. Dies ist sicherlich ein guter Gedanke, aber vielleicht auch nur eine noch bessere Verkaufsidee.

Worin besteht der Unterschied zwischen einem selbstregulierenden und einem nicht selbstregulierenden Solarmodul? Einfach ausgedrückt, in der Anzahl der Solarzellen. Das selbstregulierende weist nur 30 monokristalline Solarzellen auf, das andere 36. Es wurden also 6 Zellen eingespart. Aber wie wir bereits gesehen haben, wird die Leerlaufspannung des Solarmoduls durch die Anzahl der in Reihe geschalteten Solarzellen bestimmt. Das selbstregulierende Solarmodul hat somit unter Standardbedingungen nur noch eine Leerlaufspannung von etwa 18 Volt.

Wie wir bereits wissen, bewirkt eine Temperaturerhöhung eine Abnahme der Zellenspannung. Wie wirkt sich dies nun auf den Ladestrom einer Batterie aus? Ich will dies an einem Beispiel erklären. Verglichen werden sollen zwei Solarmodule aus monokristallinen Solarzellen mit gleichem Kurzschlußstrom, jedoch unterschiedlicher Zellenzahl; eines mit 30, das andere mit 36 Zellen. Die Zellentemperatur soll bei optimaler Einstrahlung 60 °C betragen.

Der Ladespannungsbereich einer Batterie liegt bei einer Raumtemperatur zwischen 12 und 14 Volt. Nehmen wir eine mittlere Ladespannung von 13 Volt an, so ist die Batterie noch nicht voll aufgeladen. Wie das Diagramm zeigt, beträgt der Ladestrom des 30-Zellen-Moduls etwa 1,5 A, die des 36-Zellen-Moduls hingegen 2,1 A. Tritt außerdem noch ein Spannungsabfall durch die Sperrdiode, die Zuleitungen und durch Kontaktierungen von 1 Volt auf, müßte das Solarmodul jedoch eine Ladespannung von 14 Volt liefern. Der Strom des 30-Zellen-Moduls sinkt somit auf etwa 1,3 A, der des anderen hingegen nur auf 2 A.

Wenn also optimale Ladebedingungen herrschen, liefert das Solarmodul mit 30 Zellen wegen der erhöhten Zellentemperatur, erheblich weniger Strom als jenes mit 36 Zellen.

Betrachten wir weitere Möglichkeiten: Stiege die Zellentemperatur des Solarmoduls auf 75 °C an, reduzierte sich die Ladespannung um zusätzlich etwa ein Volt. Der Ladestrom des 30-Zellen-Moduls sinkt auf einen Wert unter 1 A.

Betrachten wir den umgekehrten Fall. Die Sonneneinstrahlung ist hoch, die Umgebungstemperatur jedoch niedrig, es herrscht ein lebhafter Wind, so daß die Zellentemperatur nur auf 30 °C ansteigt; dann bringt das 30-Zellen-Modul seinen vollen Ladestrom an die Batterie, aber auch dann noch, wenn die Batterie bei 14 Volt weitgehend voll aufgeladen ist. Sie wird somit überladen, das heißt sie gast, wodurch der Säurespiegel fällt.

Wann wäre solch ein Solarmodul denn selbstregulierend? Dann, wenn die Temperatur der Batterie mit der Zellentemperatur mitspielen würde, denn ihre Gasungsspannung ist ebenfalls von der Temperatur abhängig. Bei einer hohenEinstrahlung und niedriger Zellentemperatur müßte sie kalt sein, bei hohen Temperaturen hingegen warm. Aber dies läßt sich wohl nicht verwirklichen, vor allem wenn man bedenkt, daß die ideale Temperatur der Batterie bei 20 bis 25 °C liegt.

Aber auch jedes Solarmodul mit 36 Zellen und einer Leerlaufspannung von etwa 21 Volt, und auf diese kommt es schließlich an, wäre selbstregulierend, es braucht nur ein entsprechender Widerstand parallel geschaltet zu werden, der, je nach Größe, einen Spannungsabfall verursacht. Aber auf diese Idee käme wohl keiner, denn die Sperrdiode und Leitungswiderstände verursachen stets einen Spannungsabfall.

Sollten Sie im Besitz eines sogenannten selbstregulierenden Solarmoduls sein, so erhebt sich die Frage, wie doch noch eine hohe Leistung oder ein hoher Ladestrom erreicht werden kann. Man muß die Spannungsabfälle minimieren. Wie? Durch Wahl eines großen Kabelquerschnitts vom Modul zum Laderegler oder zur Batterie (siehe Kabeltabellen Spannungsabfall 0,5 Volt), unbedingt eine Schottky Diode verwenden und vor allem dafür sorgen, daß das Solarmodul durch eine freie Aufstellung gut belüftet werden kann.

Für mich ist ein selbstregulierendes Solarmodul nichts anderes als ein Modul, dem für die benötigte Ladespannung bei starker Sonneneinstrahlung ein paar Zellen fehlen: somit ein Selbstbetrug.

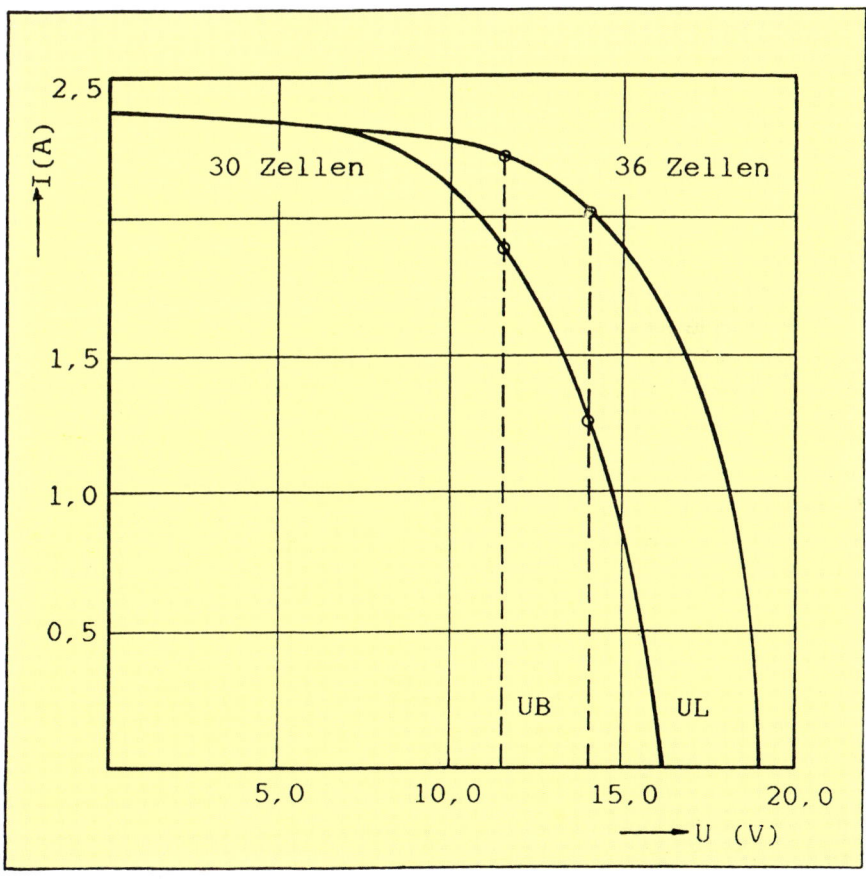

Vergleich der Strom-Spannungs-Kennlinien zweier Solarmodule mit monokristallinen Solarzellen unterschiedlicher Zellenzahl bei einer Zellentemperatur von Tc = 60°C. UB = Batteriespannung, UL = Modul-Leerlaufspannung.

41

Noch Fragen bitte?

Es wurden mir oft Fragen gestellt, die für Sie vielleicht ganz selbstverständlich sind, aber manchem Laien Kopfschmerzen bereiten.

Frage: Ist est möglich, mit dem für die Ladung von 12-Volt-Batterien ausgelegten Solarmodul auch Batterien mit 6 Volt oder einer noch niedrigeren Spannung zu laden?

Antwort: Im Prinzip ja! Das Solarmodul paßt sich stets der Ladespannung der Batterie an. Selbst eine einzelne Bleizelle mit 2 Volt oder Cadmium-Nickelzelle mit 1,2 Volt könnte mit solch einem Modul aufgeladen werden. Gemäß der Strom-Spannungs-Kennlinie ergibt sich ein geringfügig höherer Strom. Die Leistung beträgt dann aber nur noch ein Bruchteil der Spitzenleistung (Wp) des Solarmoduls.

Frage: Darf ein Solarmodul kurzgeschlossen werden?

Antwort: Der Kurzschluß eines Solarmoduls verursacht keinen Schaden an dem Gerät. Auch kann ein Solarmodul ohne Leistungsabnahme beliebig lange betrieben werden.

Frage: Wann können Solarmodule unterschiedlicher Bauart parallel oder in Reihe geschaltet werden?

Antwort: Eine Parallelschaltung von Solarmodulen unterschiedlicher Leistung oder Bauart ist möglich. Ihre Ströme addieren sich hierdurch. Man sollte allerdings auf eine annähernd gleiche Leerlaufspannung achten. Soll eine 24-Volt-Batterie geladen werden, so müssen im Normalfall 2 Solarmodule mit einer Leerlaufspannung von 12 Volt in Reihe geschaltet werden. Die Spannungen addieren sich. Es ist allerdings darauf zu achten, daß der Kurzschluß- oder besser noch der Nennstrom beider Module gleich groß ist. Daher empfiehlt es sich, nur Solarmodule identischer Bauart zu verwenden.

Frage: Wie hoch ist der Stromverbrauch zur Herstellung von Solarzellen?

Antwort: Wie wir bereits erfahren haben, wird zur Herstellung von Solarzellen überwiegend Strom, für den Reduktionsvorgang im Elektroofen Primärenergie in Form von Kohle, benötigt.

Eine polykristalline Solarzelle mit einer Spitzenleistung von einem Wp enthält etwa acht Gramm Silizium. Um diese Zelle herzustellen, wird ein gehäufter Teelöffel Reduktionskohle, jedoch für alle weiteren Arbeitsvorgänge noch, je nach Produktionsgröße, 2 bis 3 kWh an Strom verbraucht.

Die Kohle kann die Solarzelle natürlich nicht produzieren, jedoch den Strom. Pro Jahr liefert eine Solarzelle mit 1 Wp in unseren Breiten immerhin rund 1,0 kWh (in der Sahara sogar über 2,2 kWh). Bedenken wir noch, daß zur Herstellung des Moduls selbst (Rahmen, Glas etc.) Energie oder Strom benötigt wird, so müssen wir schließlich mit einem Energieverbrauch von 4 bis 5 kWh je Wp rechnen.

Bei einer Lebensdauer eines Solarmoduls von mindestens 20 Jahren wird etwa die fünffache Strommenge erzeugt, als für seine Herstellung nötig war. Solche Anlagen, die mittels Solarzellen ihren Energiebedarf decken, werden als "Solar-Brüter" bezeichnet, wie die der Firma Solarex im Norden der USA im Staat Maryland.

Wieviel wiegt eine Kilowattstunde?

Die Spitzenleistung handelsüblicher Solarmodule liegt zwischen 30 und 50 Wp. Wählen wir ein Modul, das 40 Wp leistet, dann beträgt seine elektrische Arbeit an einem sonnigen Sommertag in etwa 250 Wh. Aber was bedeutet das in der Praxis? Wir sind schließlich gewohnt, Geräte zu benutzen, die einige Kilowatt verbrauchen. Ich möchte Ihnen dies an einigen einfachen Beispielen verdeutlichen.

Wissen Sie, welche Leistung ein Radfahrer über längere Zeit an die Pedale abgibt? Es sind in etwa 50 Watt. Natürlich handelt es sich hierbei nicht um einen Radprofi, der die "Tour de France" bestreitet, sondern um einen wie du und ich. Mit der täglichen Energie des Solarmoduls könnte er somit 5 Stunden fahren und würde dabei eine Strecke von 75 km zurücklegen. Vorausgesetzt, es herrschte Windstille, und er könnte diese Leistung kontinuierlich im Flachland erbringen. Eines ist sicher, daß er dabei ziemlich ins Schwitzen kommen würde.

Noch mehr ins Schwitzen dürften Sie geraten, wenn Sie einen Zehn-Liter-Eimer mit Wasser einen fünfzehn Meter hohen Hügel hinaufschleppen. Und das 150 mal am Tag, denn dies kann eine richtig ausgelegte Wasserpumpe mit dem erzeugten Solarstrom für Sie ohne Mühe erledigen. Praktisch bedeutet dies, daß solch eine Pumpe innerhalb von 4 Stunden über 1500

Liter fördern und mit diesem Wasser einen größeren Garten von etwa 500 m² bewässern könnte.

Mit dieser Energie würde eine übliche 60-Watt-Glühbirne gerade etwas über 4 Stunden lang brennen, eine Stromsparlampe mit der gleichen Helligkeit jedoch fast 25 Stunden.

Das Kofferradio könnte zwei Tage ununterbrochen spielen, ein portables Schwarz-Weiß-Fernsehgerät etwa 15 Stunden flimmern, und selbst ein Farbgerät würde Sie noch 5 Stunden lang mit spannenden Spielfilmen wie zu Hause beglücken.

Eine Solaruhr könnte mit dieser Energie länger als ein Menschenleben, nämlich etwa 100 Jahre, mit Strom versorgt werden und würde in dieser Zeit mindestens 50 Knopfzellen einsparen. Praktisch genügen ihr jedoch wöchentlich 10 Minuten Sonnenschein oder Licht überhaupt, um quarzgenau zu laufen. Ihr Strom wird in einem Kondensator gespeichert, so daß der Batteriewechsel entfällt und sie dafür auch immer tauchfest bleibt.

Soll dagegen mit diesem Strom Wärme erzeugt werden, so treten leicht Engpässe auf. Mit einer Kaffeemaschine können Sie immerhin noch 16 Tassen Kaffee brühen. Sicherlich deckt diese Menge den Tagesbedarf einer Familie. Auch können Sie damit gerade noch ein Süppchen für 4 Personen kochen. Den Braten müßten Sie jedoch halb roh essen.

Diese viertel Kilowattstunde reicht aber gerade noch zur Erwärmung von 15 Litern Brauchwasser, was schon für ein Duschbad etwas wenig ist.

Ein üblicher Heizlüfter pustet nur noch 10 Minuten Warmluft ins Wohnzimmer, und ebenfalls solange können Sie sich auf einer Sonnenbank räkeln.

Wärme und Bräune liefert an den schönen Tagen die Sonne ja ganz umsonst, nutzen wir sie also.

Solarzellen erzeugen hochwertigen Strom, der vor allem zur Beleuchtung und zum Antrieb von Motoren genutzt werden sollte.

Warmwasser kann durch Solarkollektoren mit einem sehr viel höheren Wirkungsgrad und preiswerter produziert werden. Sonnenkollektoren wandeln die Sonnenstrahlen in Wärme um, können jedoch keinen Strom erzeugen; dieses können nur Solarmodule. Leider werden beide Begriffe oft verwechselt.

Gemeinsam ist diesen Geräten nur, daß sie uns die Energie der Sonnenstrahlung zum Nulltarif nutzbar machen. Um dies ohne Lärm, Abgase, Geruch und ohne nennenswerten Verschleiß.

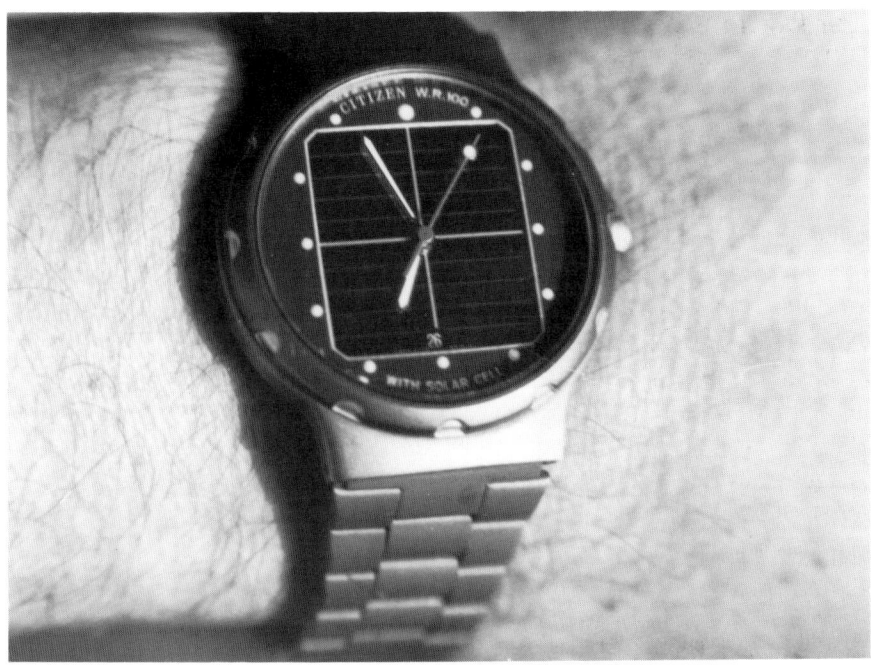

Solaruhr. Keine Batterien. Nur zehn Minuten Sonnenschein genügen, und die Uhr läuft „quarzgenau" eine Woche lang. Ein Sonnentag, und ein 40-Wp-Solarmodul würde sie sogar 100 Jahre lang mit Strom versorgen.

Aber was wiegt denn nun eine Kilowattstunde? werden Sie fragen. Schließlich kann man Strom doch nicht wiegen. Ich tue es indirekt, nämlich an dem Beispiel einer Konservendose. Eine Fischdose aus Aluminium wiegt rund 27 Gramm, wofür bei der Herstellung 0,35 Kilowattstunden aufgewendet werden müssen, also viel mehr als unser Solarmodul an Strom an einem Tag erzeugen kann.

Auch das Aluminium wird wie das Silizium mehr oder weniger aus Sand, nämlich dem Bauxit, gewonnen. Dies geschieht überwiegend durch Strom mittels der Reduktionselektrolyse. Zur Herstellung von einem Kilogramm Rohaluminium werden etwa 14 Kilowattstunden benötigt. Um daraus ein Blech herzustellen und die Dose zu pressen, bedarf es dann nur noch sehr viel weniger Energie.

Landete diese Dose nicht im Hausmüll, sondern in einem Metall-Recycling-Container, würden zur Herstellung nur noch 50 Wh benötigt, somit also mittels einer Kilowattstunde statt 3 immerhin 20 Dosen gefertigt werden.

Doch hier sei noch vermerkt, daß mit Aluminium auch Energie eingespart werden kann, z.B. im Fahrzeugbau. Werden im Auto 200 kg Stahl durch Aluminium ersetzt, so sinkt der Kraftstoffverbrauch um ein Liter je 100 Kilometer.

In einer Solarstrom-Anlage muß der Strom richtig genutzt werden. Wie dies am besten durchgeführt werden kann, wird im nächsten Kapitel erklärt.

Wieviel wiegt eine Kilowattstunde?

2. Kapitel

Komponenten der Solarstrom-Anlage

Über die wichtigste Komponente der Solarstrom-Anlage, die Solarmodule, haben wir nunmehr das Wichtigste erfahren. Der von den Solarmodulen erzeugte Strom muß jedoch im Normalfall gespeichert und oft auch geregelt werden. Die Verbraucher schließlich sollten den Strom optimal nutzen.

Im Prinzip ist eine Solarstrom-Anlage sehr einfach aufgebaut, denn sie besteht aus den Solarmodulen, dem Laderegler, den Batterien und den Verbrauchern. In manchen Fällen wird noch ein Wechselrichter eingesetzt, um aus Gleichstrom den für uns üblichen 220-Volt-Wechselstrom zu erzeugen.

Aber zunächst will ich Ihnen einige wichtige elektrotechnische Begriffe erklären, die in diesem Buch häufiger benutzt werden. Vielleicht war Ihnen jetzt schon manch ein Ausdruck unklar. Was ist eigentlich: „What is Watt"?

Die Modelleisenbahn wird von einem Solarmodul direkt mit Strom versorgt. Je nach der Sonneneinstrahlung ändert sich ihre Geschwindigkeit. Batterie oder Laderegler werden in diesem Fall nicht benötigt.

What is WATT? Elektrotechnische Begriffe.

Watt, Volt, Ampere oder Wattstunde, was ist das eigentlich?

Hier mag der Fachmann schmunzeln, aber viele Solarstrom-Interessierte sind nun einfach keine Experten, möchten aber Näheres über den so genial erzeugten Strom wissen.

Gleich- und Wechselstrom:

Jeder weiß, wie einfach es ist, einen Stecker in die Steckdose zu stecken und dann mit dem Strom eine Kaffeemaschine, einen Fön, ein Bügeleisen oder ein Radio anzuschließen. Ein Tastendruck, und schon wird der Kaffee aufgebrüht, das Haar getrocknet, das Hemd knitterfrei, und dabei werden Musik oder die neuesten Nachrichten gehört. Im Zeitalter der Elektrizität ist dies eine Selbstverständlichkeit geworden.

Der Wechselstrom macht es möglich.

Die Entdeckung des elektrischen Stromes fing aber mit dem Gleichstrom an. Ob es sich um Coulomb, den Entdecker der elektrischen Ladung, handelt oder den Entdecker der elektrischen Spannung, den Italiener Alessandro Volta, ob Ampère oder Galvani, alle diese Forscher arbeiteten noch mit Gleichstrom.

So wurden die ersten Motoren oder Glühlampen auch mit einem galvanischen Element - daraus haben sich unsere Batterien entwickelt - angetrieben.

Erst die Erfindung des Wechselstromgenerators machte die großtechnische Anwendung des Stroms möglich.

Auf einmal war der Strom viel einfacher zu transportieren, und mit dem Transformator konnte die Spannung beliebig auf höhere oder niedrigere Werte gebracht werden.

Gleichstrom weist im Gegensatz zum Wechselstrom eine gleichbleibende Polarität auf, beim Wechselstrom hingegen wechselt die Polarität laufend.

Solarzellen erzeugen Gleichstrom, der in Batterien gespeichert und an die Verbraucher abgegeben wird. Zur Berechnung einer Solarstrom-Anlage werden gelegentlich Gleichungen benötigt, die jedoch – im Gegensatz zum Wechselstrom – sehr einfach sind.

48

Bevor ich jedoch zur Beschreibung der Begrifffe komme, zunächst eine einfache Erklärung für Strom, Spannung und Widerstand.

Die einfachste Erklärung gelingt mit einem Rohr, durch das Wasser geleitet werden soll. Dieses Rohr soll 10 m lang sein und einen Durchmesser von 1 cm aufweisen. Liegt dieses Rohr ohne Gefälle flach auf dem Boden, und führen wir an dem einen Ende Wasser zu, so käme an dem anderen kaum ein Tropfen Wasser heraus. Wäre das Rohr jedoch an einem Abhang mit 5 m Gefälle aufgestellt, so könnte das Wasser schnell ablaufen. Dieses Gefälle entspricht nämlich einem Wasserdruck, ähnlich einer Kraft, die das Wasser fließen läßt. Schlössen wir eine Pumpe an, könnten wir je nach Förderleistung und Druck, die durchfließende Wassermenge erhöhen. Verlängern wir jedoch das Rohr auf 20 m bei gleichem Gefälle, werden wir feststellen, daß weniger durchfließt. Das Rohr setzt dem Wasser somit einen Widerstand entgegen.

Vergleichen wir diese Erkenntnisse mit den elektrischen Begriffen. Der Druck oder das Gefälle entspricht der elektrischen Spannung (in der Mechanik wird auch der Begriff der Druckspannung verwendet). Das durchfließende Wasser entspricht dem elektrischen Strom. Man spricht schließlich auch davon, daß der Strom fließt, so wie das Wasser. Und den elektrische Widerstand entspricht dann ganz einfach dem Widerstand, der das Rohr dem Wasser entgegensetzt. Länge und Querschnitt des Rohres bestimmen diesen genauso wie bei der elektrischen Leitung.

Um die elektrotechnischen Begriffe verständlich zu erklären, habe ich einfache Rechenbeispiele ausgewäht. An eine 12-Volt-Batterie sollen Verbraucher angeschlossen werden. Nehmen wir 12-Watt-Glühlampen, so sind die Berechnungen leicht durchzuführen.

Spannung

wird mit einem Voltmeter gemessen. Das Symbol ist U, die Maßeinheit Volt (V). Die Anschlußspannung der Glühlampe soll $U = 12$ V betragen (entsprechend der Spannung der Batterie).

Strom

wird mit dem Amperemeter gemessen. Das Symbol ist I, die Maßeinheit Ampere (A). Der Anschlußstrom der Lampe soll $I = 1$ A betragen.

Leistung

wird meistens durch Berechnung bestimmt. (Es gibt aber auch Wattmeter). Das Symbol ist P (engl.: power), die Maßeinheit ist Watt (W), das 1000fache ist ein Kilowatt (kW).

Die elektrische Leistung wird ermittelt durch die Multiplikation der Spannung mit dem Strom: $P = U \times I$.

Die Anschlußleistung der Lampe beträgt $P = 12 \times 1 = 12$ (W).

Arbeit

kann durch einen Wattstundenzähler gemessen werden (das ist der "Strom-zähler", mit dem der Verbrauch gemessen wird und ist somit der "Strom", den Sie bezahlen müssen), kann aber auch berechnet werden. Das Symbol ist W (engl.: work), die Maßeinheit ist Wattstunden (Wh) oder auch (kWh). Die elektrische Arbeit wird berechnet durch die Multiplikation der Leistung mit der Zeit t (engl.: time).

$$W = U \times I \times t = P \times t$$

Die elektrische Arbeit beträgt in unserem Beispiel bei einem zweistündigen Betrieb der Lampen:

$$W = 12 \times 1 \times 2 = 24 \text{ (Wh)}$$

Bemerkung: in der Umgangssprache wird die elektrische Arbeit meist als Stromverbrauch oder mit Verbrauch bezeichnet. Diese Bezeichnung soll auch in diesem Buch beibehalten werden.

Strommenge

kann durch ein Coulombmeter gemessen werden, wird jedoch meist berech-net. Das Symbol ist Q (engl.: quantity), die Maßeinheit ist die Amperestun-de (Ah). Die Berechnung erfolgt nach folgenden Gleichungen:

$$Q = I \times t = 1 \times 2 = 2 \text{ (Ah)}$$

oder

$$Q = W : U = 24 : 12 = 2 \text{ (Ah)}$$

Für das aufgeführte Beispiel wird also der Verbrauch (elektrische Arbeit) durch die angelegte Spannung geteilt.

Bemerkung: Bei Batterien entspricht die Strommenge, die ihr entnommen werden kann, der Kapazität.

Widerstand

läßt sich mit dem Ohmmeter messen oder mittels des Ohmschen Gesetzes berechnen. Das Symbol ist R (engl.: resistance), die Maßeinheit Ohm (Ω). Der elektrische Widerstand ergibt sich aus dem Quotienten der Spannung zum Strom:

$$R = \frac{U}{I} = \frac{12}{1} = 12 \ (\Omega)$$

Für den Lampenwiderstand wurde ein Wert von 12 Ohm berechnet.

Wie wir sehen, ist die Mathematik des Gleichstroms sehr einfach.

Trotzdem noch ein paar notwendige Gleichungen, die für die Berechnung der Solarstrom-Anlage benötigt werden:

Werden mehrere Geräte an eine 12-Volt-Batterie angeschlossen, so wird der Gesamtstrom, die -leistung, die -arbeit und die -strommenge durch Addition der Anschlußwerte jedes Gerätes bestimmt. So ist z.B. der Gesamtstrom von drei Geräten:

$$I_{ges} = I_1 + I_2 + I_3$$

Die Gesamtleistung ist dann, da die Spannung konstant ist:

$$P_{ges} = I_{ges} \times U$$

oder der Gesamtverbrauch für verschiedene Betriebszeiten

$$W_{ges} = (I_1 \times t_1 + I_2 \times t_2 + I_3 \times t_3) \times U$$

Anhand der Tabelle Seite 53 eines mit Solarstrom versorgten Wochenendhauses werden die hier beschriebenen elektrischen Werte verständlicher. Es handelt sich hierbei um eine 12-Volt-Anlage:

Aus den Anschlußleistungen können die Anschlußströme berechnet werden. Die Ströme zu bestimmen ist wichtig, um eine ausreichende Dimensionierung der Kabelquerschnitte zu bestimmen (siehe Kabelquerschnitt-Tabellen Seiten 140 und 141).

Die Betriebszeiten der einzelnen Geräte sind für eine tägliche Dauernutzung des Hauses im Urlaub ausgelegt. Außerdem wurden der einfacheren Berechnung wegen Anschlußleistungen gewählt, die sich durch eine Spannung von 12 Volt leicht teilen lassen. Hierdurch wird die vorgenommene Berechnung anschaulicher.

Aici-Dici?

Nicht nur Computer-Freaks benutzen das englische Vokabular, um Funktionsweisen zu erklären, sondern auch die Elektrotechniker für Meßgeräte oder andere Geräte.

Damit Ihnen manche englischen Abkürzungen oder Wörter nicht spanisch vorkommen, hier die Erklärungen auf deutsch:

AC = alternative current bedeutet nichts anderes als Wechselstrom, also den Strom, den wir normalerweise der Steckdose entnehmen.

DC = direkt current bedeutet Gleichstrom und ist der Strom, den die Solarmodule erzeugen.

Ein weiterer häufig verwendeter englischer Ausdruck ist die "polarity", ins Deutsche leicht zu übersetzen mit: Polarität. Batterien oder Solarmodule weisen eine Polarität auf. Ihre Anschlüsse werden mit dem Minus- bzw. Pluspol gekennzeichnet.

Verpolungsschutz

Verpolungsschutz, was ist das und wozu dient er?

Hier ein Beispiel:

Sie haben sich eine Transistorleuchte gekauft, schließen diese an Ihre Batterie an, betätigen den Schalter - nichts tut sich. Schalter ein, Schalter aus - kein Licht.

Bevor Sie nun die Leuchte wegwerfen oder reklamieren, überprüfen Sie noch einmal ganz genau, ob Sie den Pluspol der Batterie mit dem gekennzeichneten Pluskabel der Leuchte verbunden haben. Gleiches gilt natürlich auch für den Minuspol. In einem solchen Fall ist es am sichersten, mit dem Voltmeter die Polarität zu überprüfen, damit Sie erkennen können, ob überhaupt eine Spannung anliegt. Stellen Sie hierbei fest, daß Sie falsch gepolt haben, so hat der Verpolungsschutz der Leuchte verhindert, daß die Elektronik zerstört wurde.

Alle elektrischen Geräte, z.B. Transistorleuchten, Laderegler oder Wechselrichter müssen vor einer Verpolung geschützt oder gesichert sein. Gleiches gilt für Radio- und Fernsehgeräte.

Bei verpolungsgesicherten Geräten schützt eine flinke Sicherung das Gerät, die nach einer Falschpolung selbstverständlich ausgetauscht werden muß.

Verpolungsgeschützte Geräte weisen meist eine Sperrdiode auf, die auch verwendet wird, um den Stromrückfluß von der Batterie ins Solarmodul bei Dunkelheit zu verhindern. Bei Falschpolung muß diese jedoch nicht ersetzt, sondern nur richtig gepolt werden.

Gerät	Anschluß-leistung (W)	Anschluß-strom (A)	tägliche Betriebszeit (h)	täglicher Stromverbrauch (Ah)	täglicher Watt-Verbrauch (Wh)
Zimmerlampe Halogen	18	1,5	2	3	36
Badlampe Transistor	6	0,5	1,0	0,5	6
Leselampe Halogen	2 x 6	1,0	2	2,0	24
Küchenlampe Transistor	2 x 6	1,0	1	1,0	12
Radio	12	1,0	4	4,0	48
Fernseher S/W	18	1,5	2	3,0	36
Kühlschrank-Kompressor, 60 l	72	6,0	5	30	360
Wasserpumpe Förderhöhe 10 m, 250 l	60	5,0	0,5	2,5	30
Summe:	210 W	17,5 A	17,5 h	46,0 Ah	552 Wh

Berechnungsbeispiel einer Solarstrom-Anlage für den 12-Volt-Gleichstrom-Betrieb.

Halogenleuchten sowie Elektromotoren brauchen keinen Verpolungsschutz. Allerdings ist zu beachten, daß ein falsch gepolter Motor andersherum läuft, so daß die Pumpe nicht pumpt oder der Kompressorkühlschrank nicht kühlt. Es ist also stets bei dem Anschluß der Geräte auf eine sorgfältige Verkabelung zu achten. Daher sollten Sie vor dem Anschluß der jeweiligen Geräte mit einem Voltmeter stets die Polarität feststellen.

Welche Spannung?

Ob die Solarstrom-Anlage mit Wechsel- oder Gleichstrom betrieben werden sollte, ist leicht entschieden, bedenkt man den tatsächlichen Wirkungsgrad eines Wechselrichters. Der Strom muß ja stets in Batterien gespeichert werden, und dies gilt auch für Windstrom-Anlagen. Daher ist ein Gleichstrom-Betrieb fast zwingend notwendig.

Es stellt sich also die Frage, welche Gleichspannung, nämlich 12 oder 24 Volt, zweckmäßig ist. Der Vorteil der 24-Volt-Anlage liegt zwar auf der Hand, denn wie die Kabeltabellen im 3. Kapitel, Seite 140 und 141, zeigen, kann bei gleichem Kabelquerschnitt entweder der zulässige Strom oder bei gleichem Strom die Kabellänge verdoppelt werden.

Zahlreiche Nachteile stehen dem 24-Volt-Betrieb jedoch entgegen:

– Einige Verbraucher sind nur mit einer Anschlußspannung von 12 Volt lieferbar. So vor allem Radios oder Halogenlampen. In der Tabelle auf Seite 55 werden die Verbraucher aufgezählt, die in 12- oder auch 24-Volt-Ausführung lieferbar sind.

– Soll ein 12-Volt-Gerät angeschlossen werden, so muß ein Spannungswandler eingesetzt werden, der jedoch selbst auch Strom verbraucht.

– Das Zubehör ist fast ausschließlich nur im Bootsfachhandel zu erhalten. Caravan-Ausstatter führen weitgehend nur 12-Volt-Geräte. Der Grund hierfür ist, daß größere Segel- oder Motorboote auch 24-Volt-Anlagen haben. Da die Nachladung der Batterie im Caravan jedoch durch den Motorgenerator erfolgt, ist der Betrieb, wie im Pkw auch, auf 12 Volt eingestellt.

– Die Laderegler sind nicht alle auf 24 Volt einstellbar.

– Solarmodule und Solarbatterien müssen jeweils paarweise in Reihe geschaltet werden. Eine Erweiterung der Solarstrom-Anlage wird daher teuer.

Wann ist nun eine 24-Volt-Anlage doch zweckmäßig? Hierfür gibt es einige Gründe:

– Die Leitungen z.B. in einem Ferienhaus sind bereits vorhanden, aber der Kabelquerschnitt reicht nicht aus.

– Es handelt sich um ein verhältnismäßig großes Haus mit langen Leitungswegen.

– Die Batterien können nicht zentral im Haus installiert werden.

– Ein Wechselrichter mit einer Anschlußleistung von mehr als 1000 VA soll betrieben werden.

In der Regel jedoch wird bei einer richtigen Planung der Solarstrom-Anlage der 12-Volt-Gleichstrombetrieb die bessere Lösung sein. Sie machen es sich sicherlich hinsichtlich des Einkaufs der Geräte einfacher, und es steht Ihnen ein größeres Angebot an Waren und Händlern zur Verfügung.

Gleichspannung	**Leuchten** Halogen bis 20 W	Transistor	Kompakt Stromspar	**Pumpen** Kreisel (Bilge) bis 100 W	ab 100 W	Membran
12 Volt	XX	XX	XX	XX	X	XX
24 Volt	—	X	XX	—	X	X

Gleichspannung	**Kühlschrank**	**Fernseher** Schwarzweiß	Farbe	**Radio**	**Lüfter**	**Wechselrichter** bis 200 VA	bis 1000 VA	über 1000 VA
12 Volt	XX	XX	–	XX	XX	XX	X	–
24 Volt	XX	—	–	—	—	—	X	XX

Elektrische Geräte, die für den 12- oder 24-Volt-Gleichstrombetrieb im Handel zu finden sind. Zeichenerklärung für die Einkaufsmöglichkeit: XX = sehr gut, X = gut, – = schwierig, — = nicht zu erhalten oder nicht zu empfehlen.

Die Solarbatterie

Die Solarbatterie ist ein Stromsammler. Der von den Solarmodulen erzeugte Strom muß im wahrsten Sinne des Wortes gesammelt werden, und zwar so effektiv wie überhaupt möglich.

Zur Speicherung des Stromes bietet sich für die hier beschriebenen Solarstrom-Anlagen nur der Blei-Akkumulator an. Im allgemeinen Sprachgebrauch werden diese Akkus jedoch als Batterien bezeichnet.

Diese Batterien – oder fachlich genauer Sekundär-Elemente – speichern die elektrische Energie durch chemische Umwandlungsprozesse. Diese elektrochemischen Vorgänge sind recht kompliziert und sollen hier nicht im einzelnen erläutert werden. Jedoch will ich einige wichtige Begriffe klären, deren Kenntnis beim Kauf einer Solarbatterie von Vorteil sein können.

Merkmale von Batterien

Anhand einer 12 V/100 Ah Solarbatterie sollen die wichtigsten Merkmale beschrieben werden.

Die Kapazität

ist eine Kenngröße, die stets auf dem Gehäuse der Batterie angegeben wird. Wichtig ist hierbei jedoch, unter welchen Bedingungen diese Kapazität ihr entnommen werden kann. Sie beträgt für die hier beschriebene Solarbatterie 100 Ah, wenn die Entladezeit 100 Stunden beträgt, d. h. mit einem Strom von 1 Ampere entladen wird. Hinzu kommt, daß dieser Wert für eine Batterietemperatur von 25 °C gilt. Diese Entladungszeit wird mit K 100 (oder C 100) bezeichnet. Würde die Batterie mit K 10, also mit 10 A über 10 Stunden lang entladen, so verringerte sich ihre Kapazität auf nur noch 80 Ah. Auch bei K 100 und 0 °C ist ihre Kapazität auf nur noch 80 Ah geschrumpft.

Die Kapazität einer Batterie nimmt unter folgenden Bedingungen ab:

– mit zunehmendem Entladestrom,
– mit fallender Temperatur,
– mit der Zyklenzahl,
– mit ihrer Alterung,
– durch Alterung bei hohen Temperaturen,
– durch Tiefentladungen.

Die Entladezeit für Solarbatterien wird meist mit K 100 angegeben.

56

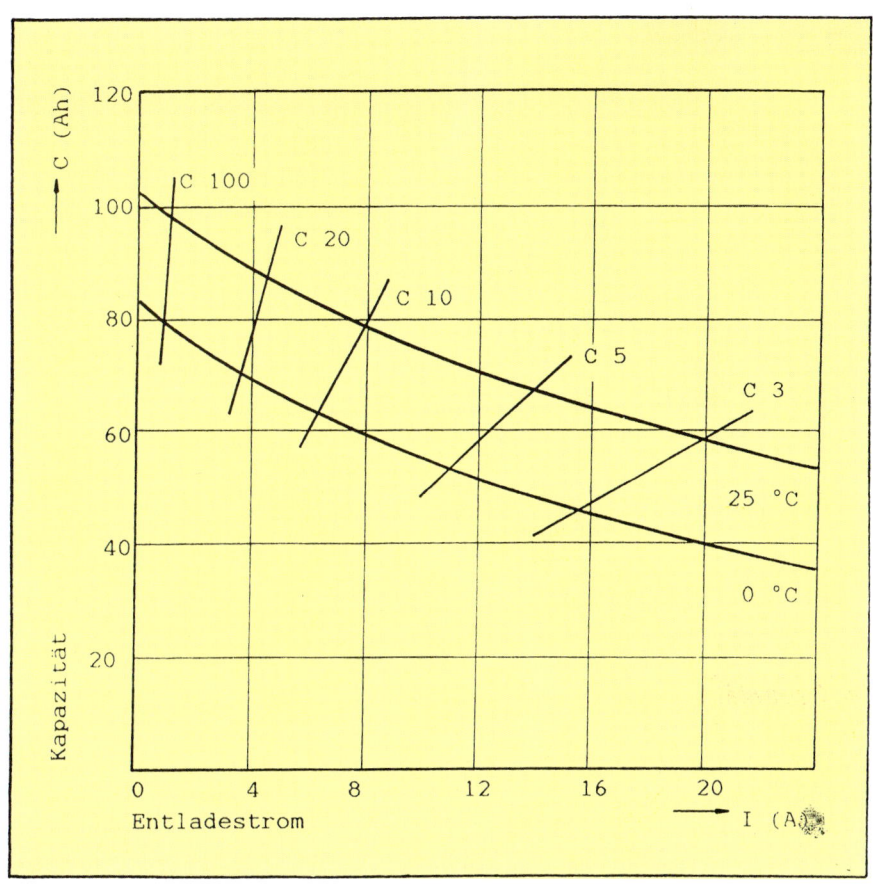

Abhängigkeit der Batteriekapazität von dem Entladestrom und der Temperatur.

Die Spannung

ist ebenfalls stets auf dem Batteriegehäuse angegeben. Wir müssen drei Arten der Spannung unterscheiden: Die Leerlaufspannung tritt dann auf, wenn die Batterie weder ge- noch entladen wird und nimmt entsprechend des Ladezustandes der Batterie nach einiger Zeit (etwa einer Stunde) einen konstanten Wert an. Bei vollgeladener Batterie beträgt dieser etwa 12,7 Volt, bei entladener (Restkapazität 20 %) nur noch 11,8 Volt. Mittels der Leerlaufspannung kann somit der Ladezustand, d.h. wie voll die Batterie aufgeladen ist, bestimmt werden (siehe Diagramm im 4. Kapitel, Seite 197).

Die Ladespannung ist stets höher als die Leerlaufspannung und hängt vor allem von dem Ladestrom ab. Je höher dieser ist, um so höher ist auch die Ladespannung. **Eine Ladespannung von 14,1 Volt sollte nicht überschritten** werden, da dann die Batterie zunehmend zu gasen anfängt.

Besonders bei gasdichten, auch als wartungsfrei bezeichneten Batterien darf eine Ladeendspannung von 13,8 Volt nicht überschritten werden, da sonst die Batterie mit der Zeit trocken läuft und funktionsunfähig wird.

Die Entladespannung ist ebenso von dem Entladestrom abhängig und stets niedriger als die Leerlaufspannung.

Lade- und Entladespannungen werden außerdem auch von der Batterietemperatur beeinflußt. Es sollte daher dafür gesorgt werden, daß diese 25 °C weder überschreitet noch 10 °C unterschreitet.

Die angegebenen Spannungswerte gelten für alle 12-Volt-Bleibatterien. Besonderheiten für Solarbatterien gibt es nicht.

Temperatur	Kapazitätsverlust Restkapazität 50 %	Entnehmbare Kapazität (100-Ah-Batterie) bei Entladestrom I			Ladeendspannung	
					Gasdicht	offen
°C	Monate	I = 1A	I = 5A	I = 10A	Volt	Volt
40	5	100	100	100	13,2	13,5
30	10	100	100	100	13,5	13,8
20	16	100	100	100	13,8	14,1
10	22	100	100	95	14,1	14,4
0	gr. 24	100	95	85	14,4	14,8
− 10	gr. 24	90	80	70	15,0	15,4
− 20	gr. 24	80	70	60	15,5	16,0

Kapazitätsverlust, entnehmbare Kapazität und Ladeendspannung von offenen oder gasdichten Solarbatterien in Abhängigkeit von der Temperatur.

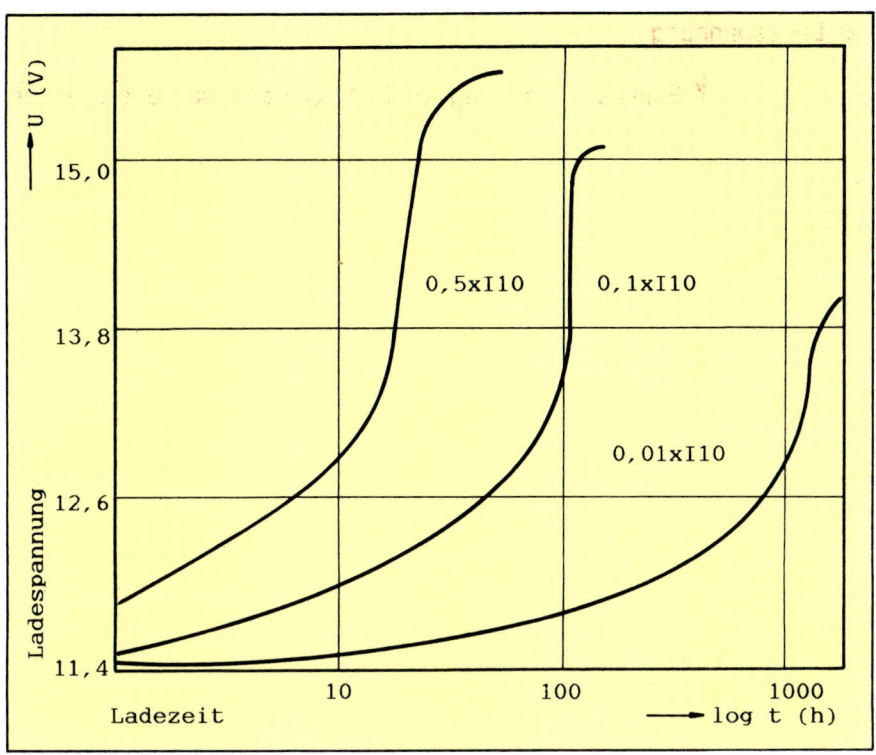

Kennlinien der Ladespannung einer Solarbatterie bei verschiedenen Ladeströmen. Die mittlere Kurve entspricht dem Ladestrom eines Solarmoduls.

Der Strom

wird in Tabellen oder Diagrammen als Lade- oder Entladestrom angegeben und wird ebenfalls auf die Kapazität bezogen. So bedeutet z.B. I10, daß eine Batterie mit einer Kapazität von 100 Ah in 10 Stunden bei 10 Ampere entladen wird. Ist die Entladezeit länger als z.b. 50 Stunden, wird ein Strom von 2 Ampere fließen, d.h. sie wird mit 0,2 x I10 oder 0,4 x I20 entladen werden. Umgekehrt gilt gleiches beim Laden, also 0,5 x I10 entspricht einem Ladestrom von 5 Ampere.

Hohe Ladeströme bedeuten, daß die Batteriespannung bereits bei 80 bis 90 prozentiger Kapazität steil ansteigt und die zulässige Endspannung erreicht, ohne daß eine Volladung erzielt wird. Umgekehrt wird bei hohen Entladeströmen die Tiefentladespannung der Batterie bis zu einer Restkapazität von 20 % eher erreicht als bei niedrigeren Strömen.

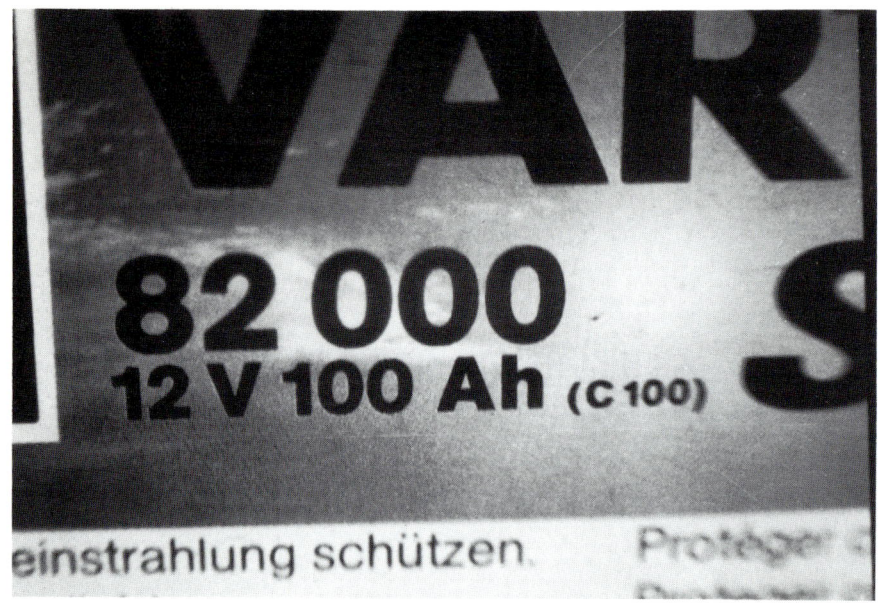

Solarbatterie mit Kennzeichnung. Es bedeuten: 82 000 = interne Typbezeichnung des Herstellers. 12 V 100 Ah (C 100) = Nennspannung 12 V, Kapazität 100 Ah bei 100stündiger Entladung.

Für Solarbatterien liegt der Ladestrom im Normalfall zwischen 0,05 x I10 und 0,6 x I10. Der Entladestrom sollte höchstens doppel so hoch sein wie der maximale Ladestrom. Nur bei kurzzeitigen Entladungen sind auch höhere Entladeströme zulässig.

Die Laderate

gibt den minimalen oder maximalen Strom an, mit dem eine Batterie zu laden ist. In einer Solarstrom-Anlage ist vor allem die minimale Laderate von großem Interesse. Je nach Batterietyp kann sie nämlich zwischen 0,2 und 0,01 x I10 liegen. Dies bedeutet für eine 100-Ah-Batterie einen minimalen Ladestrom von 2 oder 0,1 Ampere. Bei bewölktem Himmel wird ein 40 Wp Solarmodul noch etwa 0,6 A Ladestrom liefern, wenn die Einstrahlung noch 250 W beträgt. Liegt dann die minimale Laderate über diesem Wert, kann kein Strom von der Batterie aufgenommen werden. Dies trifft oft für alte Starterbatterien zu.

60

	Batterietypen				
	Geräte	Traktion PzS	Starter	Ortsfeste PzS	Solar
Bauart Zellen Platten	Block dicht Gitter	Einzel offen Panzer	Block offen/dicht Gitter	Einzel offen Panzer	Block offen Gitter
Nennspannung V Kapazität Ah	6/12 5 – 100	2 100 – 1000	12/24 30 – 100	2 100 – 1000	12 50 – 100
Ah – Wirkungsgrad	90	80	80	> 90	> 90
Selbstentladung % Monat, 20 °C	3	30	30	2	2
Minimale Laderate bei I10	0,05	0,1	0,1	0,01	0,01
Vollzyklen	200 – 300	1500	ca. 100	1500	ca. 300
Eignung Solarstrom-Anlage	bedingt	nein	nein	sehr gut	sehr gut

Eignung verschiedener Bleibatterien in Solarstromanlagen.

61

Die maximale Laderate hat bei richtiger Auslegung der Batteriekapazität in Solarstrom-Anlagen keine Bedeutung, da sie selten überschritten wird.

Für Solarbatterien beträgt die minimale Laderate etwa 0,01 x I10 und die maximale im allgemeinen 2 x I10.

Die Selbstentladung

tritt bei allen Batterietypen mehr oder weniger stark auf. Batterien, die ohne Ladeerhaltungsstrom längere Zeit ungenutzt stehen, verlieren an gespeicherter Kapazität. Dieser Kapazitätsverlust wird durch folgende Faktoren beeinflußt:

– Art und Aufbau der Batterie.
– Die Legierung des Gitters. Antimonarme Bleilegierungen oder solche mit Selen- oder Kalzium-Legierungen weisen eine geringe Selbstentladungsrate auf.
– Mit zunehmender Temperatur nimmt die Selbstentladung stark zu. Längere Lagerzeiten ohne Nachladung sind bei niedrigen Temperaturen möglich, z.B. im Winter.
– Mit zunehmendem Alter oder hohen Zyklenzahlen steigt die Selbstentladungsrate an.

Die Selbstentladungsrate wird angegeben in prozentualem Kapazitätsverlust pro Monat und einer bestimmten Lagertemperatur (meist 20 °C).

Starterbatterien können Selbstentladungsraten von bis zu 30 % im Monat aufweisen. Ohne Nachladung können sie in wenigen Monaten fast vollständig entladen sein.

Solarbatterien haben im Normalfall Selbstentladungsraten, die bei 2 bis 3 % im Monat liegen.

Der Wirkungsgrad

einer Batterie ist der Quotient aus der entnommenen oder entnehmbaren zur eingebrachten Energie. Zu unterscheiden ist der Amperestunden- und Wattstundenwirkungsgrad. Der Wh-Wirkungsgrad liegt immer niedriger als der Ah-Wirkungsgrad, da in ihn die Lade- und Entladespannung eingehen. Angegeben wird daher stets der Ah-Wirkungsgrad.

Für Solarbatterien sollte der Ah-Wirkungsgrad größer als 90 % sein.

62

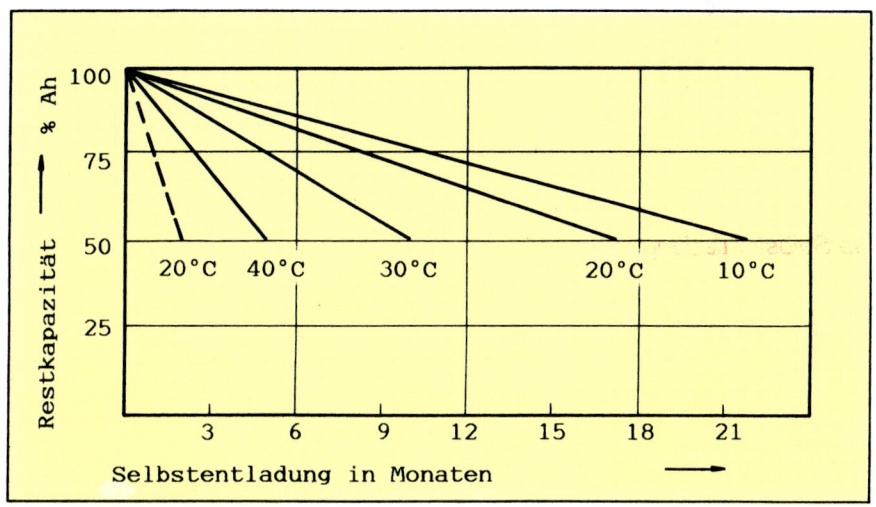

Selbstentladungsrate einer Solarbatterie in Abhängigkeit von der Temperatur im Vergleich zu einer Starterbatterie (gestrichelte Linie).

Die Lebensdauer
einer Batterie wird wesentlich durch ihre Zyklenzahl bestimmt. Unter der Zyklenzahl wird die Anzahl an Ladungen und Entladungen verstanden, bis ein Kapazitätsverlust von 20 % aufgetreten ist. Die Zyklenzahl ist außerdem von der Tiefe der Entladung abhängig. Für eine Solarbatterie der Firma Anker des Typs TV Marina soll dies an Hand von Zahlen verdeutlicht werden:

Entladung mit K 100	Zyklenzahl
20 %	1000
40 %	400 . . . 600
70 %	200 . . . 300

Nach 150 Vollentladungen erreicht die Batterie noch eine Nennkapazität von 80 % und gilt damit als ausgefallen.

Aus dieser Tabelle ist ersichtlich, daß mit zunehmender Entladungstiefe die Zyklenzahl und somit die nutzbaren Ah abnehmen. Jedoch ist im praktischen Einsatz eine sehr viel höhere Zyklenzahl zu erwarten, da für die angegebenen Zahlen vorausgesetzt wurde, daß eine kontinuierliche Entladung stattfindet, was für den praktischen Einsatz natürlich nicht zutrifft.

Außerdem ist eine Batterie mit einer Restkapazität von 80 % ohne weiteres noch zu gebrauchen.

Zu beachten ist, daß sich die Lebensdauer unter folgenden Bedingungen verringert:
– durch häufige Tiefentladung,
– durch hohe Umgebungstemperaturen,
– durch Nichtbeachtung des Säurestandes,
– durch Überladung von gasdichten Batterien.

Während die Lebensdauer von Starterbatterien bei etwa 5 Jahren liegt, sollte sie für eine Solarbatterie etwa 10 Jahre betragen.

Die Überladung

einer Batterie tritt dann auf, wenn die Ladeendspannung erreicht ist. Der Strom muß dann gesenkt oder unterbrochen werden, um ein Gasen der Batterie zu verhindern. Wird die Batterie überladen, tritt durch einen elektrolytischen Prozeß eine Zersetzung des Wassers ein, wobei Wasserstoff und Sauerstoff gasförmig frei werden. Wird die Gasung nicht verhindert, so wird Wasser verbraucht und der Elektrolytspiegel sinkt langsam ab. Es besteht die Gefahr, daß die Batterie trocken läuft.

Wird eine 100-Ah-Batterie täglich mit 10 Ah geladen und kein Strom verbraucht, so haben Berechnungen gezeigt, daß es einen Monat dauert, bis der Elektrolytspiegel so weit abgesunken ist, daß Wasser nachgefüllt werden muß.

Da der Ladestrom der Batterie in einer Solarstrom-Anlage verhältnismäßig niedrig ist, ist die Überladung für eine Solarbatterie unschädlich. Wird jedoch mit hohen Strömen überladen, kann die Batterie zum „Kochen" gebracht werden, was zu Schäden führen kann.

Um die Überladung zu verhindern, wird daher ein Laderegler benötigt.

Die Tiefentladung

tritt dann auf, wenn ein Verbraucher über längere Zeit nicht abgeschaltet wird. Die Batterie kann dadurch, vor allem wenn dies mehrmals geschieht, geschädigt werden. Sie wird an Kapazität verlieren, und vor allem verringert sich ihre Lebensdauer und Zyklenzahl.

Batterien: links Starterbatterie 12 V, 36 Ah, rechts Solarbatterie 12 V, 70 Ah (C100). Von außen kein Unterschied.

Der Tiefentladeschutz eines Ladereglers verhindert somit die Schädigung der Batterie. Der Regler sollte daher die Batterie bei einer Restkapazität von 20 % von den Verbrauchern trennen. Die entsprechende Tiefentladespannung liegt meist bei 10,8 Volt. Vor allem wenn die Entladung mit kleinen Strömen erfolgt, ist ein Wert von 11,1 Volt zu empfehlen.

Ladezustand

Die Lebensdauer einer Batterie, d.h. ihre Zyklenzahl, hängt wesentlich von ihrem Ladezustand ab.

Unter dem Ladezustand wird verstanden, wieviel Ah die Batterie noch von ihrer Nennkapazität enthält. Wir können dies auch als ihre Restkapazität bezeichnen.

Wird eine Batterie mit einer Nennkapazität von 100 Ah um 20 Ah entladen, so entspricht ihre Restkapazität somit 80 Ah, d.h. ihr Ladezustand beträgt 80 %.

Den Ladezustand zu erfragen, ist dann von Vorteil, wenn man sich Klarheit über die verfügbare Restkapazität verschaffen will. Unbedingt notwendig ist eine Kontrolle des Ladezustandes dann, wenn kein Laderegler die Batterie vor einer Tiefentladung schützt. Zu beachten ist schließlich, daß die Restkapazität der Batterie bei 20 % liegen sollte, um eine hohe Lebensdauer zu gewährleisten.

Kontrollmethoden des Ladezustands

Zur Überprüfung des Ladezustands gibt es drei Methoden:

Batterie-Kontrollgerät

Es handelt sich hierbei um ein Meßgerät, das die durch die Solarmodule eingehenden und durch die Verbraucher ausgehenden Ah mißt.

Je nach dem Differenzbetrag beider Werte und unter Berücksichtigung eines Ladekorrekturfaktors wird ein positiver (Batterie wird entladen) Ah-Wert angezeigt.

Mit einem solchen Gerät lassen sich außerdem der ein- und der ausgehende Strom sowie die Batteriespannung messen.

Wegen des hohen Preises ist solch ein Gerät nur in größeren Solarstrom-Anlagen sinnvoll.

Bestimmung der Elektrolyt-Dichte

Die Dichtebestimmung des Elektrolyten zur Feststellung des Ladungszustandes der Batterie ist die aufwendigste, jedoch bei richtiger Durchführung eine recht genaue Methode.

Wird die Batterie entladen, so ändert sich die Dichte des Elektrolyten, da das Sulfat der Schwefelsäure ans Blei gebunden wird.

Mit einem Säureheber, in dem sich ein mit einer Skala versehener Schwimmer befindet, kann dann die Dichte abgelesen werden. Dieses Gerät wird auch als Säurewaage bezeichnet. Der Ladungszustand kann dann mit Hilfe des Dichtewertes über eine Tabelle bestimmt werden.

Der Vorteil dieser Meßmethode liegt darin, daß sie auch während des Lade- oder Entladebetriebes durchgeführt werden kann.

Unter der Leerlaufspannung versteht man die Spannung, die an der Batterie anliegt, wenn weder ein Verbraucher eingeschaltet ist noch die Batterie geladen wird (siehe Diagramm im 4. Kapitel, Seite 197).

Eine vollgeladene Batterie hat eine Leerlaufspannung von etwa 12,8 Volt. Bei einer Restkapazität von 50 % ist sie auf 12,2 Volt abgesunken, und eine entladene Batterie hat nur noch eine Leerlaufspannung von 11,5 Volt.

Zur Bestimmung der Leerlaufspannung und somit des Ladezustandes der Batterie wird nur ein Voltmeter benötigt. Digitale Geräte haben vor analogen (Zeigerinstrumente) den Vorteil, daß die Messung genauer ist, jedoch sollten digitale Geräte wegen des Eigenstromverbrauchs nur für die Messung eingeschaltet werden.

Bedingt zu empfehlen sind Bordvoltmeter für Autos, die meist keine Skala mit Spannungsangaben aufweisen. Der Ladezustand wird hier mit einem roten (Batterie entladen), gelben und grünen (Batterie vollgeladen) Feld angezeigt.

Manche Laderegler sind mit farbigen Leuchtdioden ausgerüstet, die ebenfalls ein Bild über den Ladezustand der Batterie geben. Ein zusätzliches Voltmeter ist jedoch immer von Vorteil.

Solarbatterie oder Starterbatterie?

Warum sollte ich eigentlich nicht eine Starterbatterie in meiner Solarstrom-Anlage einsetzen? Solche Batterien sind schließlich mehr oder weniger an jeder Straßenecke zu beziehen.

Wir müssen uns dabei erst einmal klar werden, was für eine Funktion eine Starterbatterie in dem Fahrzeug ausübt. Sehen wir einmal davon ab, daß diese Batterie natürlich die gesamte Elektrik unseres Autos versorgt, also die Beleuchtung, den Scheibenwischer oder das Autoradio, dies jedoch zumeist, wenn das Fahrzeug fährt. Dann wäre eigentlich gar keine Batterie nötig, denn der Strom kommt von der Lichtmaschine und die Batterie dient nur als Puffer. Haben Sie schon einmal versucht, mit einer Kurbel den Motor eines Oldtimers anzulassen? Falls nicht, haben Sie sich viel Schweiß erspart. Es ist eine Tortur.

Der Anlasser Ihres Autos muß wirklich Schwerstarbeit verrichten und damit die Batterie auch. Starterbatterien können in etwa das Drei- bis Vierfache ihrer Kapazität kurzzeitig an Strom aufbringen, bis zumeist der Motor angesprungen ist. Um diese hohen Ströme abgeben zu können, sind ihre aktiven Platten verhältnismäßig dünn ausgelegt. Durch Erschütterung des Fahrzeuges würden diese Platten sofort zerbrechen, wenn die aktive Masse nicht durch ein sehr stabiles Gitter gehalten würde. Der Aufbau dieser Batterie ist somit ideal gestaltet für den Einsatz in Fahrzeugen, hat für Solarstrom-Anlagen jedoch gravierende Nachteile, die im Vergleich zu Solarbatterien im folgenden aufgezeigt werden:

Die Selbstentladungsrate beträgt bei 20 °C etwa 30 % im Monat und ist somit zehnmal so hoch. Der Ah-Wirkungsgrad liegt bei etwa 80 % und somit um 10 % niedriger als bei Solarbatterien.

Starterbatterien werden durch die Lichtmaschine des Fahrzeugs mit hohen Strömen geladen, was für Solarmodule nicht zutrifft. Daraus ergibt sich ein minimaler Ladestrom, der, bei gleicher Batteriekapazität, um das Zehnfache höher liegt als bei Solarbatterien.

Die Lebensdauer einer Starterbatterie unter den Bedingungen einer Solar-strom-Anlage beträgt im allgemeinen nur die Hälfte einer Solarbatterie. Allein die Lebensdauer der Solarbatterie gegenüber einer Starterbatterie rechtfertigt meist, auch wenn die Kosten höher liegen sollten, den Einsatz dieses Batterietyps.

Betrachten wir jedoch noch einmal die erheblich höhere Selbstentladungs-rate, den schlechten Ah-Wirkungsgrad und vor allem auch den hohen minimalen Ladestrom einer Starterbatterie, so ergibt sich eine effektiv erheblich geringere Ausnutzung des Solarstroms durch die Verbraucher. Dieser dürfte etwa nur bei 50 bis 60 % gegenüber 75 bis 85 % bei einer Solarbatterie liegen. Anders ausgedrückt; soll die gleiche Strommenge der Batterie entnommen werden, müßte die Leistung des Solarmoduls um 20 bis 30 % höher liegen. Noch katastrophaler sieht es aus, wenn Sie Starterbat-terien vom Schrottplatz oder von Ihrem Tankwart gebraucht kaufen, denn meist wird es Ihnen schwerfallen, festzustellen, wie alt solch eine Batterie wirklich ist. Durch Sulfatisierung und Schlammbildung ist nicht nur die Kapazität der Batterie kräftig gesunken, es hat sich auch die Selbstentla-dungsrate und minimale Laderate erhöht, während der Ah-Wirkungsgrad gesunken ist. Jede müde Mark ist für solch eine Batterie zuviel ausgegeben. Meist wird dann noch den Solarmodulen die Schuld zugesprochen, indem behauptet wird, daß sie die Leistung nicht bringen.

In einem Fall läßt sich jedoch der Solarstrom bei Starterbatterien anwenden, nämlich zu ihrer Ladungserhaltung auf Booten oder Caravans. Dann ist die Batterie vollgeladen, auch wenn das Fahrzeug längere Zeit gestanden hat.

Warum eigentlich nicht die richtige Batterie kaufen, wenn eine richtige so viele Vorteile aufweist?

Der Laderegler

Während die meisten heutigen Solarmodule eine fast unbegrenzte Lebensdauer aufweisen, sind die Batterien in einer Solarstrom-Anlage die Geräte mit der geringsten Betriebszeit.

Um jedoch eine hohe Zyklenzahl zu erreichen und die Wartungsintervalle gering zu erhalten, sollte der Ladezustand der Batterien durch ein geeignetes Gerät überwacht werden. Dies geschieht mit einem elektronischen Gerät, dem Laderegler.

Ein Laderegler sollte folgende drei Funktionen aufweisen:

Sperrdiode *zur Verhinderung des Stromrückflusses von der Batterie ins Modul*

Wird in der Solarzelle bei Dunkelheit kein Strom erzeugt, so wird aus der Batterie ein geringer Strom in die Solarzelle fließen, da sie an diese angeschlossen ist und einen Widerstand darstellt. Dieser ist jedoch gering und beträgt für eine monokristalline Zelle mit einer Stromstärke von 2 Ampere etwa 75 mA. Aber eine Nacht ist lang, so daß in einer Winternacht ohne weiteres 1 Ah verloren gehen kann. Verhindert wird dies durch eine Sperrdiode. Besonders geeignet hierfür ist die Schottky-Diode wegen ihres nur geringen Spannungsabfalles von 0,3 Volt.

Überladeschutz

Jedes Kraftfahrzeug hat einen Regler, der die Überladung der Batterie verhindert. Die hohen Ströme des Motorgenerators machen dies zwingend notwendig. Fällt dieser Regler aus, so wird die Batterie mit hohen Strömen überladen, und sie läuft aufgrund des Wasserverlustes trocken.

Bei der Solarstrom-Anlage können natürlich bei längerer Sonnenperiode und geringem Stromverbrauch die Batterien überladen werden.

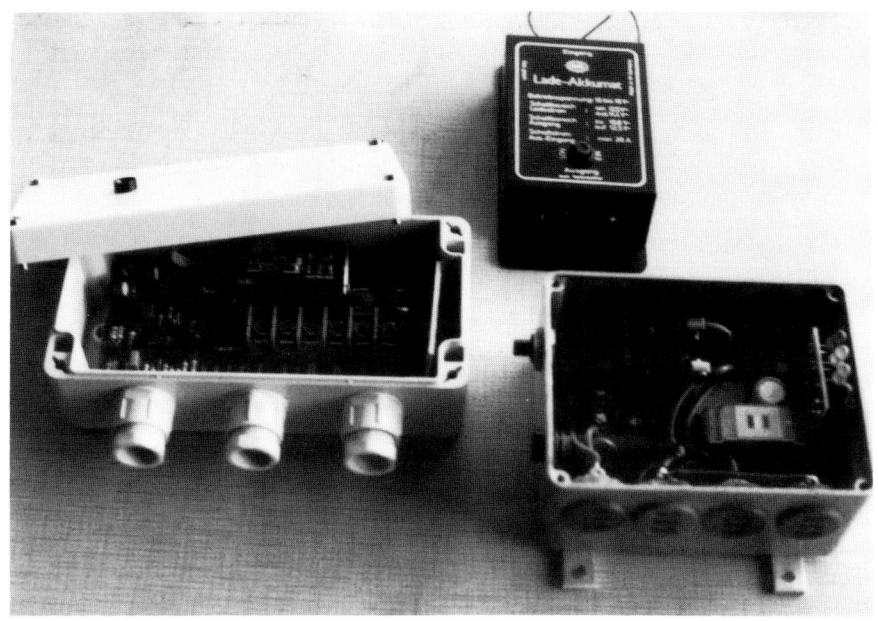

Laderegler: Bedingt durch verschiedene Bauarten unterschiedlich hohe Ruhestromaufnahmen

Der Überladeschutz mittels eines Ladereglers erhöht jedoch ganz entschieden den Komfort einer Solarstrom-Anlage, da die Kontrolle des Säurestandes nur noch einmal jährlich durchgeführt werden muß.

Bei geschlossenen gasdichten Batterien ist der Überladeschutz sogar eine zwingende Notwendigkeit.

Wegen ihres hohen Stromverbrauchs haben sich einfache Zwei-Punkt-Regler mit Relais nicht bewährt. Der Stromverbrauch beträgt etwa 80 mA und somit während 24 Stunden knapp 2 Ah.

Ebenso ungeeignet sind Schaltungen mit einer Strombegrenzung über Zener-Dioden.

Der Shunt-Regler ist wegen des geringen Eigenstromverbrauchs die ideale Lösung. Besonders gut geeignet sind Geräte, bei denen der Strom ab einem Schwellwert der Spannung bis zu ihrem Maximalwert kontinuierlich gesenkt wird.

70

Der Schwellwert der Spannung liegt hierbei etwa bei 13,6 Volt und (bei offenen Batterien) der Endwert bei 14,1 Volt. Bei gasdichten Batterien darf er 13,8 Volt nicht überschreiten.

Zu beachten ist, daß diese Spannungswerte für eine Batterietemperatur von 20 °C gelten. Höhere Temperaturen würden eine geringere, niedrigere Temperaturen eine höhere Endladespannung bedeuten.

Wird aus der Batterie Strom verbraucht, fällt die Ladespannung, so daß der Regler automatisch öffnet und die Batterie wieder lädt.

Da der Überschußstrom im Laderegler verheizt wird, darf der Nennstrom des Moduls nicht den Anschlußstrom des Reglers übersteigen.

Tiefentladeschutz

Der Schutz der Batterie vor einer Tiefentladung ist besonders wichtig, wenn eine hohe Lebensdauer erreicht werden soll. Die Zyklenzahl ist, wie bereits beschrieben, schließlich wesentlich von der Restkapazität abhängig.

Wird die Spannung der Tiefentladung erreicht, so werden die Verbraucher von der Batterie getrennt. Erst nach Wiederaufladung und nachdem sich eine ausreichende Spannung einstellt, werden die Verbraucher eingeschaltet.

Dieser Punkt sollte natürlich nur im Extremfall auftreten. Eine richtige Auslegung der Solarstrom-Anlage kann dies verhindern.

Tiefentladespannung

Von den meisten Batterie- und Laderegler-Herstellern wird eine Tiefentladespannung für eine 12-Volt-Batterie von 10,5 Volt angegeben.

Diese Spannung bewirkt jedoch in einer Solarstrom-Anlage in vielen Fällen, daß bereits eine Tiefentladung erreicht wird. Die Abschaltung der Verbraucher bei dieser Spannung führt dazu, daß eine völlige Zerstörung der Batterie verhindert wird.

Die richtige Endspannung der Batterie ist leider einerseits von der Temperatur und andererseits vom Entladestrom abhängig.

Dies soll an einem Beispiel erklärt werden.

In einer größeren Solarstrom-Anlage mit einer Batteriekapazität von 400 Ah ist, neben anderen Verbrauchern, ein Kühlschrank mit Kältespeicherplatte angeschlossen, dessen Stromaufnahme 6 A beträgt.

Hieraus ergibt sich für jede Batterie ein Anschlußstrom von 1,5 A.

Während alle anderen Verbraucher am Tag abgeschaltet sind, läuft der Kühlschrank zunächst etwa 2 Stunden, um den Kältespeicher wieder aufzuladen. Hierbei werden aus jeder Batterie 3 Ah verbraucht. Anschließend schaltet der Thermostat auf periodischen Betrieb um, nachdem die Betriebstemperatur des Kühlschranks erreicht ist. Somit entsteht ein Zyklenbetrieb aus Phasen von etwa 5 Minuten.

Hat die Batterie nur noch eine Restkapazität von etwa 10 % und wird durch schlechtes Wetter nur wenig nachgeladen, so erholt sie sich stets in der Abschaltphase des Kühlschranks. Durch den zyklischen Stromverbrauch wird sie nur sehr langsam bis zu einer Endspannung von 10,5 Volt entladen, d.h., der Laderegler schaltet den Verbraucher erst bei fast leeren Batterien ab.

Wird jedoch eine Tiefentladespannung von über 11 Volt eingestellt, dann wird die benötigte Restkapazität von mindestens 20 % erhalten bleiben, womit eine erheblich höhere Lebensdauer der Batterie zu erwarten ist.

Nur durch hohe und kontinuierliche Stromentnahmen, wie dies wohl für die Laderegler und Batterien angenommen wird, wäre eine Endladespannung von 10,5 Volt zu empfehlen.

Die Praxis hat jedoch gezeigt, daß dies für eine Solarstrom-Anlage nicht zutrifft.

Vielleicht sollten die Batterie- und Laderegler-Hersteller dies einmal bedenken.

Übrigens werden für Industriebatterien, wie z.B. Varta bloc, entsprechend den Entladeströmen, die zulässigen Endspannnungen genau angegeben. Zum Beispiel wird für eine Zelle mit 100 Ah, C 10 (10stündige Entladung) eine Endspannung von 1,87 Volt empfohlen, was bei einer 12-Volt-Batterie mit 6 Zellen einer Spannung von 11,2 Volt entspricht.

Wird diese Batterie in einer Stunde entladen, dann ergibt sich eine Endspannung von 1,8 Volt. Dies entspricht 10,8 Volt bei 6 Zellen. Diese Endspannungen gelten darüber hinaus natürlich nur für eine kontinuierliche Entladung.

Dafür werden aber auch Vollzyklen von mehr als 1500 angegeben. Dies sollte auch für Solarbatterien gelten!

Und somit: Tiefentladung richtig geregelt, alles o.k.: langes Batterieleben.

Neben dem Überlade- und Tiefentladeschutz verfügen manche Regler noch über weitere technische Einrichtungen:

Batterie-Sensorleitung

Wird die Batterie direkt über ein Kabel an den Regler angeschlossen, so wird je nach Höhe des Lade- oder Entladestroms in der Leitung ein Spannungsabfall auftreten. Der Regler mißt daher eine andere Spannung, als sie tatsächlich an der Batterie anliegt, z.B. bei der Ladung eine höhere. Dies bewirkt eine ungenaue Erfassung der Batteriespannung und somit auch ihrer Regelung. Aus diesem Grund weisen manche Regler eine Sensorleitung auf, die vom Stromfluß und Spannungsabfall unabhängig ist. Bei Reglern ohne Sensorleitung muß daher für einen großen Kabelquerschnitt zur Batterie gesorgt werden, um den Spannungsabfall so klein wie möglich zu halten.

Temperaturkompensation

Die Schlußspannung einer Batterie ist von der Temperatur abhängig. Steigt ihre Temperatur über 25 °C an, so muß für jedes Grad Temperaturerhöhung die Überladespannung um 30 mV zurückgenommen werden. Bei niedrigeren Temperaturen kann sie je Grad um 30 mV erhöht werden. Eine Temperaturkompensation im Regler eingebaut, gleicht automatisch die Ladeschlußspannung der Temperatur an. Im Normalfall ist solch eine Kompensation nur bei hohen Temperaturschwankungen nötig.

Sicherungen

Ein Verpolungsschutz auf der Batterieseite des Reglers sollte Stand der Technik sein. Eine eingebaute Blitzschutzsicherung, die einen Überspannungsschutz garantiert, ist ein wünschenswertes Detail eines Reglers. Eine Kurzschluß- und Überlastsicherung auf der Lastseite ist zudem eine sinnvolle Einrichtung.

Last mit der Last? Die Verbraucher

Als Last bezeichnet der Elektrotechniker die an einem Gerät angeschlossenen Verbrauchsstellen, also elektrische Geräte, z.B. Leuchten, Radioapparate oder Kühlschränke.

Bisher wurde klar erkennbar, wie von Solarmodulen erzeugter Strom optimal geregelt und vor allem durch Solarbatterien auch gespeichert wird.

Bei den hier beschriebenen Geräten handelt es sich überwiegend um Niedervolt-Gleichstrom-Verbraucher, folglich um Geräte, die durch 12- oder 24-Volt-Batterien betrieben werden.

Glücklicherweise bietet der Markt, bedingt durch die Kraftfahrzeuge, dem Freizeitbereich für Wohnwagen und Boote, eine große Anzahl von Gleichstromgeräten an.

Denken wir nur an das Auto. Alle elektrischen Geräte arbeiten mit Gleichstrom über die Batterie, die durch den Generator und letztlich durch den Motor stets aufgeladen wird. Ohne Batterie müßten wir den Motor mit einer Handkurbel anlassen.

Außer dem Anlasser werden im Auto durch die Batterie versorgt: die gesamte Beleuchtung, die Scheibenwischer, der Ventilator, das Radio, die Digitaluhr und die Zündung.

Niemand käme auf die Idee, einen Wechselrichter einzubauen, um Wechselstrom zu erzeugen und z.B. normale Glühbirnen anzuschließen.

Einen Teil unserer Verbraucher finden wir also im Autozubehörhandel. Manches läßt sich sogar billig vom Schrotthandel besorgen. Nur keine Batterien.

Weitere Bezugsquellen finden wir vor allem beim Bootszubehörhandel und bei Wohnwagen- oder Campingausrüstern. Aber auch die normalen Elektrofachgeschäfte führen Niedervolt-Geräte die auch mit Gleichstrom betrieben werden können.

Um keine Last mit der Last zu haben, werden nun Geräte mit einem Stromverbrauch beschrieben, der im Vergleich zu vorhandenen Wechselstromgeräten in besonderen Anwendungsfällen nur etwa 1/6 beträgt.

Schließlich bedeutet Solarstrom:
Energiebewußt leben, ohne auf Komfort zu verzichten!

Eine Solarstrom-Anlage kann als ein pädagogisches Hilfsmittel bezeichnet werden, mit dem es gelingt, im Haushalt mit der kostbaren Energie, und zwar mit der höchsten und teuersten Energieform, dem elektrischen Strom, sparsam und bewußt umzugehen.

Heimleuchten

Es ist eine Selbstverständlichkeit geworden, bei Dunkelheit nur einen Schalter zu betätigen, und schon ist das Zimmer hell erleuchtet. Dies ist auf solch einfache Weise nur mit Strom möglich.

Das umständliche und gefährliche Hantieren mit Streichhölzern, um eine Petroleumlampe, eine Kerze oder eine Gaslampe anzuzünden, entfällt mit einer Solarstrom-Anlage.

Gerade für die Beleuchtung ist Solarstrom ideal einzusetzen, da es im Handel inzwischen eine größere Auswahl an Leuchten gibt, die direkt mit Gleichstrom betrieben werden und bei einer hohen Helligkeit einen geringen Stromverbrauch aufweisen.

Bekanntlich werden bei normalen Glühbirnen etwa 90 % in Wärme verwandelt, während die restlichen 10 % der Energie in Licht umgewandelt werden.

Lampen, wie Glühbirnen richtig heißen, mit einem erheblich höheren Wirkungsgrad finden wir bei Niederspannungs-Halogen-, bei Transistor- und bei Kompaktlampen.

Einen Vergleich hinsichtlich des Lichtstromes verschiedener stromsparender Lampen zur Glühlampe, Kerze oder Kompaktlampe mit vorgeschaltetem 220-Volt-Wechselrichter zeigt die Tabelle auf Seite 76.

Unter dem Lichtstrom von 1 Lumen wird die Beleuchtungsstärke (1 Lux) verstanden, die eine Lampe auf einer Kugel mit dem Radius von einem Meter auf der Mantelausschnittsfläche von einem Quadratmeter ausstrahlt. Umgangssprachlich wird damit eine definierte Helligkeit bezeichnet. In der Tabelle wird der Lichtstrom noch auf die tatsächlich verbrauchte Energie bezogen.

Aus der Tabelle wird ersichtlich, daß eine normale Kerze fast nur Wärme, jedoch kaum Licht erzeugt. Eine 50fach höhere Lichtausbeute hat hingegen bereits eine Glühlampe.

Kompaktlampen mit vorgeschaltetem Wechselrichter (hierbei wurde der Wirkungsgrad des Wechselrichters sowie die Blindleistung der Lampe in die Rechnung mit einbezogen) haben gegenüber der Glühlampe einen doppelt so hohen Wirkungsgrad. Fünffach so hoch ist die Lichtausbeute jedoch bei Kompaktlampen im Gleichstrombetrieb und mit elektronischem Vorschaltgerät (EVG).

Leuchte 12/24 Volt	Leistung ohne EVG	Leistung mit EVG	Lichtstrom	Lichtstrom zur Leistung
12/24 Volt	Watt	Watt	Lumen	Lumen/Watt
Transistor-Leuchtstofflampe Stabform	6	7	300	43
Kompaktlampe DULUX D/E 10	10	11	600	55
Kompaktlampe DULUX D/E 13	13	14	900	64
Halogenlampe 12 Volt	10	–	400	40

Kompaktlampe mit integriertem 220 Volt Vorschaltgerät, betrieben mit Wechselrichter 12 Volt, 40 VA

Osram DULUX EL	11	21	600	28
PHILIPS SL 18	18	46	900	20
Vergleich: Glühlampe 220 V ohne Wechselrichter	75	–	960	13
Vergleich: Kerze	60	–	15	0,25

Vergleich von Stromsparlampen hinsichtlich ihres Lichtstromes und Energieverbrauchs bei Gleichstrombetrieb zu Kompaktlampen im 220-Volt-Wechselrichterbetrieb.

Die Beleuchtung eines Wochenendhauses mit Solarstrom ist problemlos, wenn mit Gleichstrom betriebene Stromsparlampen verwendet werden.

Halogenlampen

Wir kennen sie alle diese Halogenlampen, die wegen ihrer hohen Leuchtstärke überwiegend bei Autoscheinwerfern eingesetzt werden.

Chemisch wird unter Halogen ein Element verstanden, das mit Metallen Salze bildet (halo = griechisch = Salz). Die vier bekannten gasförmigen Halogene sind Chlor, Fluor, Brom und Jod, alles Elemente, die in bestimmten Verbindungen auch in unseren Nahrungsmitteln vorkommen.

Die Funktionsweise solcher Halogenlampen soll hier kurz beschrieben werden.

Halogene haben die Eigenschaft, mit Metallen, die an der Glühwendel der Lampe bei Temperaturen um 5000 °C verdampfen, Verbindungen eingehen zu können. Hierdurch wird verhindert, daß sich die Metallatome im Glaskolben absetzen. Es entsteht also eine Metall-Halogen-Wolke. Gelangt diese

Wolke ins Zentrum der Hitze, so wird diese Verbindung wieder aufgelöst, das Metall verdampft, und in der kühleren Zone werden erneut Metall-Halogen-Verbindungen gebildet. Der Farbton des Lichtes wird durch die Art der Metalle bestimmt.

Durch die sehr hohe Temperatur der Glühwendel ist ihr Wirkungsgrad bei der Lichtausbeute gegenüber einer normalen Glühlampe erheblich höher. So ist eine 20-Watt-Halogenlampe so hell wie eine 60-Watt-Glühlampe.

Ihre Lebensdauer ist außerdem doppelt so hoch wie die einer Glühlampe und liegt bei etwa 2000 Stunden.

Allerdings gibt es Halogenlampen mit kleiner Anschlußleistung von 5 bis 50 Watt nur für einen 12-Volt-Betrieb. Daher werden Leuchten für den Haushalt, wie z.B. Schreibtischleuchten, mit einem Transformator geliefert, der die Haushaltspannung von 220 Volt auf 12 Volt heruntertransformiert.

Zwerg gegen Riese. Links 20-W-Halogenlampe mit gleicher Helligkeit einer 60-W-Glühlampe. Preisunterschied allerdings 1000 %. Muß das sein?

Ein Transformator ist für unseren Niederspannungs-12-Volt-Gleichstrombetrieb natürlich nicht nötig, denn der Betrieb der Halogenlampe ist unabhängig von der Stromart.

Ebenso sind Halogenlampen verpolungssicher, d.h. daß das hohe Gebot der richtigen Polung hierbei nicht beachtet werden muß.

Ist die Leuchte mit einem Adapter als Transformator ausgerüstet, also einem Gerät, das direkt in die Steckdose eingeführt wird, wird dieser einfach von dem Lampenkabel abgeschnitten, wenn die Leuchte umgerüstet werden soll. Bei Leuchten mit dem Transformator im Fuß muß der Transformator überbrückt werden.

Durch den direkten Betrieb der Halogenlampen mit Gleichstrom über die Batterie ist der gesamte Wirkungsgrad der Leuchte höher als mit 220 Volt Wechselspannung, da die Verlustleistung des Transformators entfällt.

Wichtig bei Halogenleuchten sind auch die Reflektoren, die die hohe Leuchtstärke der Lampe auf kleinstem Raum optimal verteilen.

Es ist schon erstaunlich, wie die Lese-Leuchten, z.B. von Osram, mit einer Anschlußleistung von nur 5 Watt eine enorme Helligkeit erzeugen. Der biegsame Metallarm und der drehbare Leuchtkopf mit eingebautem Schalter gestatten es, das blendfreie Licht optimal auf die Lektüre auszurichten. Deshalb eignet sich diese Leuchte besonders gut für den Wohnbereich oder über dem Bett als Leselampe.

Leseleuchte
mit Halogenlampe 12 V, 5 W.

Transistorlampen

Transistorleuchten sind spezielle Leuchtstofflampen mit einer bis zu 4fach höheren Lichtausbeute als normale Glühbirnen. Eine 10-Watt-Transistorlampe entspricht somit der Helligkeit einer 40-Watt-Glühlampe und ist aufgrund dessen besonders wirtschaftlich einzusetzen.

Transistorlampen haben außerdem mit 5000 Betriebsstunden gegenüber Glühlampen eine 5fach höhere Lebensdauer. Brennt eine solche Lampe täglich fünf Stunden, so ist erst nach drei Jahren mit einem Ausfall zu rechnen.

In dieser Zeit hat sie lediglich einen Verbrauch von 50 kWh.

Die Leuchtröhre kann jedoch nicht direkt mit Gleichstrom betrieben werden, sondern es ist ein Vorschaltgerät hierfür notwendig. Dieses Vorschaltgerät erzeugt aus dem Gleichstrom mit einem kleinen mit Transistoren bestückten Wechselrichter eine hochfrequente Wechselspannung von 60 bis 90 Volt. Durch die hohe Frequenz von einigen Kiloherz tritt bei diesen Transistorleuchten kein Flackern des Lichtes auf, wie wir dies von den 50-Hz-Leuchtröhren her kennen.

Transistorleuchten müssen allerdings richtig gepolt angeschlossen werden, da das Vorschaltgerät empfindliche elektronische Bausteine enthält, die bei einer Falschpolung zerstört würden. In der Regel sind diese Leuchten mit einem Verpolungsschutz ausgestattet. Eine Falschpolung führt lediglich dazu, daß die Lampe einfach nicht brennt. Eine Umpolung beseitigt den Fehler.

Stabförmige Transistorlampen gibt es von 4 bis 13 Watt z.T. sehr preiswert als fertige Leuchtkörper. Sie eignen sich vor allem für die Beleuchtung im Küchen- oder Badbereich.

Kompaktlampen mit EVG (Selbstbausatz)

Eine interessante Neuentwicklung von Lampen für einen 12- oder 24-Volt-Gleichstrombetrieb basiert auf den inzwischen bekannten Kompaktlampen z.B. des Typs DULUX EL. Hierbei handelt es sich um Stromsparlampen, die gegenüber normalen Glühlampen bei gleicher Leuchtstärke eine Energieeinsparung von 80 % aufweisen. Während ihre Lichtfarbe der einer Glühlampe entspricht, ist ihre Lebensdauer fünffach höher.

Transistorleuchte 8 W, tatsächlich 11 W wegen des Vorschaltgerätes, geeignet für Bad und Küche. Helligkeit einer 40-W-Glühbirne.
Oben: Transistorleuchte im Betrieb. Unten: Verpackung der Transistorleuchte.

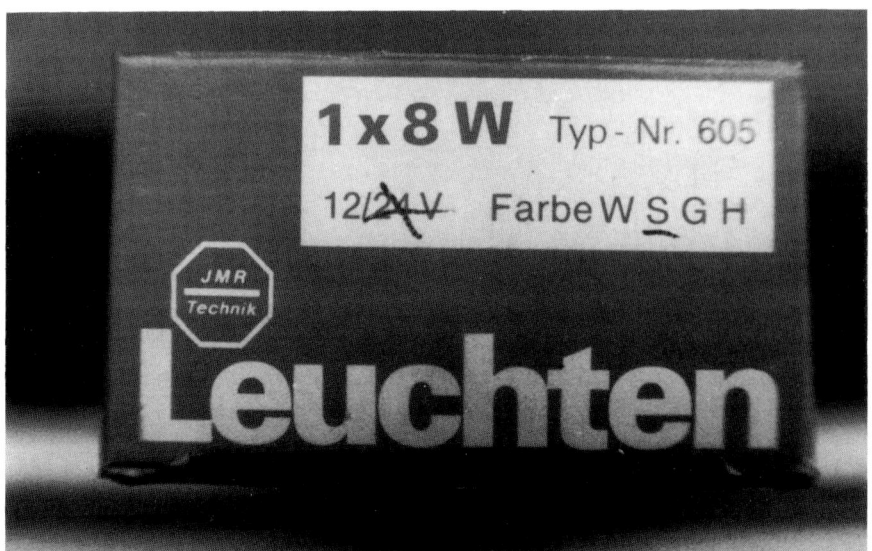

Als Leuchtkörper wird hierbei die Stromsparlampe DULUX D/E von Osram eingesetzt. Ein spezielles elektronisches Vorschaltgerät (EVG) für den Gleichstrombetrieb ist nicht wie bei der DULUX EL im Lampenkörper integriert, sondern wird in der Leuchte selbst angebracht.

Auf dem Markt sind bereits fertige Leuchten für diesen Lampentyp anzutreffen. Ausführlich möchte ich Ihnen jedoch einen Umbausatz beschreiben, da mit diesem auch manche vorhandene Leuchte noch umgerüstet werden kann.

Die Bausätze gibt es in zwei Ausführungen, nämlich für Lampen in Stabform von 4 bis 13 Watt und in Kompaktform für 10 und 13 Watt. Die stabförmigen Lampen entsprechen in ihrem Aufbau jenen uns bekannten Leuchtstofflampen und müssen daher mit zwei Fassungen für die Stromzuführung versehen werden. Sie eignen sich daher nicht für den Umbau jedweder Leuchte. Aus diesem Grund beschreibe ich Ihnen nur den vielseitigen Selbstbausatz für Kompaktleuchten.

Dieser besteht aus der Leuchtstofflampe mit vier Kontakten, einer dafür passenden Fassung und dem elektronischen Vorschaltgerät (EVG). Der Clou an diesem Umbausatz ist jedoch der Leuchtenadapter. Es handelt sich hierbei um drei verschiedene Ausführungen, die mit einer Klemmvorrichtung versehen sind und in die Lampenfassung eingesteckt werden können.

1. Adapter für Schirmleuchten. Hierbei muß nur die Fassung der Schirmleuchte gegen den Adapter und die Umbaufassung ausgetauscht werden. Der Schirm der Leuchte kann dann zwischen den Adapter und einen auf die Lampenfassung passenden Gewindering wie vorher geklemmt werden. Es ist nur noch Sorge zu tragen, daß das Vorschaltgerät nahe der Fassung plaziert wird.

2. Adapter für z.B. Stehleuchten mit einer E-27-Fassung. Solche Glühbirnenfassungen weisen oft eine Schraubbohrung mit einem M10-Gewinde auf und werden auf ein Gewinderohr geschraubt, welches die Kabelzuführung enthält. Der Umbau ist mit dem Adapter, der eine solche M-10-Bohrung aufweist, sehr leicht durchführbar. Auch hierbei muß allerdings ein Platz für das EVG gefunden werden.

3. Adapter mit Anschraublöchern. Dieser Adapter ist vor allem für Wand- und Deckenleuchten vielseitig anwendbar und soll daher am Umbau einer Leuchte näher beschrieben werden.

Stromsparlampen für Wechselstrombetrieb und mit integriertem Vorschaltgerät.
Links Osram DULUX EL 11 Watt, rechts Philips SL 18 Watt mit hoher Blindleistung,
daher ungeeignet für Wechselrichter

Umbau einer Wand- oder Deckenleuchte

Umgebaut wurde eine Wand- oder Deckenleuchte mit einem Glasschirm. Solche Leuchten und auch andere sind deshalb leicht umzubauen, da sie als Lampenträger eine Platine aufweisen, auf die das EVG und der Adapter mit Fassung leicht zu montieren sind.

Zunächst wurde die Glühbirnenfassung entfernt. Statt dessen wurde auf die Platine ein Winkeleisen geschraubt. Die Anfertigung dieses Winkels erforderte den größten Zeitaufwand, denn solch einen Winkel enthielt der Bausatz leider nicht, obgleich er notwendig ist, damit die Lampe parallel zur Platine montiert werden kann. ˙

Ein leichtes war es nun, den Adapter anzuschrauben. Das EVG wurde nunmehr mit den beigelieferten Leitungen durch den Adapter mit der Lampenfassung verbunden. Allerdings war hierfür ein Lötkolben notwendig, um die abisolierte Litze so starr zu machen, daß sie in die Steckverbindungen des EVG und der Lampenfassung eingeschoben werden konnte. Das EVG wurde nunmehr mit einem Teppichklebeband auf die Platine geklebt, und außerdem wurde noch eine Aluminiumfolie als Reflektor unter der Lampe angebracht. Diese erhöht die Helligkeit der Leuchte. Adapter und Fassung wurden mittels der Klemmvorrichtung zusammengefügt, die Lampe in den Sockel gesteckt, und schon war der Umbau fertig. Ohne die Anfertigung des Eisenwinkels hätte die Umbauzeit nur etwa eine halbe Stunde gedauert. Umgebaut wurde eine 10 Watt DULUX D/E Lampe. Das Vorschaltgerät hat einen gemessenen Eigenstromverbrauch von 1 Watt (Prospektangabe 1,5 Watt). Diese Verlustleistung des EVG ist der Lampenleistung stets hinzuzufügen, d.h. sie verbraucht tatsächlich etwa 11 Watt bei einer Helligkeit, die einer 60 Watt Glühlampe entsprechen dürfte.

Dieser Umbausatz ist ausgelegt für eine Umgebungstemperatur von -15 bis +60 °C; zu beachten ist jedoch folgendes: je kälter die Umgebungstemperatur ist, desto länger braucht die Lampe, um ihre volle Helligkeit zu entfalten.

Das elektronische Vorschaltgerät ist natürlich mit einem Verpolungsschutz ausgerüstet und kurzschlußfest. Allerdings ist sorgsam darauf zu achten, daß die mitgelieferten Drähte unbedingt nach dem Schaltplan an den Sockel und an das EVG anzuschließen sind.

Mit verhältnismäßig geringem handwerklichem Geschick lassen sich mittels dieses Bausatzes Wechselstromleuchten auf einen Gleichstromanschluß umrüsten. Und dies zu Bedingungen, die für eine Solarstrom-Anlage von großem Vorteil sind, nämlich einem geringen Stromverbrauch.

84

Einen Tip möchte ich Ihnen nicht vorenthalten. Bevor Sie eine neue Leuchte kaufen, sollten Sie zunächst den Umbausatz anschaffen. Nicht jede Leuchte läßt sich so einfach umbauen, wie die hier beschriebene. Vor allem muß in oder an der Leuchte ein Platz für das EVG gefunden werden, und dieses darf nicht weiter entfernt von dem Sockel angebracht werden, als es das mitgelieferte Kabel zuläßt.

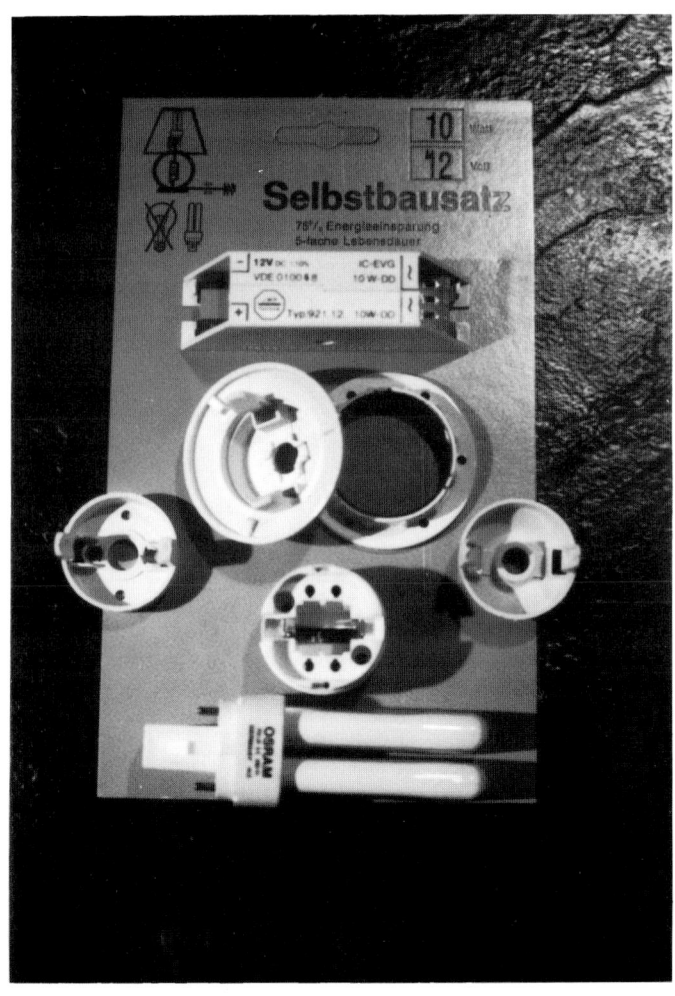

Selbstbausatz mit DULUX D/E Stromsparlampen und Vorschaltgerät für 12/24-Volt-Gleichstrombetrieb

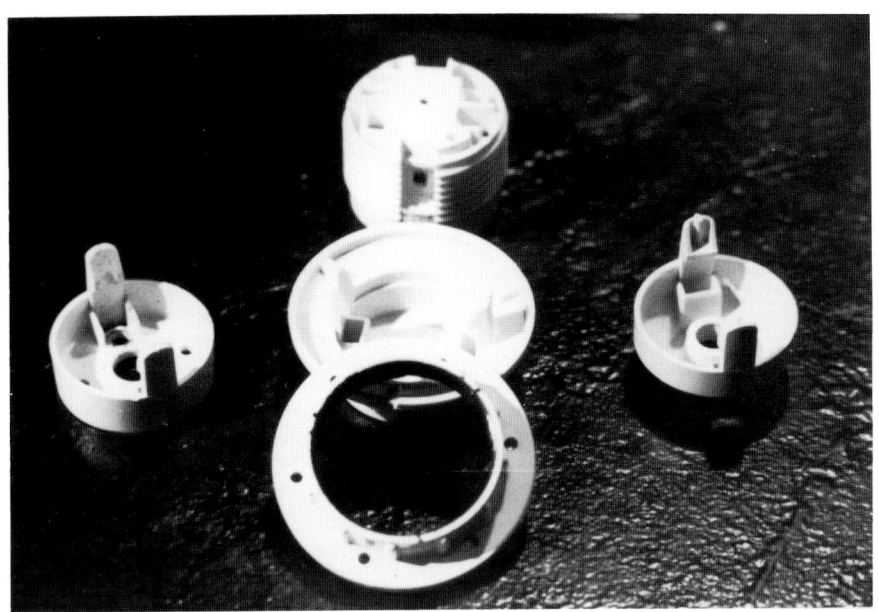

Selbstbausatz. Adapter: links für den Umbau von Wand- oder Deckenleuchten, Mitte für Schirmleuchten, rechts für Stehleuchten. Mitte oben Lampensockel für DULUX D/E.

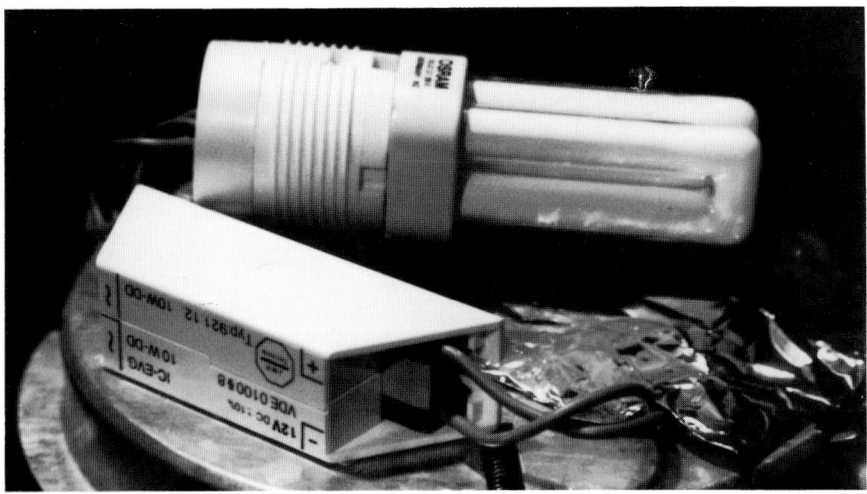

Umbau einer Wand- oder Deckenleuchte mit Vorschaltgerät, Leuchtenadapter, Fassung und DULUX D/E 10 W.

Wand- und Tischleuchte. Umgebaut mit Selbstbausatz DULUX D/E und externem Vorschaltgerät. Leistungsaufnahme 11 Watt, so hell wie eine 60-Watt-Glühbirne.

Caravan-Tischleuchte

Auf der Suche nach einer Tischleuchte für einen Caravan in Fachgeschäften mußte ich feststellen, daß die meisten Leuchten für den Umbau mit dem Selbstbausatz ungeeignet waren. Die Leuchte sollte nämlich vor allem unzerbrechlich und zudem noch platzsparend zu verstauen sein, das elektronische Vorschaltgerät (EVG) sollte im Lampenfuß gut integrierbar sein.

Daher kam ich auf die Idee, mir eine Leuchte selbst zu bauen. Hierzu wurde ein fast zylindrischer Lampenschirm (Durchmesser etwa 20 cm), ein Kunststofftopf (ist unzerbrechlich und läßt sich leicht bohren, Durchmesser 12 cm), den es für Hydrokulturpflanzen gab, ein Druckschalter sowie ein Kabel mit Schukostecker angeschafft.

Für den Umbau wurde wiederum der Selbstbausatz verwendet. Als Adapter eignet sich der für Schirmleuchten. Der untere Teil des Adapters wurde auf dem Boden des Topfes festgeschraubt. Im Topf wurden mehrere Bohrungen für die Kabelverlegung und den Druckschalter durchgeführt. Das EVG war nach der Verkabelung sehr einfach in dem Topf unterzubringen und wurde festgeklebt.

Während der Fahrt kann die Leuchte platzsparend verstaut werden. Der Schirm wird abgeschraubt, das Kabel um den Topf gewickelt, und der Schirm wird über den Topf gestülpt. Die Lampe selbst sollte in ihrer Verpackung bruchsicher aufbewahrt werden.

Die Tischleuchte hat somit den Vorteil, daß sie drinnen wie draußen benutzt werden kann. Wie wir sehen, eine praktische, einfache, formschöne und preiswerte Lösung.

Abbildungen rechts:
Caravan-Tischleuchte. Oben: Einzelteile. Unten: fertige Leuchte, rechts platzsparend verpackt.

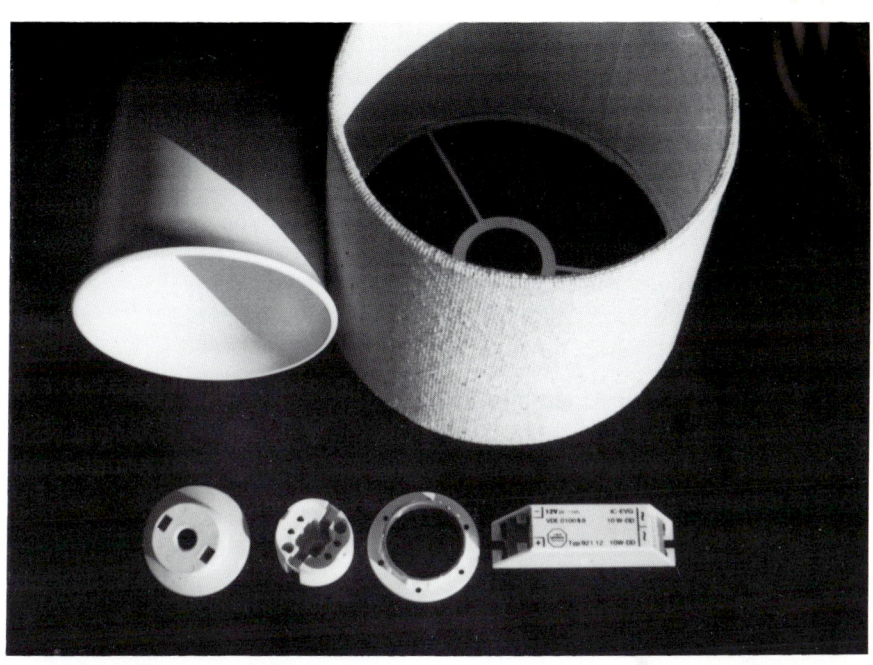

Tips für Leuchten

Beachten sollten Sie, daß die Anschlußleistung der Transistorleuchte nicht unbedingt mit den Angaben auf der Verpackung oder des Prospektes übereinstimmen muß. Meist wird nur die Anschlußleistung der Lampe selbst angegeben und nicht die der gesamten Leuchte inklusive des Vorschaltgerätes.

Bei der Überprüfung einer 8-W-Transistorleuchte mußte ich feststellen, daß der wirkliche Stromverbrauch (bei 12 V) statt bei 0,67 A bei 0,9 A lag. Das Vorschaltgerät allein hat somit eine Leistungsaufnahme von 3 W, die Leuchte insgesamt also 11 W.

Wollen Sie also eine genaue Kalkulation Ihrer Anschlußleistungen durchführen, so sollten Sie zu den angegebenen Verbrauchsdaten noch mit einer zusätzlichen Leistungsaufnahme von 35 % rechnen.

Bei Halogenleuchten ist mit keiner zusätzlichen Leistungsaufnahme im direkten 12-V-Gleichstrombetrieb zu rechnen, da hier ja der Transformator entfällt.

Für eine Solarstrom-Anlage sollten alle Leuchten für 12-Volt-Gleichstrombetrieb ausgelegt sein.

Halogenlampen mit einer Anschlußspannung von 24 Volt sind im Handel nicht erhältlich. Sollten trotzdem Halogenlampen mit 24 Volt betrieben werden, so ist dies dann möglich, wenn zwei 12-Volt-Lampen gleicher Anschlußleistung in Reihe geschaltet werden. Fällt hierbei eine Lampe aus oder ist eine nicht eingeschaltet, so brennt die andere natürlich auch nicht. Zu beachten ist auch, daß sich der Verbrauch verdoppelt.

Transistorleuchten sind auch für 24-Volt-Betrieb zu erhalten; allerdings ist das Angebot hierfür erheblich geringer.

Eine Einzelabsicherung der Leuchten ist nicht nötig.

Wegen des geringen Stromverbrauchs können die Leuchten mit einer Ringleitung angeschlossen werden. Natürlich ist hierbei auf den nötigen Kabelquerschnitt zu achten.

Ganz allgemein gilt für die Installation der Leuchten, daß eher viele mit geringer als wenige mit einer großen Leistung benutzt werden sollten.

Bei einer nicht sehr großzügig ausgelegten Solarstrom-Anlage sollten nur die Lampen brennen, die auch wirklich benötigt werden.

Zu empfehlen sind außerdem nur Leuchten mit einer maximalen Leistungsaufnahme von 20 Watt. Wie Sie bald feststellen werden, reicht diese Leistung voll und ganz aus.

Hören und Sehen

Auch wenn die Solarstrom-Anlage weit weg von einem Netzanschluß entfernt liegt, entweder mobil auf Booten oder Wohnwagen oder stationär im Wochenendhaus, ermöglicht sie trotzdem eine Verbindung zur Außenwelt.

Damit Ihnen aber das Hören und Sehen nicht vergeht, weil wegen des hohen Stromverbrauchs der Geräte die Batterie stets leer ist, muß bei der Anschaffung der Geräte auf eine geringere Leistungsaufnahme geachtet werden.

Radiogeräte

In welchem Auto befindet sich heute noch kein Autoradio?

Alle diese Geräte werden von der 12-Volt-Autobatterie mit Strom versorgt. Hier gibt es eine fast unbegrenzte Auswahl an Geräten jeder Ausgangsleistung, jeden Komforts; ob mit Mono- oder Stereoklang und natürlich auch in jeder Preislage.

Allerdings sind Kassettenrecorder fast ausschließlich nur Wiedergabegeräte, und einen Anschluß für einen Plattenspieler weisen sie auch nicht auf. Dafür gibt es jedoch eine große Anzahl an portablen Radiogeräten, die allerdings nicht unbedingt mit einem 12-Volt-Anschluß ausgerüstet sind.

Viele Radiogeräte können direkt an die 12-Volt-Batterie angeschlossen werden; vor allem dann, wenn sie mit 8 Trockenbatterien betrieben werden. Geräte mit weniger Batterien und damit niedrigerer Anschlußspannung können in manchen Fällen über einen Autoadapter angeschlossen werden.

Bei einer kleinen Solarstrom-Anlage sollte die Anschlußleistung des Gerätes 20 Watt nicht überschreiten. Eine hohe Ausgangsleistung der Lautsprecher bedeutet natürlich auch einen höheren Stromverbrauch des Radiogerätes.

Fernseher

Ob Sie nun die Tagesschau in Schwarzweiß oder in Farbe sehen wollen, ist einerseits eine Kostenfrage bei der Anschaffung des Gerätes und andererseits eine Frage des Stromverbrauchs.

Fast alle portablen Schwarzweiß-Geräte haben auch eine direkte Anschlußmöglichkeit mittels eines Kabels an die Steckdose des Zigarettenanzünders Ihres Autos.

Die Leistungsaufnahme dieser Geräte hängt wesentlich von der Bildschirmgröße ab und beträgt lediglich 8 bis 20 Watt. Da es für diese Geräte in Europa eine einheitliche Fernsehnorm gibt, sind sie problemlos mobil einzusetzen.

Portable Farbfernsehgeräte bereiten da viel größere Probleme. Bedingt durch die unterschiedlichen Fernsehnormen in Europa sind die meisten Geräte nur mit Einschränkung mobil.

Leider ist das Angebot an Fernsehgeräten, die einen direkten Anschluß an die 12-Volt-Batterie haben oder über einen Adapter angeschlossen werden können, sehr klein.

Die Leistungsaufnahme eines portablen Fernsehgerätes ist im wesentlichen von folgenden Faktoren abhängig:

– Bildschirmgröße
  Je größer der Bildschirm, desto höher der Stromverbrauch.

– Batterieanschluß
  Die Leistungsaufnahme ist bei direktem Anschluß an die 12-Volt-Batterie niedriger als über einen Adapter. Sie ist auch dann höher, wenn das Gerät über den normalen Netzanschluß betrieben wird. Daher ist ein Wechselrichter, bei dem zusätzlich ein hoher Eigenstromverbrauch vorliegt, ungeeignet, das Fernsehgerät mit Strom zu versorgen.

Die Leistungsaufnahme beträgt bei Farbfernseh-Portables günstigstenfalls 18 Watt (Sony mit 13 cm Bildschirmdiagonale) und 40 Watt (39 cm Diagonale).

Für die kleine Solarstrom-Anlage ist daher stets ein Schwarzweiß-Fernsehgerät zu empfehlen.

Viele Farbfernsehgeräte haben jedoch eine Anschlußleistung von 65 Watt. Damit kann dem Solarstromfreund schon Hören und Sehen vergehen.

Schwarzweiß-Fernsehgerät.
Anschlußleistung 15 Watt bei
12 Volt Gleichspannung. Bei
220 Volt Wechselspannung
benötigt das Gerät 35 Watt.

AEG-Solarstrom-Koffer und Grundig-Farbfernseher. Die Ladung der im Koffer
eingebauten Batterie erfolgt über das faltbare 40-Wp-Solarmodul. Bei vollgeladener
Batterie reicht ihre Kapazität, um den Fernseher 5 Stunden lang zu betreiben.
Foto AEG

Solarradio

Wie beschrieben, sind im Handel zahlreiche portable Radios zu finden, die auch mit der 12-Volt-Autobatterie betrieben werden können. Im netzfreien Betrieb wird der Strom solcher Radios im allgemeinen von acht Trockenbatterien geliefert. Diese Batterien lassen sich ohne weiteres durch wiederaufladbare Ni-Cd -Akkus (Ni-Cd = Nickel-Cadmium) ersetzen. Die Abmessungen solcher Akkus entsprechen vollkommen den Baugrößen der Mignon-, Baby- oder Mono-Trockenbatterien.

Wesentliche Unterschiede gegenüber Trockenbatterien bestehen hinsichtlich ihrer kleineren Kapazität (etwa ein Drittel), ihrer geringeren Spannung (1,2 statt 1,5 Volt) und hohen Selbstentladungsrate.

Die geringere Kapazität muß daher durch häufigere Aufladung ausgeglichen werden. Die niedrigere Spannung von 1,2 Volt gegenüber von 1,5 Volt macht sich für den Betrieb der meisten Radios nicht nachteilig bemerkbar. Sie ist dafür über einen langen Entladezeitraum annähernd konstant.

Solarmodule kleiner Leistung von 0,5 bis 5 Wp, Nennspannung 3 bis 12 Volt, eignen sich zur Ladung von Ni-Cd-Batterien und zur Stromversorgung von Kleinverbrauchern. Foto AEG.

Die Selbstentladung solcher Akkus ist jedoch beträchtlich und beträgt etwa 40 % im ersten Monat, so daß nach 4 Monaten nur eine Restkapazität von 10 % übrig bleibt.

Solche Ni-Cd-Batterien können natürlich auch mit Solarstrom aufgeladen werden. Zu beachten ist, daß das Solarmodul keinen höheren Ladestrom liefert, als dies für den Akku zulässig ist. Der maximale Ladestrom beträgt etwa 10 % der maximalen Kapazität. Eine Monozelle mit einer Kapazität von 4,0 Ah darf somit nur mit 0,4 A geladen werden.

Wird ein Solarmodul mit einer Leerlaufspannung von 12 Volt verwendet, so können damit bis zu 10 in Reihe geschaltete Ni-Cd-Akkus geladen werden. Da sich das Solarmodul jeder Ladespannung des Akkus anpaßt, könnte mit ihm auch nur ein einziger Akku bei einem geringfügig höheren Strom geladen werden. Allerdings ist in diesem Fall der Ladewirkungsgrad des Moduls nur gering.

Ein direkter Anschluß des Solarmoduls an das Radio ohne einen Akkupuffer ist jedoch nicht zulässig, da so die Spannung nicht stabilisiert wäre.

So sehen Trockenbatterien aus, wenn sie einige Monate entladen in einem Radio vergammelten. Wie sehen diese erst einmal aus, wenn sie einige Wochen im Hausmüll gelegen haben?

Solarradio. Statt aus 8 Trockenbatterien wird dieses Radio von NiCd-Monozellen mit Strom versorgt. Die Aufladung erfolgt über ein Solarmodul.

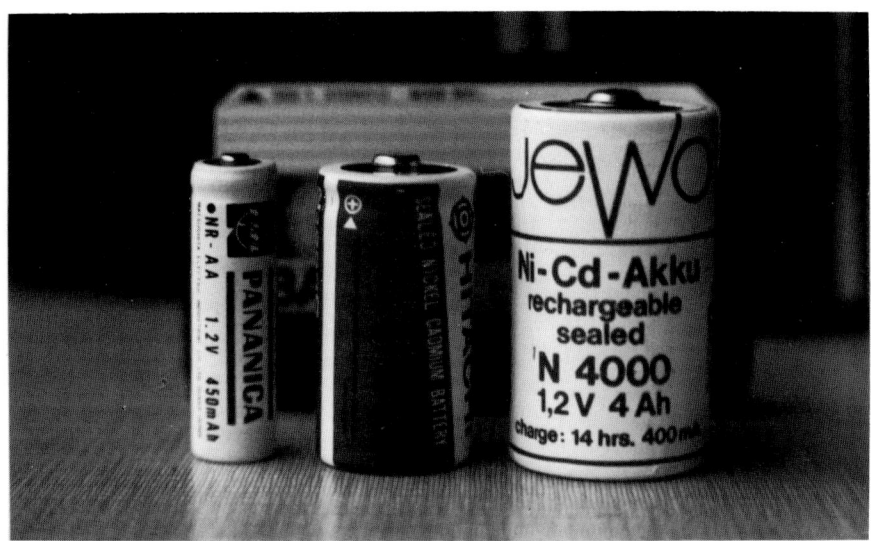

Wiederaufladbare NiCd-Batterien wie Mignon-, Baby- oder Monozellen (von links nach rechts) können mit Solarstrom aufgeladen werden und ersetzen Trockenbatterien z.B. in Radiogeräten oder Cassettenrecordern.

Der Kühlschrank

Kühlgeräte sind aus unserem heutigen Leben kaum noch wegzudenken. Wer möchte denn auch schon an einem heißen Sommertag warmes Bier oder warme Limonade trinken?

Kühlgeräte machen nicht nur unser Leben angenehmer, sondern sie sorgen auch für eine Konservierung leicht verderblicher Lebensmittel und verhindern damit deren Verschwendung.

Kühlgeräte sind in einer Solarstrom-Anlage leider einer der größten "Stromfresser". Daher ist bei der Anschaffung eines solchen Gerätes ganz besonders auf ein stromsparendes Gerät zu achten.

Der Stromverbrauch ist im wesentlichen von drei Bedingungen abhängig:
– der Isolierung des Gehäuses und der Umgebungstemperatur.
– dem Kühlsystem und dem hierdurch bedingten Wirkungsgrad.
  sowie
– der Temperatur der eingebrachten Ware.

Die Isolierung

Für den Stromverbrauch eines Kühlgerätes ist der Transmissionsverlust von ausschlaggebender Bedeutung. Dieser bezeichnet die Energie, die vom kälteren Kühlraum durch die Isolierung an die Umgebung abgegeben wird. Entsprechend der Umgebungstemperatur, dem Volumen, der Innentemperatur und der Isolierung des Kühlgerätes ist dieser Energieverlust ein konstanter Faktor und von dem Kühlaggregat unabhängig.

Nur durch die Isolierung und die entsprechende k-Zahl sind diese Transmissionsverluste zu beeinflussen. Unter der k-Zahl wird der Wärmedurchgangswert verstanden. Je niedriger er liegt, desto besser ist die Isolierung. Auch für den Hausbau sind solche Werte heutzutage bautechnisch vorgeschrieben, um Heizenergie zu sparen.

Neben der Isolierwandstärke ist die k-Zahl noch von dem verwendeten Isoliermaterial abhängig.

Kühlschrankwände, die mit Polyurethan ausgeschäumt sind, haben bei einer 50 mm dicken Isolierschicht eine k-Zahl von 0,35. Eine 100 mm dicke Isolierung hat dagegen jedoch eine k-Zahl von 0,19, d.h. fast die Hälfte. Entsprechend verhält sich der Energieverlust.

Für eine Solarstrom-Anlage sollten daher Kühlgeräte mit einer Isolierwandstärke von mindestens 50 mm verwendet werden. Ideal wären natürlich Geräte mit einer Wandstärke von 100 mm.

Bei stationären Kühlgeräten, z.b. für Wochenendhäuser etc. können leicht durch eine von außen angebrachte Isolierung die Energieverluste verringert werden.

Beispielsweise können die Seitenflächen des Kühlschranks zusätzlich durch eine Holzverkleidung isoliert werden, wobei zwischen Kühlschrankwand und Holzplatte ein Abstand bleibt, der mit Polyurethan ausgeschäumt wird.

Eine andere Möglichkeit besteht darin, die Seitenwände mit Styropor-Platten zu verkleiden. Diese Isolierung ist allerdings nicht so effektiv. Außerdem ist darauf zu achten, daß der Kondensator auf der Rückseite des Kühlschrankes gut belüftet bleibt. Wenn das Kühlaggregat jedoch extern montiert werden kann, so läßt sich die Rückwand natürlich zusätzlich isolieren.

Eingebrachtes Kühlgut

Es ist interessant festzustellen, wieviel Energie aufgebracht werden muß, wenn die Kühlschranktür geöffnet und Kühlgut eingelegt bzw. entnommen wird. Beim Öffnen eines Kühlschranks mit Fronttür spüren wir, daß die kalte Luft förmlich aus dem Innenraum herausfließt.

Betrachten wir einen Kühlschrank mit 100 l Fassungsvermögen und einer Innentemperatur von 5 °C sowie einer Raumtemperatur von 25 °C, so ergibt sich eine Temperaturdifferenz von 20 °C. Findet ein völliger Luftaustausch statt, so haben die 100 l Luft nur einen erstaunlich geringen Energieinhalt von etwa einer Wattstunde.

Beim Einbringen des Kühlgutes, z.B. von 1 l Wasser, das ebenfalls um 20 °C abgekühlt werden soll, ergibt sich bereits ein Energieverbrauch von etwa 20 Wh.

Erheblich höher liegen dagegen noch die Verbrauchswerte beim Einfrieren des Kühlgutes.

Wird 1 l Wasser von plus 20 °C auf minus 20 °C eingefroren, so sind bereits etwa 130 Wh aufzubringen.

Um den täglichen Energieverbrauch praktisch zu erläutern, sei hier folgendes Beispiel genannt:

Der Kühlschrank soll 20 mal geöffnet werden; dabei sollen 5 l Getränke um 20 °C abgekühlt sowie 200 ml Eiswürfel hergestellt werden. Aus den angegebenen Energieverbrauchswerten ergibt sich ein Verbrauch von insgesamt rund 150 Wh. Hinzu kommen natürlich noch die Transmissionsverluste. Diese Kühlenergien sagen jedoch nichts über den tatsächlichen Stromverbrauch des Kühlaggregats aus, denn dieser ist abhängig vom Wirkungsgrad des Gerätes und liegt zwischen 30 und 150 %.

Kühlsysteme

Man sollte schon einen kühlen Kopf bewahren, wenn es um die Anschaffung eines Kühlschranks für eine Solarstrom-Anlage geht. Daher eine kurze Betrachtung der Kühlsysteme:

Die Kühlaggregate, außer dem Peltier-Element, arbeiten grundsätzlich nach demselben Prizip. Ein geeignetes Gas wird komprimiert und dadurch verflüssigt. Die aufgebrachte Arbeit wird über den Kondensator als Wärme an die Umgebung abgegeben. Die unter Druck stehende Flüssigkeit wird über eine Düse im Verdampfer wieder vergast, wobei der Verdampfungsvorgang der Umgebung Wärme entzieht. Genau das gleiche bewirkt Kölnisch Wasser. Der darin befindliche Alkohol wird durch die Haut erwärmt und verdunstet, wobei der Haut Wärme entzogen wird und die erfrischende Wirkung zustande kommt.

Beim Kühlschrank erwärmt sich das Gas durch den Wärmeentzug und gibt diese wiederum über den Kondensator an die Umgebung ab.

Ein Kühlschrank einmal von hinten betrachtet. Das Gitter mit dem schlangenförmigen Rohr ist der Kondensator, der die Wärme abführt. Der schwarze Topf auf dem Boden des Gerätes ist der gekapselte Kompressor. Der Verdampfer liegt im Kühlraum.

Peltier-Element

Diese aus der Weltraumtechnik bekannte Kühltechnik arbeitet nur mit Gleichstrom. Kühlgeräte dieser Art haben den Vorteil, daß sie – wie die Solarzellen – verschleißfrei, geräuschlos und in jeder Lage anwendbar, ihre Kühlleistung erbringen. Außerdem kann durch Stromumkehr die Kühlbox zu einer Warmhaltebox umfunktioniert werden.

Solche Geräte mit Peltier-Elementen wären theoretisch die ideale Technik für Solarstrom-Anlagen, wenn sie nicht einen entscheidenen Nachteil hätten, nämlich den hohen Stromverbrauch. Eine 10-l-Kühlbox verbraucht in 24 Stunden etwa eine Kilowattstunde. Außerdem sind Gefriertemperaturen nur mit einem noch sehr viel höheren Energieaufwand zu erreichen.

Absorber-Aggregate

Bei Absorber-Aggregaten wird der benötigte Druck zur Verflüssigung des Kühlmittels durch Wärme erzeugt.

Solche Geräte können daher mit Strom oder Gas betrieben werden, um die benötigte Wärme zu erzielen.

Der Energieverbrauch liegt aufgrund dessen jedoch entsprechend hoch. Für einen 60-l-Kühlschrank werden in 24 Sunden bei einer Temperaturdifferenz von 20 °C etwa 2 kWh benötigt.

Für Solarstrom-Anlagen sind solche Geräte nicht geeignet, es sei denn, sie werden mit Gas betrieben.

Schwingkompressor

Der Schwingkompressor arbeitet nach dem Prinzip des Kolbenverdichters. Dieser Kolben wird mit einer Schwingspule entsprechend der Amplitude einer gegebenen oder erzeugten Frequenz in Bewegung gebracht.

Bei Wechselstrombetrieb schwingt dieser mit der Netzfrequenz von 50 Hz, bei Gleichstrombetrieb müssen die Schwingungen durch einen Wechselrichter erzeugt werden.

Für einen solchen 50-l-Kühlschrank ergibt sich bei einer Temperaturdifferenz von 20 °C ein Verbrauch von 600 W in 24 Stunden.

Obgleich der Stromverbrauch gegenüber dem Absorbergerät erheblich niedriger liegt, sind die Verbrauchszahlen für die Solarstrom-Anlage noch zu hoch.

Motorkompressor

Hierbei wird, wie in allen gängigen Haushaltskühlschränken, das Hubkolben-Kompressor-Prinzip genutzt. Um Energie zu sparen, wird der Kompressor direkt durch einen Gleichstrommotor angetrieben, so daß insgesamt ein sehr hoher elektrischer Wirkungsgrad erreicht wird.

Eine Zwangsbelüftung des Kondensators durch einen Ventilator, der direkt vom Kompressormotor angetrieben wird, bewirkt eine zusätzliche Verringerung des Stromverbrauchs. Wird die Temperatur des Kondensators um 20 °C gesenkt, so entspricht dies einer Erhöhung des Wirkungsgrades um etwa 20 %.

Kühlschränke, die einen Lamellenkondensator ohne Zwangsbelüftung haben, können durch einen kleinen zusätzlichen, elektrisch betriebenen Ventilator, der den Kondensator belüftet, eine erhebliche Steigerung des Wirkungsgrades erreichen. Vor allem sind solche Ventilatoren dann zu empfehlen, wenn an den Kondensator nur unzureichend Luft gelangt und ein Wärmestau auftritt. Dieser Ventilator sollte allerdings zur Verringerung des Stromverbrauchs über den Kühlschrankthermostaten gesteuert werden.

Kompressorkühlschränke mit Zwangsbelüftung und einem Inhalt von 100 l bei 50 mm Isolierung verbrauchen bei einer Temperaturdifferenz von 20 °C in 24 Stunden etwa 350 Wh. Hinzu kommt allerdings noch die Energie, die benötigt wird für das Kühlgut.

Bei dem angeführten Beispiel sind dies etwa 150 Wh. Der Leistungsfaktor dieser Geräte liegt mit 1,5 sehr hoch. Kompressorkühlschränke sind daher für Solarstrom-Anlagen zu empfehlen.

Externer Kompressor

Wir sind es gewohnt, daß beim Kauf eines Kühlschranks dieser eine kompakte Einheit bildet, d.h. im Gehäuse sind auf der Rückseite der Kompressor mit dem Kondensator und im Innenraum der Verdampfer mit dem Gefrierfach fest eingebaut.

Es gibt aber auch Geräte, bei denen der Kompressor als Einheit mit dem Kondensator getrennt vom Verdampfer eingebaut ist. Wichtig ist dies dann, wenn die Einbauverhältnisse schwierig sind, oder der Kompressor an einem gut belüfteten Platz untergebracht werden kann.

Ein weiterer Vorteil besteht darin, daß ein bereits vorhandenes Kühlgehäuse selbst mit einem Gleichstromkompressor versehen werden kann. Die Verbindung vom Kompressor zum Verdampfer erfolgt über einen Schlauch, der über Ventilkupplungen an den Kompressor angeschlossen wird.

Durch eine externe Montage des Kompressors, z.B. außerhalb eines Wochenendhauses, kann dieser an einer kühlen, gut belüfteten, jedoch vor Feuchtigkeit geschützten Stelle aufgestellt werden, während der Kühlschrank mit dem Verdampfer in der beheizten Küche steht. Dies spart vor allem im Winter sehr viel Strom, da der Wirkungsgrad des Aggregats stark von der Kondensatortemperatur abhängt.

Wird ein gebrauchter oder vielleicht auch defekter Kühlschrank umgebaut, so sollte der Ausbau des alten Kondensators stets durch einen Fachmann geschehen, denn werden die Zuleitungen entfernt, kann das Kühlmittel, zumeist Frigen, ausströmen. Frigen ist ein sehr umweltschädliches Gas.

Frigen ist auch als Treibmittel in Spraydosen bekannt und kann das Ozon in der Atmosphäre zerstören.

Kältespeicherplatten

Die Kältespeicherplatte ist ein Energiespeicher, dessen spezielle Flüssigkeit im Verdampfer einfriert. Wird keine Kühlleistung erbracht, gibt die Platte ihren Energieinhalt an den Kühlraum wieder ab.

Die gespeicherte Kälte reicht je nach Größe des Kühlschranks, dessen Isolierung und der Umgebungstemperatur bis zu 12 Stunden aus. Die Aufladung des Kältespeichers erfolgt dagegen innerhalb von 2 bis 4 Stunden.

Die Kältespeicherplatte hat vor allem den besonderen Vorteil, daß der Kompressor während der Nacht ausgeschaltet bleiben kann, so daß keine Lärmbelästigung auftritt, das Kühlgut aber auch nicht durch Erwärmung verdirbt.

Bei einer Solarstrom-Anlage mit Laderegler und Tiefentladeschutz wird der Kompressormotor bei Erreichen des Tiefentladepunktes automatisch von der Batterie getrennt. Wird von den Solarmodulen während der nächsten 12 Stunden genügend Strom geliefert, so schaltet der Laderegler bei ausreichender Batteriespannung den Motor wieder ein. Hiermit hat der Kältespeicher die Funktion des Energiespeichers der Batterie übernommen. Zusätzlich kann durch den Kältespeicher die Batterie geschont werden, wobei gleichzeitig eine höhere Kapazität zur Verfügung steht.

Wie das?

Sind die Solarmodule so ausgelegt, daß sie einen mittleren Strom von etwa 6 Ampere liefern, fließt der Modulstrom bei Betrieb des Kompressormotors direkt, ohne Stromentnahme, aus der Batterie. Schaltet der Motor ab, wird die Batterie geladen. Nachts hingegen, wenn der meiste Strom für die Beleuchtung benötigt wird, übernimmt der Speicher die Energiezufuhr. Dadurch ist wegen geringerer Strombelastung der Batterien eine höhere Zyklenzahl möglich.

Ist bereits ein Kühlschrank ohne Speicherplatte vorhanden, so kann das Gefrierfach zum Speicher umfunktioniert werden. Dies kann mit Kälteakkus geschehen, wie sie für Kühltaschen verwendet werden oder durch Einfrieren von Wasser in Plastikbehältern. Obwohl in Prospekten und selbst in der Literatur behauptet wird, daß Kältespeicher den Energieverbrauch verringern, entspricht dies nicht den Tatsachen. Durch Kältespeicher kann der Stromverbrauch nicht gesenkt werden, es sei denn, daß die Innentemperatur des Kühlschranks ansteigt. Aber das ist ja gerade nicht wünschenswert.

Solarkühlschrank mit Kältespeicher.
Nutzinhalt 42 Liter. 12-Volt-Gleichstrombetrieb. Praktischer Stromverbrauch täglich ca. 25 Ah (300 Wh).

Tips für Kühlschränke

Wie wir gesehen haben, unterscheiden sich die Verbrauchszahlen je nach Kühlsystem ganz erheblich. Festzustellen ist, daß der Absorber für eine Solarstrom-Anlage mit Strombetrieb vollkommen indiskutabel ist. Eine Batterie mit 100 Ah wäre bereits innerhalb von 12 Stunden leer. Daher sollte ein derartiger Kühlschrank nur mit Gas betrieben werden.

Im Wohnwagen oder auf dem Boot kann der Absorber ebenfalls nur über den Generator des Zugwagens oder den Schiffsmotor mit Gleichstrom versorgt werden.

Der Schwingkompressor hingegen weist bereits einen sehr viel niedrigeren Stromverbrauch auf. Ein zwangsbelüfteter, direkt mit Gleichstrom betriebener Kompressor ist das ideale Stromspargerät. Dieses Gerät ist verhältnismäßig laut. Deshalb sollte der Verdampfer stets mit einem Kältespeicher ausgerüstet sein. Empfehlenswert ist es, das Aggregat getrennt vom Kühlschrank zu installieren, um einen optimalen thermischen Wirkungsgrad zu erzielen.

Bei Kondensatoren ohne Zwangsbelüftung kann durch zusätzlichen Einbau eines Ventilators geringer Leistung (etwa 5 W) Stauwärme erheblich besser abgeführt werden. Dieser Ventilator sollte mit dem Thermostaten des Kühlschranks ein- und ausgeschaltet werden, so daß der effektive Wirkungsgrad um etwa 10 bis 15 % erhöht wird. Durch eine zusätzliche Isolierung des Kühlschrankgehäuses ist es außerdem möglich, die Transmissionsverluste zu verringern. Die Kühltemperatur im Innenraum sollte bei 8 °C liegen. Eine Unter- oder Überschreitung sollte vermieden werden; sinnvoll ist ein Kühlschrank-Thermometer.

Weitere Tips, die Strom sparen helfen:

— den Verdampfer niemals stark vereisen lassen, denn das Eis wirkt wie eine Isolierschicht; durch sinkende Verdampfertemperatur verringert sich der Wirkungsgrad.

— Kühlschrank gut verschließen. Eindringende feuchte Luft läßt den Verdampfer sehr viel schneller vereisen, von den Kühlverlusten einmal ganz abgesehen.

— Tiefgefrorenes Kühlgut einen Tag vorher aus dem Gefrierfach herausnehmen und im Kühlschrank auftauen lassen. Die zum Schmelzen der Ware erforderliche Wärmeenergie wird dem Innenraum entzogen und kühlt diesen zusätzlich.

- Kalte oder tiefgefrorene Lebensmittel nicht erst erwärmen lassen, sondern schnellstens in den Kühlschrank legen.
- Kein heißes Kühlgut in den Kühlschrank geben. Abgesehen von dem zusätzlichen Energieaufwand vereist der Verdampfer schneller.
- Beim Tiefgefrieren nacheinander kleine Portionen einfrieren. Bei größeren Mengen kann die benötigte Kühltemperatur überschritten und bereits eingefrorene Ware durch Wiedererwärmung geschädigt werden.

Kühlsysteme im Vergleich

	Peltier-Element	Absorber	Schwing-kompressor	Motor-kompressor
Betriebsart	Strom	Gas, Strom	Strom	Strom
Geräte-Inhalt l	5 bis 10	10 bis 100	10 bis 100	20 bis 120
Energieverbrauch in 24 h/Wh	1000 (10 l)	ca. 2000	ca. 500	300 bis 400
Tiefkühlung	nein	nein	bedingt	gut
Einsatz mobil	ja	bedingt	sehr gut	sehr gut
Einsatz Solarstrom	nein	nein	bedingt	gut
Betriebs-geräusche	keine	gering	leise	laut

Der Energieverbrauch wurde berechnet für einen Kühlschrank mit 50 l Inhalt, Kühltemperatur 5 °C, Isolierung 50 mm Polyurethan und einer Umgebungstemperatur von 25 °C.

Pumpen

Das Problem der Wasserversorgung in Ferienhäusern, Gartenlauben, Booten, Fischteichbelüftungen, Viehtränken etc. kann durch Solarstrom-Anlagen gelöst werden. Denn dort, wo kein Strom ist, gibt es in den meisten Fällen auch keinen Wasseranschluß. Und jeder, dem der Wasserhahn einmal abgedreht worden ist, weiß auf einmal, wie wichtig das kühle Naß für ihn geworden ist.

Aber auch hier muß beachtet werden, daß für jeden speziellen Anwendungsfall das richtige Pumpensystem gewählt wird. Auch für das Pumpen gilt die Devise des Stromsparens.

Bei den nachfolgend beschriebenen Pumpen handelt es sich um Gleichstromgeräte. Nur in besonderen Anwendungsfällen sollten Wechselstrompumpen mit einem Wechselrichter verwendet werden.

Während alle beschriebenen Verbrauchsstellen über eine Batterie betrieben werden müssen, gibt es bei den Pumpen auch Anwendungsbereiche des direkten solaren Antriebs.

Pumpentypen

Je nach Bedarf stehen drei verschiedene Pumpentypen zur Verfügung: Kreisel-, Membran- und Impellerpumpen. Anwendungsbereiche werden nachstehend beschrieben.

Kreiselpumpe:
Die Funktionsweise einer Kreisel- oder Zentrifugalpumpe besteht darin, daß ein Elektromotor einen Rotor antreibt. Dieser ist ähnlich einer Turbine mit speziell geformten Schaufeln versehen, so daß das auf der Einlaufseite eindringende Wasser hoch beschleunigt und somit aus der Auslaufseite hinausgedrückt wird.

Die Förderhöhe des Wassers ist von verschiedenen Faktoren abhängig, und zwar von:

– der Umdrehungszahl des Rotors,
– der Form der Schaufel,
– dem Spalt zwischen der Schaufel und dem Pumpengehäuse und
– der Anschlußleistung.

Durch Solarmodule direkt betriebene Kreiselpumpen. Wasserfilterung und Belüftung eines Fischteiches als Springbrunnen ausgeführt.

Gleichstrompumpen unterschiedlicher Bauart. Von links: Membran-, Bilge- und Umwälzpumpe.

Pferdetränke

Die meisten Kreiselpumpen sind nicht selbstansaugend, d. h. sie können, oberhalb des Wasserspiegels montiert, die Luft aus der Saugleitung nicht abpumpen, um das Wasser anzusaugen.

Die bekanntesten Kreiselpumpen sind die Bilge-Pumpen, die ins Boot eingedrungenes Wasser aus der Bilge abpumpen.

Diese Tauchpumpen saugen über einen groben Filter das Wasser auf dem Boden der Pumpe an, und über den Druckstutzen, an dem der Schlauch angeschlossen ist, wird das Wasser nach oben gefördert. Die Fördermenge ist hierbei von der Förderhöhe abhängig und nimmt mit dieser stark ab. Bei Experimenten konnte festgestellt werden, daß die maximale Förderhöhe etwa proportional dem Anschlußstrom ist, daß z.B. eine Pumpe mit einer Stromaufnahme von 3,5 A eine maximale Förderhöhe von 3,5 Meter aufweist. Dies ist natürlich ein empirischer Wert, der letztlich von der Bauart abhängt.

Kreiselpumpen zeichnen sich außerdem durch einen geringen Verschleiß infolge Schmutzwassers aus, so daß nur ein vorgeschalteter Filter genügt, um das Eindringen von groben Verunreinigungen zu verhindern.

Da Kreiselpumpen zumeist aus Kunststoff bestehen, sind sie auch seewasserfest.

Kreiselpumpen können auch kurzfristig ohne Wasser betrieben werden und sind somit trockenlaufsicher.

Die Anwendungsmöglichkeiten ergeben sich aus der Charakteristik der Pumpen, nämlich der Förderung von großen Wassermengen bei kleinen Förderhöhen. Neben der Bilge-Entwässerung können außerdem über einen Schwimmschalter Gruben oder Keller entwässert werden. Ebenso eignen sich solche Pumpen für die Gartenbewässerung, wenn die Förderhöhe gering ist, sowie für Springbrunnen und Fischteichbelüftung.

Die Umwälzpumpen sind eine spezielle Art der Kreiselpumpen, da sie nicht getaucht werden können. Der Wasserzulauf muß gegeben sein. Befindet sich Luft im Pumpengehäuse, so geht die Förderleistung stark zurück. Im ungünstigsten Fall wird durch eine Luftblase die Förderung vollständig verhindert. Umwälzpumpen eignen sich für die Kühlung von Frischwasser, für Wasser in Heizungsanlagen oder für die Umwälzung von See- oder Süßwasser in Fischkästen.

Durch ein Solarmodul direkt betrieben, können sie in der Warmwasseraufbereitung von Solarkollektoren angewendet werden.

Membranpumpe

Die Membranpumpen arbeiten ähnlich einem Fußblasebalg, wie er zum Aufpumpen von Luftmatratzen benutzt wird.

Die Membrane wird hierbei jedoch über einen von einem Motor angetriebenen Exzenter bewegt. Bewegt sich die Membrane nach oben, wird das Wasser angesaugt; bewegt sie sich nach unten, verschließt ein Rücklaufventil die Einflußöffnung, und das Wasser wird durch die Ausflußöffnung weiter befördert.

Die Fördermenge ist bei dieser Pumpe abhängig von dem Hubvolumen, der Anzahl der Membranen und der Drehzahl des Motors. Die Förderhöhe wird bei dieser Pumpe meist durch einen Druckschalter begrenzt, da die Membrane, die zumeist aus einem flexiblen Kunststoff besteht, unter zu hohem Druck bersten kann.

Hierbei ist natürlich die Fördermenge auch abhängig von der Förderhöhe, da mit Zunahme des geostatischen Drucks auch eine höhere Arbeit aufgewendet werden muß. Schließlich ist es ein Unterschied, ob man einen Eimer Wasser mit 10 l Inhalt, also 10 kg, eine Treppe mit nur 10 oder aber mit 100 Stufen hochträgt. Dies entspricht etwa der Förderhöhe von 20 Metern. Um diese Menge nach oben zu befördern, braucht eine gute Membranpumpe lediglich etwa 3 Minuten. Bevor man die 100 Treppenstufen wieder heruntergelaufen ist, sind, bedingt durch die Pumpe, die 10 l schon wieder oben angekommen. Für diese Leistung verbraucht die Pumpe lediglich etwa 4 Watt-Stunden (Wh).

Mehrfach-Membranpumpen können wegen des kleineren Membrandurchmessers bei gleicher Fördermenge höhere Drücke erzeugen als Einfach-Membranpumpen.

Der Verschleiß der Membranpumpen duch harte Partikel ist gering. Trotzdem sollte ein Filter vor den Ansaugstutzen montiert werden, um das Eindringen von groben Verunreinigungen in die Pumpe zu verhindern. Schmutzteile können vor allem das Rückschlagventil verstopfen, so daß die Funktion beeinträchtigt wird.

Membranpumpen sind selbstansaugend. Die Höhe hängt von der Bauart ab, liegt aber zwischen 1,5 und 2,5 m.
Außerdem sind diese Pumpen auch trockenlaufgeeignet.

Anwendungsmöglichkeiten sind dort gegeben, wo größere Höhenunterschiede überwunden werden müssen oder ein Drucksystem erforderlich ist.

Bewährt hat sich diese Pumpenart beim Einsatz in Zisternen oder bei der Förderung von Brunnenwasser. Ferner gestattet dieser Pumpentyp wegen des hohen Drucks und der genügenden Fördermenge die komplette Hausversorgung, wobei selbst ein Heißwasserboiler angeschlossen werden kann. Hierbei ist jedoch zu beachten, daß ein Wassertank auf Haushöhe installiert ist.

Selbstverständlich werden Membranpumpen auch für die Druckwasserversorgung in Wohnwagen und Booten verwendet, für deren Anwendungsbereich sie ja ursprünglich entwickelt wurden.

Flexible Impellerpumpen

Bei der Impellerpumpe läuft ein mit flexiblen Schaufeln versehener Rotor, der Impeller, in einem Pumpengehäuse, das eine einseitige Verengung aufweist.

Durch die Verengung des Pumpengehäuses werden die Schaufeln zusammengedrückt und ein Überdruck erzeugt. Dreht sich der Rotor weiter, nehmen die Schaufeln ihre ursprüngliche Form wieder an, wobei ein Unterdruck entsteht. Auf dieser Seite befindet sich daher die Einlauföffnung, das Wasser wird angesaugt und auf der gegenüberliegenden Seite aus der Auslauföffnung hinausgedrückt.

Der Vorteil dieser Pumpe liegt darin, daß sie wie die Kreiselpumpe keine Drucküberwachung benötigt, jedoch mittlere bis hohe Drücke und somit Förderhöhen ermöglicht. Außerdem ist diese Pumpe auch selbstansaugend.

Die wesentlichen Nachteile dieses Pumpensystems liegen darin, daß die starke Reibung des Impellers auf der Pumpenfläche hohe Reibungskräfte verursacht. Um sie zu überwinden, muß der Motor eine hohe Leistung aufbringen. Außerdem entsteht durch Feststoffe im Wasser ein starker Verschleiß des Impellers und der Pumpenlauffläche, so daß etwa alle 100 Betriebsstunden die Verschleißteile ausgewechselt werden müssen. Die Pumpe darf auch nur ca. 30 Sekunden trockenlaufen.

Vergleichen wir eine Membranpumpe mit einer Impellerpumpe, so wird der sehr viel geringere Wirkungsgrad der Impellerpumpe klar.

Es bot sich ein Vergleich zwischen der Johnson P-15-Membranpumpe und der Jabsco-Impeller-Tauchpumpe an.

Gemeinsam ist beiden Pumpen, daß sie gleiche Förderhöhen oder Drücke von 2,5 bar (max, 3,0 bar) aufweisen.

Der Unterschied liegt jedoch vor allem in den Fördermengen und Anschluß-strömen in Abhängigkeit von der Förderhöhe.

Aus den Prospektangaben und eigenen Messungen wurde die Literleistung im Verhältnis zur elektrischen Arbeit (l/Wh) berechnet. Werden diese Werte gegen die Förderhöhe für beide Pumpen in einem Diagramm aufgezeichnet, so ergeben sich zwei Kurven. Aus ihnen wird ersichtlich, daß bei einer Förderhöhe von 20 Metern die Membranpumpe 5 l/Wh, die Impellerpumpe dagegen nur 3 l/Wh fördert.

Der Einsatz von Impellerpumpen ist daher in Solarstrom-Anlagen nur begrenzt sinnvoll. Sie eignen sich nur dort, wo kurzfristig große Wassermen-gen hoch hinauf gefördert werden sollen.

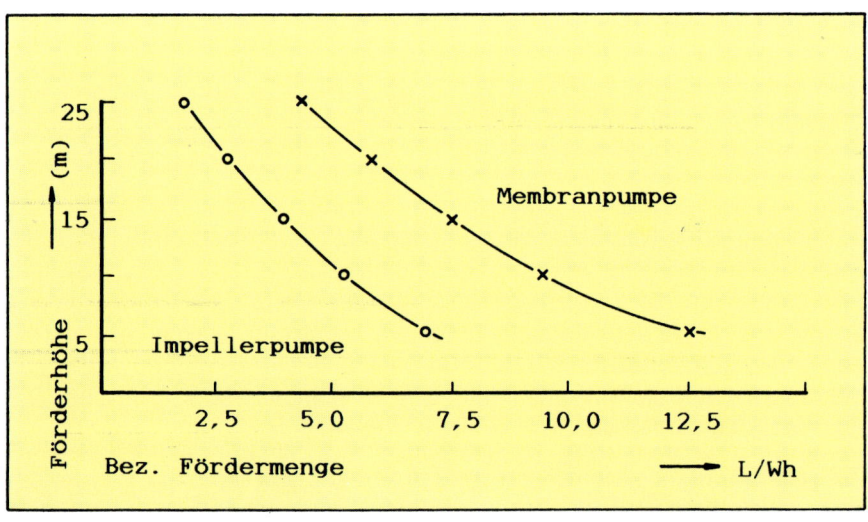

Vergleich einer Impellerpumpe mit einer Membranpumpe hinsichtlich ihrer Förderhöhen und den Fördermengen bezogen auf den Stromverbrauch.

Pumpenregler

In vielen Fällen muß der Pumpendruck oder die geförderte Wassermenge begrenzt werden. Zusätzlich müssen sich die Pumpen automatisch einschalten, wenn Wasser abgepumpt werden muß.

Hierzu eignen sich verschiedene Reglersysteme.

Druckschalter

Alle Membranpumpen sind mit Druckreglern ausgerüstet, da ein zu hoher Förderdruck die Membrane beschädigt.

Der Druckregler arbeitet nach dem Prinzip einer Feder, die mit zunehmendem Druck zusammengedrückt wird und dabei einen Mikroschalter betätigt.

Hierbei ergibt sich ein oberer und unterer Schaltpunkt. Wird der obere Schaltpunkt erreicht, so wird der Motor abgeschaltet; sinkt der Druck wieder, so wird bei dem unteren Schaltpunkt der Motor wieder eingeschaltet.

Demnach ergibt sich ein je nach der Qualität des Schalters benötigter Druckunterschied von 0,5 bis 0,8 bar und somit eine geostatische Höhe von 5 bis 8 m. Dies bedeutet, daß die mögliche Förderhöhe nur dem unteren Einschaltpunkt entspricht. Liegt die Förderhöhe über diesem Punkt, kann die Pumpe nicht wieder eingeschaltet werden. Wird jedoch eine für die Pumpe zulässige Förderhöhe verlangt, so muß die Ein-Aus-Schaltung über einen Schwimm-Niveau-Schalter in einem Zwischentank erfolgen.

Automatik-Wasserhahn-Schalter

Eine andere Möglichkeit, die Pumpe einzuschalten, besteht in automatisch einschaltbaren Wasserhähnen. Hierbei hat der Wasserhahn einen eingebauten Mikroschalter, der beim Öffnen des Wasserhahns eine kleine Pumpe einschaltet. Solche Schalter sind jedoch nur für kleine Kreiselpumpen geeignet, da eine Begrenzung des Drucks nach oben hin nicht möglich ist.

Schwimm-Niveau-Schalter

Der Unterschied besteht, dem Bedarfsfall entsprechend, aus zwei verschiedenen Systemen.

Soll die Pumpe bei steigendem Wasserspiegel eingeschaltet werden, so muß ein Schwimmschalter verwendet werden, der sich bei steigendem Wasserstand ein-, bei fallendem Wasserstand ausschaltet.

Anwendung finden solche Schalter bei Bilge-Pumpen und bei Kellerentwässerungen.

Der umgekehrte Fall liegt vor, wenn aus einem Vorratstank Wasser verbraucht wird. Dann muß sich der Schalter bei sinkendem Wasserstand einschalten, bei steigendem ausschalten.

Bei einem Drucksystem mit Druckschalter einer Membranpumpe kann der Wasserspiegel auch durch einen WC-Kasten-Schwimmer geregelt werden.

Bei steigendem Wasserstand wird das Schwimmerventil geschlossen, so daß der Pumpendruck ansteigt und die Pumpe abschaltet.

Ein weiteres System arbeitet mit einem Schwimmer, der über eine mit einem Gelenk verbundene fest montierte Halterung einen Mikroschalter bei steigendem oder fallendem Wasserstand aus- oder einschaltet (bzw. umgekehrt).

Bereits durch eine Zu- und Abnahme des Wasserspiegels von wenigen Zentimetern wird der Schalter betätigt.

Im Gegensatz zum Druckschalter sind die geostatischen Druckunterschiede nur sehr gering.

Niveauschalter, die sich mit fallendem Wasserspiegel einschalten, sind daher besonders gut dort einsetzbar, wo mittels Membranpumpen größere Höhenunterschiede überwunden werden müssen.

Berechnung von Pumpsystemen:

Zur Berechnung von Pumpsystemen muß vor allem zunächst die benötigte Wassermenge ermittelt werden.

Der tägliche Wasserbedarf ist selbstverständlich individuell verschieden, und es können daher nur Durchschnittswerte genannt werden.

Wasser-Verbrauchsdaten in Liter/Tag

Mensch:	30 bis 50 mit Toilette 60 bis 80
Rind, Pferd:	30 bis 40
Schaf, Ziege:	4 bis 5

Je nach Sonneneinstrahlung in Liter/m² Tag

Gemüse:	2 bis 5
Rasen:	1 bis 3

Anhand dieser Vergleichszahlen wird zunächst die benötigte Wassermenge errechnet. Sodann wird die Förderhöhe festgelegt, und zwar vom Wasserspiegel des Brunnens oder der Zisterne bis zur Verbrauchsendstelle.

Wird Wasser senkrecht nach oben gepumpt, so erhöht sich der Druck auf die Pumpe mit zunehmenden Wasserstand, und zwar um den Druck von 1 bar bei einer Förderhöhe von 10 mm. 1 bar entspricht 10 m Förderhöhe. Der auf die Pumpe ausgeübte Druck entspricht der Förderhöhe.

Beispiel:

Werden Ziegelsteine aufeinandergestapelt, so erhöht sich der Druck auf die Unterlage jeweils um das Gewicht des neu hinzugefügten Steines. Um den Stapel anzuheben, muß mit zunehmender Stapelhöhe mehr Kraft aufgewendet werden. Mit einer Pumpe erhöht sich der Strom bei gleicher Fördermenge. Da dieser für einen Elektromotor begrenzt ist, nimmt statt dessen die Fördermenge, bedingt durch die niedrigere Drehzahl des Motors, ab.

Beim Durchlauf des Wassers durch die Rohrleitungen wird diesem ein Widerstand entgegengesetzt. Um diesen Widerstand zu überwinden, muß die Pumpe einen erhöhten Druck erzeugen. Sie muß somit entweder die elektrische Leistung erhöhen, was der Elektromotor nur begrenzt kann, oder aber die Fördermenge des Wassers wird erniedrigt, was auch eintritt.

Bei den hier vorgenommenen Berechnungen soll dieser Druckanstieg jedoch vernachlässigt werden.

Aus dem Pumpendiagramm wird entsprechend der Förderhöhe die Fördermenge entnommen. Die Förderhöhe wird entweder direkt in Meter oder beim Pumpendruck in bar angegeben.

Die Fördermenge wird in Liter/Minute oder bei größeren Pumpen in Liter/Sekunde angegeben.

Für die nun noch zu berechnende elektrische Arbeit wird der Nennstrom der Pumpe benutzt. Das Produkt aus dem Nennstrom, der Nennspannung und der benötigten Pumpzeit ist der Stromverbrauch in Wh.

Berechnungsbeispiel:

Wochenendhaus mit Zisterne
Förderhöhe: 10 m
Fördermenge: 300 l/Tag
gewählte Pumpe: Johnson P15
maximale Stromaufnahme bei 12 V: 6 A
Fördermenge und Förderhöhe   bei 1,0 bar (entsprechend der
aus dem Pumpendiagramm: Förderhöhe von 10 m) 9 l/min.

Da bei diesem Pumpendruck der Einschaltdruck von 1,6 bar (entsprechend einer Förderhöhe von 16 m) unterschritten wird, arbeitet die Pumpe mit dem eingebauten Druckschalter. Der Ausschaltdruck beträgt 2,2 bar.

Die Stromaufnahme pro Tag beträgt somit:

$$I = \frac{\text{tägl. Fördermenge l/Tag x max. Strom Ah}}{60 \text{ min. x Fördermenge Pumpe l/min.}}$$

$$I = \frac{300 \text{ l/Tag x 6 Ah}}{60 \text{ min. x 9 l/min.}} = 3,3 \text{ Ah/Tag}$$

Dies entspricht einer elektrischen Arbeit von:

$$W = U \times P = 12 \text{ V} \times 3,3 \text{ Ah} = 39,6 \text{ Watt}$$

Aufstellung von Pumpen:
Bei der Aufstellung von Wasserpumpen, vor allem bei Druckwasseranlagen, die überwiegend Anwendung finden, müssen zur optimalen Nutzung einige wichtige Punkte beachtet werden:

1. Schlauch: Bei der Ansaug- und Druckleitung müssen entweder Gewebe- oder Spiralschläuche verwendet werden. Verengungen des Schlauch- durchmessers durch Kopplungsstücke sowie enge Radien sind zu ver- meiden. Bei der Montage eines festen Rohres aus Metall oder Kunststoff ist zwischen der Pumpe und dem Rohr ein Schlauch zur Vermeidung der Vibrationsübertragungen zu installieren. Der Außendurchmesser des Pumpenanschlusses muß dem Innendurchmesser des Schlauches oder Rohres entsprechen.

2. Druckausgleichstank: Dieser verhindert das Flattern der Pumpe durch fortwährendes Ein-Aus-Schalten des Druckschalters für den Fall, daß geringe Wassermengen benötigt werden. Der Druckausgleichstank wird zwischen Verbrauchsstelle und Pumpe installiert. Wird hierbei auf der Druckseite ein genügend langer Schlauch (ca. 5 m) verwendet, so kann auf den Tank verzichtet werden.

3. Pumpe: Die Aufstellung der nicht tauchfähigen Pumpe erfolgt etwa 20 bis 30 cm oberhalb des höchsten Wasserstandes im Brunnen oder in der Zisterne. Es ist stets die Ansaughöhe zu beachten. Der Saugschlauch

sollte niemals auf dem Boden des Brunnens, der Zisterne oder des Tanks liegen, da hierdurch Schmutzablagerungen angesaugt werden können. Es ist darauf zu achten, daß die Saugleitung stets genügend in das Wasser eintaucht.

Sollte die Pumpe leerlaufen, schaltet auch bei geschlossenem Wasserhahn der Druckschalter die Pumpe nicht aus, da der hierfür erforderliche Druck nicht aufgebaut wird.

4. Filter: Pumpen sind entsprechend ihrer Bauart empfindlich gegen Verschmutzung, da sich hierdurch u.U. der Verschleiß erhöht und Verstopfungen auftreten können. Bei Druckpumpen sollte daher stets auf der Ansaugseite ein Filter zwischengeschaltet werden. Die Größe des Filters richtet sich nach dem Verschmutzungsgrad.

Für Zisternen eignen sich Schwimmfilter, die auf einfache Art den sinkenden oder steigenden Wasserstand ausgleichen.. Pumpe und Filter sollten leicht zugänglich montiert werden, so daß vor allem die Reinigung des Filters einfach zu handhaben ist. Denn es ist zu beachten, daß ein verschmutzter Filter die Leistung der Pumpe verringert und somit einen höheren Stromverbrauch verursacht.

5. Armaturen: Bei Druckwasseranlagen sollten die Leitungen möglichst aus Metallrohren mit Leitungsquerschnitten von gebräuchlichen 3/8 oder 1/2 Zoll Verwendung finden. An den Zapfstellen eignen sich alle handelsüblichen Haushaltsarmaturen.

6. Stromversorgung: Liegt die Wasserquelle, wie z.B. ein Brunnen, von der Verbrauchsstelle weiter entfernt, so ist es vor allem bei Pumpen höherer Leistung zweckmäßig, eine Batterie in ihrer Nähe zu installieren. Dadurch können große Kabelquerschnitte vermieden werden. Die Aufladung erfolgt dann über die zumeist am Haus installierten Solarmodule. (Siehe auch "Die Zusatzbatterie").

Da bei Motoren die Gefahr besteht, daß sie festlaufen könnten, müssen sie unbedingt durch eine Sicherung geschützt werden. Die Sicherung und ein Schalter sollten zwischen Pumpe und Batterie an das Pluskabel gelegt werden. Liegen von dem Pumpenhersteller keine Angaben für die Art und Stärke der Sicherung vor, so ist die Stärke so zu wählen, daß sie etwa 20 bis 30 % oberhalb der Nennstromstärke liegt. Es ist außerdem eine flinke Feinsicherung zu verwenden, da träge Sicherungen, wie sie für Kraftfahrzeuge verwendet werden, den Motor nicht vor einer Überhitzung schützen.

Der Wechselrichter

Wie wir nunmehr erfahren haben, gibt es alle wichtigen elektrischen Geräte bereits für einen Gleichstrom-Betrieb. Gegenüber den von uns gewohnten Verbrauchern mit einem Wechselstromanschluß zeichnen sich die Gleichstrom-Geräte oft durch eine höhere Effektivität hinsichtlich ihres Stromverbrauches aus. Leider können solche Geräte in den meisten Fällen nur in Spezialgeschäften, und dann auch noch zu oft erheblich höheren Preisen als Wechselstrom-Geräte, erworben werden.

Wegen der Polarität des Gleichstroms ist der Umgang mit ihm gewöhnungsbedürftig. Dies ist sein wesentlicher Nachteil. Jedoch habe ich feststellen können, daß auch technische Laien schnell gelernt haben, diese Schwierigkeiten zu überwinden.

Manche Leute verstehen unter "richtigem" Strom nur den 220-Volt-Wechselstrom, so wie er für uns gewohnt aus der Steckdose kommt. Mit einem Wechselrichter ist dies möglich. Im Normalfall ist solch ein Gerät in einer Solarstrom-Anlage unnötig. Es gibt jedoch auch Ausnahmefälle, wie wir sehen werden.

Wechselrichter werden in der Literatur oder in manchen Prospekten auch als Converter oder Spannungswandler bezeichnet.

Umformer, bei denen ein Gleichstrommotor einen Wechselstromgenerator antreibt, sind heute kaum noch im Einsatz und wegen ihres schlechten Wirkungsgrades auch nicht zu empfehlen.

Vom Gleich- zum Wechselstrom

Ein Wechselrichter ist im Grunde genommen ein umgekehrter Gleichrichter. Aber anstatt aus Wechselstrom Gleichstrom zu erzeugen, was verhältnismäßig einfach ist, wird mit dem Gleichstrom der Batterien ein Wechselstrom erzeugt. Dies ist allerdings erheblich aufwendiger, vor allem wenn er dem sinusförmigen Netzstrom entsprechen soll.

Die einfachste Bauart des Wechselrichters erzeugt aus dem Batteriestrom eine rechteckförmige Wechselspannung. Aufwendigere Systeme haben eine sägezahnförmige oder sogar sinusförmige Charakteristik. Eine Zwischenstufe zwischen dem Rechteckstrom und dem reinen Wechselstrom besteht in der Erzeugung einer treppenförmigen Ausgangsspannung.

Für die Solarstrom-Anlage genügt in den meisten Fällen ein Wechselrichter mit einer Rechteckspannung, da mit solchen Geräten Wechselstromgeräte wie Motoren, Radios, Fernsehgeräte, Leuchten, Bohrmaschinen etc. betrieben werden können.

Überhaupt ergibt sich die Frage, wann in der Solarstrom-Anlage der Einsatz eines Wechselrichters sinnvoll ist. Wie wir bereits gesehen haben, sind die meisten Verbraucher problemlos und mit einem hohen Wirkungsgrad mit Gleichstrom zu betreiben.

Wechselrichter größerer Leistung sind dann sinnvoll, wenn ein Solarstrom-Haus, also nicht unbedingt ein Wochenendhaus, mit Strom versorgt werden soll. Manche nützliche Geräte,wie arbeitserleichternde Küchengeräte oder eine professionelle Schlagbohrmaschine, sind für einen Gleichstrom-Betrieb, vor allem wegen ihrer hohen Stromaufnahme im Handel nicht erhältlich.

Andere Geräte wie Kühlschränke, Fernseher oder Radio-Apparate sollten auch in einer derartigen Anlage mit Gleichstrom laufen. Wechselrichter weisen nämlich drei große Nachteile auf:

1. Ohne Belastung, aber bei eingeschaltetem Gerät, benötigen sie einen Ruhestrom, der im allgemeinen von der Nennleistung und dem Gerätetyp abhängt. Größere Wechselrichter können jedoch mit einer Einschaltautomatik ausgerüstet werden, die dafür sorgt, daß kein Ruhestrom fließt, wenn die Verbraucher nicht eingeschaltet sind. So hat ein Wechselrichter mit einer Nennleistung von 200 VA bei 12 Volt einen Ruhestrom von 1 A.

   Der Stromverbrauch beträgt bei einem permanent eingeschalteten Gerät, also täglich, 24 Ah.

2. Aber auch die Verbraucher können, über einen Wechselrichter gespeist, mehr Strom verbrauchen, als auf dem Gerät vermerkt wurde. Die Ursache hierfür ist die Blindleistung.

   Wie Sie vielleicht schon bemerkt haben, erfolgt die Leistungsangabe bei den Verbrauchern in Watt (W), bei Wechselrichtern jedoch in Volt-Ampere (VA). Im ersten Fall wird nämlich die Wirkleistung angegeben, also der Stromverbrauch, den Sie mit Ihrer Stromrechnung bezahlen müssen. Ihr Stromzähler mißt nämlich nur den Wirkstrom.

   Die Leistungsaufnahme des Wechselrichters entspricht tatsächlich jedoch einer Scheinleistung. Wirkleistung (P) und Scheinleistung (S) unterscheiden sich durch den Leistungsfaktor cos j (Kosinus Phi). In einer Gleichung ausgedrückt, wird dies klar:

$$P = U \times I \times \cos \varphi = S \times \cos \varphi$$

Wenn $\cos \varphi = 1$ ist, sind Wirk- und Scheinleistung gleich groß. Die Blindleistung ist Null. Dies trifft z.b. für Glühlampen oder eine Kaffeemaschine zu, also dort, wo zum Betreiben des Gerätes Wärme erzeugt wird. Der Fachmann bezeichnet solche Geräte als ohmsche Verbraucher.

Wechselstrom-Motoren haben jedoch zusätzlich einen induktiven Widerstand, der durch die Spulen hervorgerufen wird. Der Leistungsfaktor liegt dann nur noch bei etwa 0,75. D.h., die Scheinleistungsaufnahme liegt um 25 % höher als die der Wirkleistung.

Während ein Elektrizitätswerk die Blindleistung kompensiert, tut dies ein Wechelrichter nicht. Allerdings kann eine Kompensation der induktiven Blindleistung durch Zuschaltung eines Kondensators am Verbraucher erfolgen. Die Kapazität des Kondensators ist jedoch von der Wirkleistung und dem Leistungsfaktor jedes einzelnen Verbrauchers abhängig.

3. Der Wirkungsgrad der Wechselrichter liegt bei Nennleistung für eine sinusförmige Ausgangsspannung nur bei etwa 80 %, bei einer treppenförmigen Ausgangsspannung bei 90 % und bei einer rechteckförmigen bei 93 %. Er ist jedoch noch erheblich geringer, wenn das Gerät nicht unter Vollast arbeitet.

Beim Anschluß von Wechselstrommotoren oder elektronischen Geräten muß außerdem beachtet werden, daß wegen des Blindstroms der Verbraucher der Wirkungsgrad des Wechselrichters auf bis zu 50 % absinken kann. Nur bei Anschluß eines rein ohmschen Verbrauchers, wie einer Glühlampe oder einer Kaffeemaschine, tritt dieser Blindstrom nicht auf, so daß hier mit einem Wirkungsgrad von etwa 90 % bei einer Leistung gerechnet werden kann, die der Nennleistung annähernd entspricht.

Diese Nachteile der Wechselrichter bedingen bei deren Anwendung eine optimale Auslegung. Einerseits müssen sie von der Nennleistung her klein genug sein, damit der Ruhestrom und der Wirkungsgrad sich nur geringfügig auf den gesamten Stromverbrauch auswirken. Andererseits muß ein solches Gerät groß genug ausgewählt werden, damit der tatsächlich nutzbare Wechselstrom der Nennleistung des Verbrauchers entspricht.

An zwei Beispielen will ich dieses erklären

– Für die Versorgung eines Wochenendhauses mußte wegen der bereits verlegten Kabel mit zu kleinem Querschnitt teilweise auf eine Gleichstromversorgung verzichtet werden. Für die Beleuchtung wurde daher ein Stromkreis auf einen 80-VA-Wechselrichter geschaltet. Um Strom zu sparen, wurden Stromsparlampen mit integriertem Vorschaltgerät des Typs Philips SL 18 verwendet. Theoretisch hätten die vier Lampen gleichzeitig brennen können, ohne den Wechselrichter zu überlasten. Wie sich jedoch herausstellte, hatte dieser Lampentyp einen sehr hohen Blindstrom. Der Wechselrichter war überlastet. Durch Auswechseln der Lampen gegen DULUX EL 13 mit einem sehr geringen Blindstromanteil, konnte der Kauf eines leistungsstärkeren Wechselrichters vermieden werden. Zudem konnte erheblich an Strom eingespart werden.

– Im zweiten Beispiel soll eine Bohrmaschine mit Strom versorgt werden. Die Anschlußleistung soll 450 Watt betragen. Es wurde ein Wechselrichter mit einer Nennleistung von 600 VA bei einer Grenzleistung von 1000 VA und einem Ruhestrom von 1,5 A gewählt. Dieses Gerät kann kurzfristige Stromspitzen der Bohrmaschine ohne Probleme verkraften.

Soll gelegentlich eine Kaffeemaschine mit einer Nennleistung von 600 Watt genutzt werden, so reicht die Anschlußleistung des Wechselrichters auch vollkommen aus. Wird die Bohrmaschine oder der Kaffeeautomat häufiger benutzt, so empfiehlt sich natürlich eine Einschaltautomatik.

Nicht zu empfehlen ist dagegen, den gleichen Wechselrichter für die Beleuchtung zu verwenden, da bereits der Ruhestrom den Stromspareffekt teilweise zunichte macht. Außerdem sei hier darauf hingewiesen, daß die Einschaltautomatik des Wechselrichters eine Minimalstromabnahme benötigt, um in Funktion treten zu können. Beim Einschalten einer Lampe ist der Stromverbrauch zu gering, um die Einschaltautomatik anspringen zu lassen.

Anforderungen

Nun, den idealen Wechselrichter gibt es noch nicht, denn sonst könnten wir alle unsere Geräte ganz normal mit Wechselstrom betreiben. Ruhestrom, Blindleistung und Wirkungsgrad des Wechselrichters vermindern die Stromsparmöglichkeiten, die es mit Gleichstromgeräten jedoch gibt.

Aber worauf sollten wir achten?:

– Die Stromform ergibt sich aus dem Anwendungszweck. Für Meßgeräte muß meist ein Sinus-Wechselrichter verwendet werden. Geräte mit einer treppenförmigen Ausgangsspannung sind für alle gängigen Anwendungsfälle zu empfehlen. Wechselrichter mit einer 220-Volt-Rechteckspannung sind besonders preisgünstig und können für fast alle Verbraucher eingesetzt werden. Ausnahmen sind Videorecorder oder Hochfrequenzgeräte.

– Die Nennleistung des Wechselrichters muß meist erheblich höher sein (bis zu 50 %) als die der Verbraucher.

– Die Frequenz von 50 Hz muß stabilisiert sein.

– Die Ausgangsspannung von 220 Volt sollte stabilisiert sein (Last unabhängig).

– Verpolungsschutz beim Batterieeingang.

– Überlastschutz und Kurzschlußsicherung beim Lastausgang (Verbraucher).

– Hoher Wirkungsgrad (größer 90 %).

– Geringer Eigenstromverbrauch.

– Einschaltautomatik bei oft genutzten Wechselrichtern größerer Leistung.

3. Kapitel

Die Solarstrom-Anlage

Wir haben nun die Komponenten der Solarstrom-Anlage kennengelernt, die wir jetzt nur noch sinnvoll verschalten müssen. Vor allem ist bei der Planung rechtzeitig auf den benötigten Kabelquerschnitt zu achten.

Auch die Berechnung der Solarstrom-Anlage ist, wie wir sehen werden, recht einfach. Zu beachten ist jedoch, daß manch eine Anlage erweitert werden soll und auch kann, wenn dies rechtzeitig bei der Planung berücksichtigt wird.

Schließlich ist es soweit, die Solarstrom-Anlage wird eingekauft. Was dabei zu beachten ist, finden Sie unter den Einkaufstips. Übrigens liegen die Angebote vor allem für die Solarmodule meist ab Mitte Sommer niedriger als im Frühjahr. Planen Sie also rechtzeitig und nutzen Sie die Sonderangebote. Bei Solarbatterien können Sie den Preis meist etwas herunterhandeln, vor allem, wenn Sie diese direkt bei dem Vertreiber abholen. An Batterien wird nämlich kräftig verdient.

Berechnung der Solarstrom-Anlage

Auch wenn Sie keinen Computer besitzen, so können Sie doch Ihre Solarstrom-Anlage weitgehend berechnen und auslegen. Es genügt hierfür, wenn überhaupt, ein kleiner (Solar-) Taschenrechner. Anders würde es dagegen aussehen, wenn Sie die Globalstrahlung von einer horizontalen auf die geneigte Fläche ausrechnen sollten. Da wäre solch ein Elektronengehirn schon angebracht. Aber mit solchen Berechnungen will ich Sie erst gar nicht verwirren.

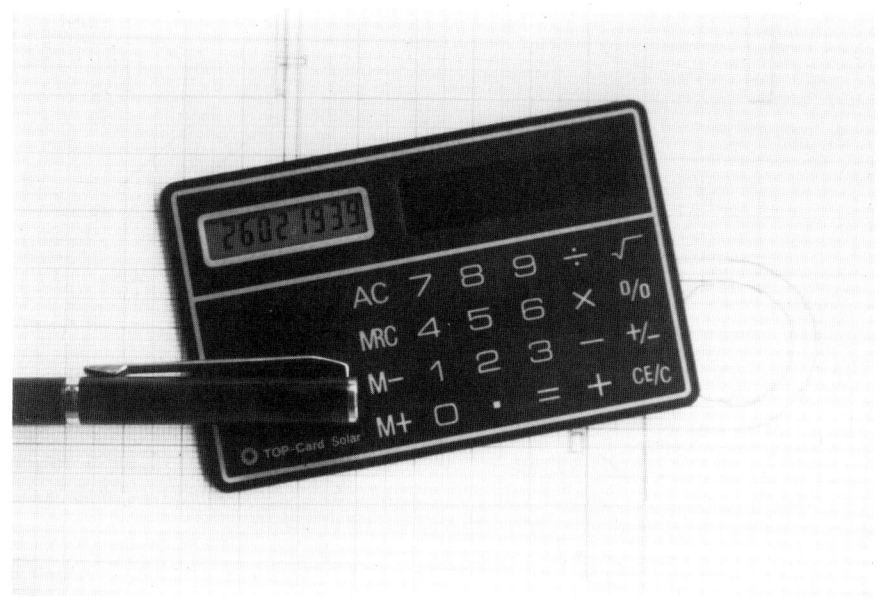

Solarrechner mit vier amorphen Solarzellen. Zur Berechnung einer Solarstrom-Anlage reicht solch ein Rechner vollkommen aus.

Die Sonneneinstrahlung

Die abgegebene Leistung Ihres Solarmoduls wird ausschließlich von der eingestrahlten Sonnenenergie bestimmt. Diese ist jedoch von verschiedenen Faktoren abhängig. Hier seien die wichtigsten Einflußgrößen aufgezählt:

Der Transmissionsfaktor durch die Atmosphäre. Hierunter wird verstanden, daß beim Durchtritt der Sonnenstrahlen durch die Erdatmosphäre diese reflektiert oder absorbiert, also mehr oder weniger verschluckt werden. Dieser Weg ist außerdem noch von dem Sonnenstand abhängig. Steht die Sonne im Sommer fast senkrecht über unserem Kopf, ist er kurz, steht sie im Winter am Horizont, ist er lang.

Im Hochgebirge macht sich dieser Faktor wegen der klaren Luft kaum bemerkbar, selbst im Winter nicht. In Industriegebieten hingegen ist die Sonneneinstrahlung um etwa 25 %, im Winter sogar 50 %, niedriger als im Hochgebirge.

Der Breitengrad und die Jahreszeit beeinflussen einerseits den Höhnstand der Sonne und somit den Transmissionsfaktor sowie die Sonnenscheindauer. Im Juni beträgt die Zeitspanne zwischen Sonnenauf- und Sonnenuntergang, z.B. in Köln, 16 Stunden. Im Dezember hingegen ist das Verhältnis genau umgekehrt.

Einstrahlungstabelle

„Zum Abschluß des Wetterberichts bringen wir noch die Wetterdaten von gestern: Feldberg, Temperatur um 9.00 Uhr 12 °C, heiter, 0,5 mm Niederschlag, Sonneneinstrahlung auf die horizontale Fläche 4,05 kWh/m^2, auf die um 40° geneigte Fläche 5,78 kWh/m^2; Köln-Bonn Flughafen, Temperatur 13 °C ...". Solch einen Wetterbericht gibt es bestimmt noch nirgends auf der Welt, obgleich jede Wetterstation nicht nur die Temperatur und die Niederschlagsmengen mißt, sondern auch die auf die horizontale Fläche eingestrahlte tägliche Energie.

Diese täglichen Bestrahlungswerte werden über viele Jahre gesammelt und daraus Monatsmittelwerte berechnet. Für Basel habe ich diese Werte in einer Tabelle zusammengefaßt und für die unterschiedlichen Neigungswinkel der bestrahlten Fläche berechnet. Hierin bedeuten 0° die horizontale und 90° die vertikale Fläche. Die unterstrichenen Werte geben den optimalen Aufstellwinkel an.

Analysieren wir die Tabelle, so fällt uns auf, daß vor allem in den Wintermonaten durch eine geneigte Fläche von 70° gegenüber der Horizontalen über das Doppelte an Energie gewonnen werden kann. Der Winterwert der Einstrahlung ist jedoch gegenüber dem Sommer weniger als halb so groß. Verglichen wir hingegen diese Werte von Basel mit denen von Davos, das auf 1590 m Höhe, aber fast auf dem gleichen Breitengrad liegt, so sind die Unterschiede der Einstrahlung, bedingt durch die Jahreszeit, längst nicht mehr so groß. Bei einem optimalen Neigungswinkel würden im schlechtesten Monat, im Dezember, noch 112 kWh/m^2, im Juni dagegen 180 kWh/m^2 eingestrahlt werden. Hier macht sich vor allem der sehr viel günstigere Transmissionswert bemerkbar.

Zählen wir nun einmal die monatlichen Einstrahlwerte in Abhängigkeit von dem jeweiligen Neigungswinkels zusammen, so erhalten wir die jährlich eingestrahlte Energie. Dieser beträgt für den Neigungswinkel 0°, also der horizontalen Fläche, 1139 kWh/m^2. Dieser Wert würde sich zumeist auf Booten oder Caravans einstellen. Wird jedoch ein Festwinkel von 40° gewählt, so ergibt sich bereits ein Wert von 1309 kWh/m², der nur geringfügig unter dem von 1371 kWh/m² liegt, der sich aus der Summe der Einstrahlung unter optimalem Aufstellwinkel ergibt.

	Aufstellwinkel in Grad								
	0	20	30	40	50	60	70	80	90
Januar	34	52	60	66	71	74	**75**	**75**	72
Februar	64	90	100	108	113	**117**	**117**	114	108
März	76	91	95	98	**99**	97	94	89	83
April	117	126	**128**	127	124	119	111	102	91
Mai	165	**168**	166	160	153	143	130	117	102
Juni	**158**	156	152	145	137	127	115	103	90
Juli	172	**173**	169	163	154	143	135	115	100
August	144	152	**153**	150	145	138	127	115	102
September	114	134	140	**144**	**144**	141	135	126	115
Oktober	50	63	71	72	**73**	72	69	65	61
November	21	26	28	30	**31**	**31**	30	30	28
Dezember	24	36	41	46	47	51	**52**	**51**	50

Monatliche Sonneneinstrahlung in kWh/m²
Ort: Basel, Breitengrad: 47.6 N
Werte: Uni. Wisconsin

Führen wir die gleiche Rechnung nur für die Sommermonate, also von Mai bis August, durch, so macht die Differenz der eingestrahlten Energie einer horizontalen Fläche zu dem optimalen Aufstellwinkel nur noch 13 kWh/m² aus. Dies entspricht gerade einem Prozent der Jahresenergie.

Ganz anders wirkt sich der Neigungswinkel in den Wintermonaten aus. Von November bis Februar ergibt sich ein Energiegewinn von z.T. über 50 %, wenn der richtige Aufstellwinkel gewählt wird.

Eine waagrechte oder leicht geneigte Montage von Solarmodulen, ohne daß der Aufstellwinkel verändert werden kann, ist daher ohne wesentliche Energieverluste in den Sommermonaten möglich. Dies betrifft vor allem den mobilen Einsatz, also auf Caravans oder Booten.

Bei einer stationären Anlage, die das ganze Jahr über genutzt wird, ist eine Ausrichtung der Solarmodule je nach Jahreszeit und Sonnenstand zu empfehlen. Dies muß nun nicht monatlich geschehen, sondern viermal jährlich. Für den Standort Basel ergäbe sich ein Aufstellwinkel von 20° für die Monate Mai bis August, von 40° für September, Oktober, März und April und von 70° für November bis Februar.

Die jahreszeitliche Ausrichtung der Solarmodule wird als einachsig bezeichnet. Die Veränderung erfolgt nur in einer Ebene. Eine zweiachsige Ausrichtung würde dagegen bedeuten, daß die Solarmodule jeweils nach dem täglichen und jahreszeitlichen Sonnenstand in Richtung Sonne nachgeführt werden. Hierdurch läßt sich im Sommer ein Energiegewinn von etwa 30 %, im Jahresmittel dagegen nur von 10 % erzielen. Der technische Aufwand ist jedoch beträchtlich und lohnt sich nur für professionelle Anlagen.

Von der Sonneneinstrahlung zur Batterieladung

Es stellt sich nun die Frage: Wieviel nutzbarer Strom läßt sich mittels eines Solarmoduls aus den Einstrahlungswerten errechnen? Dies möchte ich an einem leicht nachzuvollziehenden Beispiel erläutern. Ein Solarmodul mit einer Spitzenleistung von 35 Wp besteht aus 36 runden monokristallinen Solarzellen, die einen Durchmesser von 100 mm aufweisen. Die Fläche solch eines Moduls beträgt fast genau 1/3 Quadratmeter, d.h. drei solcher Module erzeugen bei einer Einstrahlung von 1 kWh/m² etwa 105 Wh. Der Flächenwirkungsgrad ergibt sich somit rund gerechnet zu 10 %, einem Wert, der auch für polykristalline Solarmodule mit Rechteckzellen zutrifft.

Entnehme ich einer Einstrahlungstabelle für einen bestimmten Standort eine monatliche eingestrahlte Energie von 150 kWh/m² auf eine geneigte Fläche, so könnte ich theoretisch auf einem Quatratmeter 15 kWh erzeugen. Beziehen wir diesen Wert auf ein Solarmodul angegebener Leistung und Fläche, so wären dies 5 kWh.

Leider entspricht diese Leistung des Solarmoduls nicht jener, die wir später der Batterie entnehmen können. Dies hat verschiedene Ursachen, die auch bereits weitgehend beschrieben wurden. Die wichtigsten sollen hier noch einmal genannt werden:

Ort	Monat											
	Jan.	Feb.	März	April	Mai	Juni	Juli	Aug.	Sept.	Okt.	Nov.	Dez.
Nordsee Sylt	24	34	51	79	103	115	108	98	60	45	28	17
Westdeutschland Saarbrücken	17	28	55	67	80	79	79	75	60	46	23	17
Süddeutschland München	55	65	70	75	88	88	88	80	71	67	30	34
Alpen Davos	67	80	91	101	100	100	100	86	80	75	67	61
Griechenland Athen	61	78	60	82	109	115	102	100	86	72	61	56
Frankreich Nizza	36	45	81	102	118	122	131	115	95	63	40	29
Spanien Malaga	66	77	81	86	112	124	120	115	86	80	75	68
Kanarische Inseln Lanzarote	72	84	98	112	145	162	153	122	114	91	84	71

Monatliche Ah zur Ladung von Batterien mit 12 Volt für ein Solarmodul mit 10 W_p.

- Die Spitzenleistung des Solarmoduls entspricht nicht seiner Nennleistung bei der Batterieladung.
- Der Wirkungsgrad der Batterie liegt durch Ladung und Entladung weit unter 90 %.
- Kabel- und Kontaktverluste.

Wir müssen daher einen Verlust von 30 % einkalkulieren. Tatsächlich sind somit 3,5 kWh oder 3500 Wh nutzbar. Teilen wir diesen Wert noch durch die Batteriespannung, so stehen uns monatlich 292 Ah oder täglich rund 10 Ah zur Verfügung.

Leistungsbestimmung des Solarmoduls

Zunächst wird der Stromverbrauch der einzelnen Verbraucher bestimmt.

Dies geschieht dadurch, daß die Anschlußleistungen addiert und mit der Nutzungszeit multipliziert werden. Nehmen wir als Beispiel ein Gartenhaus. Angeschlossen sind 3 Transistorleuchten mit einer Leistung von je 12 Watt, ein Radio ebenfalls mit 12 Watt und ein Schwarzweiß-Fernsehgerät mit 18 Watt. Dieses Häuschen soll z.B. in der Umgebung von München liegen, im Frühjahr und Herbst nur an den Wochenenden, im Sommer hingegen fast täglich benutzt werden.

In den Übergangszeiten März, April und September brennen die Leuchten 9 Stunden, von Mai bis August hingegen nur 6 Stunden. Das Fernsehgerät soll 2 und das Radio 5 Stunden genutzt werden, unabhängig von der Jahreszeit.

In der Übergangszeit werden daher täglich insgesamt 18 Ah benötigt, so daß monatlich bei 4 Wochenenden zu 2 Tagen 144 Ah benötigt werden.

Im Sommer soll die monatliche Nutzung 25 Tage betragen, der tägliche Strombedarf liegt in diesem Fall jedoch nur bei 14 Ah, so daß insgesamt 350 Ah im Monat benötigt werden.

Welche Leistung muß das Solarmodul bringen?

In der Ah-Tabelle habe ich für verschiedene Aufstellorte unter dem optimalen Neigungswinkel für ein Solarmodul mit einer Spitzenleistung von 10 Wp die nutzbaren Ah berechnet. Wird ein Solarmodul mit z.B. 42 Wp eingesetzt, so werden die monatlichen Ah-Werte mit dem Faktor 4,2 multipliziert.

Somit ergibt sich eine einfache Methode, die monatlichen oder täglichen Durchschnittswerte an Ah zu ermitteln.

An dieser Stelle sei darauf hingewiesen, daß es für jeden Aufstellort auch spezifische Einstrahlungswerte gibt. Die Tabelle gibt daher nur einen Einblick in die zu erwartende monatliche Leistung von Solarmodulen. Berücksichtigt wurden allerdings die hauptsächlichen Einsatzgebiete, wie die Nordsee (Sylt), Industriegebiete (Saarbrücken), Alpen (Davos) und Mittelmeerraum (Nizza). Im Hochschwarzwald dürften sich ähnliche Einstrahlungswerte ergeben wie in Davos, während jene des Ruhrgebietes noch etwas niedriger liegen dürften als die von Saarbrücken.

Kommen wir noch einmal zu dem Gartenhäuschen zurück. Ausgewählt wurde ein 42-Wp-Solarmodul. Für München leistet dieses im April somit 70 x 4,2 = 294 Ah und somit 110 Ah mehr, als benötigt werden. Im Sommer sind das dann sogar 370 Ah, also immer noch genug. Der Strom würde auch noch für den Monat Oktober ausreichen. Setzen wir hingegen ein Solarmodul mit nur 35 Wp ein, so reichten die erzeugten 308 Ah im Sommer nicht ganz aus. Dann hilft nur eines: Strom sparen.

Berechnung der Batteriekapazität

Auch die Berechnung der Batteriekapazität ist für eine Solarstrom-Anlage sehr einfach durchführbar. Voraussetzung für die Berechnung ist allerdings, daß eine Solarbatterie oder ähnliche Stromspeicher eingesetzt werden.

Batteriekapazität in Ah = Spitzenleistung des Solarmoduls in Wp multipliziert mit dem Faktor 3 (maximal 4).

In unserem Beispiel ergibt sich für das 42-Wp-Solarmodul eine Batterie mieiner Kapazität von 126 Ah. Eine etwas kleinere von 100 Ah würde allerdings auch genügen.

Mit dieser Kapazität sollte im Normalfall eine Schlechtwetterperiode von einer Woche überbrückt werden können. Eine höhere Kapazität ist vor allem für die mobile Anwendung oder bei einer zeitweisen Nutzung eines Hauses in den Wintermonaten zu empfehlen. In diesen Fällen gilt der Faktor 4, womit die Batteriekapazität 168 Ah betragen würde.

Für die Berechnung der nutzbaren Ah habe ich, wie eingangs erwähnt, vorausgesetzt, daß Solarbatterien oder adäquate Stromspeicher eingesetzt werden. Verwendet man dagegen z.B. Starter- oder Traktionsbatterien, so können sie wegen des niedrigen Ah-Wirkungsgrades, der hohen Selbstentladungsrate sowie der erheblich höheren minimalen Laderate im Extremfall nur noch die Hälfte der vom Solarmodul erzeugten Ah nutzen.

Aus meiner Praxis kann ich berichten, daß Solarstrom-Anwender mit der Leistung des Solarmoduls unzufrieden waren. Sie schilderten mir, daß die Batterien erst bei schönem Wetter und auch nur bei einem niedrigen Stromverbrauch überhaupt vollgeladen wurden. Nachgefragt, welche Batterien verwendet wurden, stellte sich meist heraus, daß es sich um Starterbatterien handelte. Der Austausch gegen geeignete Batterien brachte Abhilfe.

Einen ganz speziellen Fall einer Fehlplanung möchte ich hier noch schildern. Für ein Gartenhaus wurde ein Solarmodul mit einer Spitzenleistung von 35 Wp installiert. Die Leistung dieses Solarmoduls hätte für die angeschlossenen Verbraucher vollkommen ausgereicht. Dieses war aber nicht der Fall, und es wurde reklamiert. Bei der Besichtigung der Anlage mußte ich feststellen, daß 4 Starterbatterien, die vom Schrottplatz stammten, mit einer gesamten Kapazität von 200 Ah angeschlossen waren. Da der Kauf einer geeigneten Batterie aus Kostengründen nicht in Frage kam, hatte ich die beste der vorhandenen ausgesucht und angeschlossen. Trotz des eigentlich ungeeigneten Stromspeichers war nunmehr genügend Strom verfügbar.

Wie ist das zu erklären? Die Batteriekapazität von 200 Ah hätte mindestens einen minimalen Ladestrom von 1 Ampere bedeutet. Hinzu kommt noch die hohe Selbstentladungsrate, so daß der vom Solarmodul erzeugte Strom (maximal 2,3 A) von den Batterien mehr oder weniger selbst vernichtet wurde.

Es bleibt also festzustellen: Solarmodule, Laderegler, Batterien und Verbraucher müssen in einer Solarstrom-Anlage unbedingt aufeinander abgestimmt und vor allem geeignet sein.

Die Wetterlage

Ganz entscheidend für den nutzbaren Strom, den ein Solarmodul liefern kann, ist natürlich die Wetterlage. Damit Sie in etwa eine Vorstellung bekommen, wieviel Ah das Solarmodul an die 12-Volt-Batterie liefert und diese abgeben kann, sollen hier noch einige Werte darüber Aufschluß geben.

Wegen der einfachen Umrechnung sind die Werte für ein Solarmodul mit einer Spitzenleistung von 10 Wp aufgezeichnet. Die Messungen wurden allerdings mit einem 18-Wp-Solarmodul durchgeführt. Der Umrechnungsfaktor betrug somit 1,8.

Die Werte gelten für den Monat Mai bei einer Sonnenscheindauer von 15 Stunden und einem festen Aufstellwinkel des Moduls von 30°. Die Strahlungsintensitäten sind geschätzt und gelten für den höchsten Sonnenstand am Mittag. Die Messungen wurden im Westerwald, Höhenlage etwa 500 m über NN, durchgeführt.

Wetterlage – Strahlungsintensität – nutzbare Ah.

Strahlend blauer Himmel, kaum dunstig, keine Wolken.
Strahlungsintensität: 800 bis 900 W/m²
Nutzbare Ah: 5 bis 6

Diesig, keine Bewölkung.
Strahlungsintensität: 500 bis 700 W/m²
Nutzbare Ah: 4 bis 5

Bei solch einer Wetterlage erzeugt ein 10-Wp-Solarmodul noch täglich 3 bis 4 Ah.

Strahlend blauer Himmel, zeitweise Haufenwolken.
Strahlungsintensität: 300 bis 900 W/m^2
Nutzbare Ah: 3 bis 4

Sehr helle geschlossene Wolkendecke.
Strahlungsintensität: 300 bis 400 W/m^2
Nutzbare Ah: 2 bis 3

Regenschauer mit teilweiser Aufklarung.
Strahlungsintensität: 100 bis 500 W/m^2
Nutzbare Ah: 1 bis 2

Geschlossene Wolkendecke, Regen, trüb.
Strahlungsintensität: 50 bis 200 W/m^2
Nutzbare Ah: 0,5 bis 1,5

Der Strombedarf

Von der Ladungserhaltung zum Ferienhaus

Um einen annähernden Überblick über die Auslegung von Solarmodulen und Batterien zu bekommen, habe ich in der Tabelle Seite 135 fünf Stromversorgungsbeispiele aufgezeichnet.

Hierzu folgende Erklärungen:

Die täglich nutzbaren Ampere-Stunden wurden für Deutschland aus den mittleren monatlichen Einstrahlungsraten berechnet. Sie wurden ermittelt unter dem optimalen Aufstellwinkel für die Wintermonate (November – Februar), die Übergangszeit (März, April, September, Oktober) und die Sommermonate (April – August). Für Boote oder Caravans stimmen diese Werte nur für ausrichtbare Solarmodule bei waagerechter Montage somit nur im Sommer.

Die Nutzungsdauer ergibt sich aus den in den Batterien gespeicherten Ah und aus der täglich zu erwartenden Nachladung. Zu beachten ist dabei, daß in den Wintermonaten wegen der längeren Einschaltzeiten der Beleuchtung der Stromverbrauch über dem der Sommermonate liegen wird. Bleibt der Kühlschrank jedoch ausgeschaltet, wie im letzten Beispiel des Ferienhauses, so kann die Nutzungsdauer auch in der sonnenarmen Zeit trotzdem zwei Wochen betragen. Eine hohe Batteriekapazität ist dann zudem von Vorteil.

Bei den Verbrauchern handelt es sich selbstverständlich um stromsparende Gleichstromgeräte. Im Garten- und Wochenendhaus muß allerdings auf den Komfort eines Farbfernsehgerätes verzichtet werden.

Im Gartenhaus wurden vier Leuchten mit einer gesamten Anschlußleistung von 50 Watt vorgesehen. In den Ferienhäusern I und II beträgt die Leistung der 12 Leuchten 150 Watt.

Der Stromverbrauch des 60-Liter-Kühlschranks im Ferienhaus II wurde mit 30 Ah angenommen. Je nach Umgebungstemperatur schwankt dieser Wert natürlich. Im Ferienhaus I kann zeitweise in den Sommermonaten ebenfalls ein kleiner 45-Liter-Kühlschrank eingesetzt werden. Für das Wochenendhaus reicht die angegebene Modulkapazität für einen Kühlschrank nicht aus.

Hingegen reicht der nutzbare Strom im Wochenend- oder Ferienhaus auch noch aus, um das Haus oder den Garten mit einer geeigneten Pumpe mit Wasser zu versorgen.

Modulleistungen zwischen 10 und 20 Wp reichen in den meisten Fällen nur für die Ladungserhaltung von Solar- und Starterbatterien höherer Kapazität aus. Vorstellbar wäre allerdings Strom für die Beleuchtung einer Garage zu erzeugen. Bei einer genügenden Batteriekapazität von 100 Ah könnte eine 12 W Transistorleuchte auch in den Wintermonaten eine Stunde brennen.

Modulleistungen unter 10 Wp hingegen sind für den hier beschriebenen Freizeitbereich ungeeignet. Solche Leistungen sind geeignet, um kleinere Nickel-Cadmium-Akkumulatoren aufzuladen.

Die elektrische Installation

Solarstrom-Anlagen sind bei einigem technischen Verständnis auch von einem Laien problemlos aufzubauen. Sollten jedoch bei der Montage Bedenken aufkommen, so fragen Sie doch Ihren Nachbarn bzw. ziehen Sie einen Elektriker zu Rate, ehe Sie etwas falsch machen.

Selbst einen Stromschlag durch Berührung der Kabelenden oder Batteriepole brauchen Sie nicht zu befürchten, da es sich bei dem beschriebenen Aufbau überwiegend um eine Gleichstrom-Niederspannungs-Anlage handelt. Sogar der Anschluß einer Brunnenpumpe oder eines Springbrunnens ist ungefährlich.

Anwendung Verbraucher	Solarmodul Leistung W_p	Nutzbare tägl. Ah (monatlicher Mittelwert) Nutzungsdauer Tage im Monat			Batteriekapazität 12-Volt-Anlage Ah
		November bis Februar	März, April September, Oktober	Mai bis August	
Ladungserhaltung Wochenendhäuser, Boote, Caravans	5 bis 20	0,2 bis 1,5	1,0 bis 3,0	2,0 bis 2,6	100 bis 400
Gartenhäuser Beleuchtung, Radio, geleg. s/w Fernseher	30 bis 40	2 bis 3 Ladungs- erhaltung	4 bis 6 8 Tage	10 bis 15 25 Tage	100 bis 150
Kleines Wochenendhaus Beleuchtung, Radio, s/w Fernseher, Pumpe	70 bis 80	4 bis 6 Ladungs- erhaltung	10 bis 15 8 Tage	20 bis 30 25 Tage	200 bis 300
Ferienhaus I Beleuchtung, Radio, geleg. Kühlschrank	110 bis 120	7 bis 9 5 Tage	18 bis 25 14 Tage	30 bis 40 30 Tage	300 bis 400
Ferienhaus II wie oben mit Kühlschrank	150 bis 160	8 bis 12 14 Tage	20 bis 30 25 Tage	45 bis 60 30 Tage	400 bis 600

Strombedarf: Von der Ladungserhaltung bis zum Ferienhaus.

Eine wesentliche Gefahr bei einer falschen Montage besteht allenfalls darin, daß durch einen Kurzschluß die Geräte (vor allem der Laderegler) zerstört werden, Funken entstehen oder das Kabel überhitzt wird, so daß Feuergefahr besteht.

Daher sollte jede Anlage durch entsprechende Sicherungen und einen Hauptschalter genügend abgesichert werden.

Werkzeuge und Meßgeräte

Im allgemeinen genügt für die Verkabelung und den Anschluß der Geräte ein normaler Werkzeugkasten mit Zangen, Hammer, Schraubenzieher etc., wie er wohl in den meisten Haushalten vorhanden ist. In vielen Fällen fehlen jedoch Meßgeräte zur Überprüfung der Spannung und des Stroms. Bei der

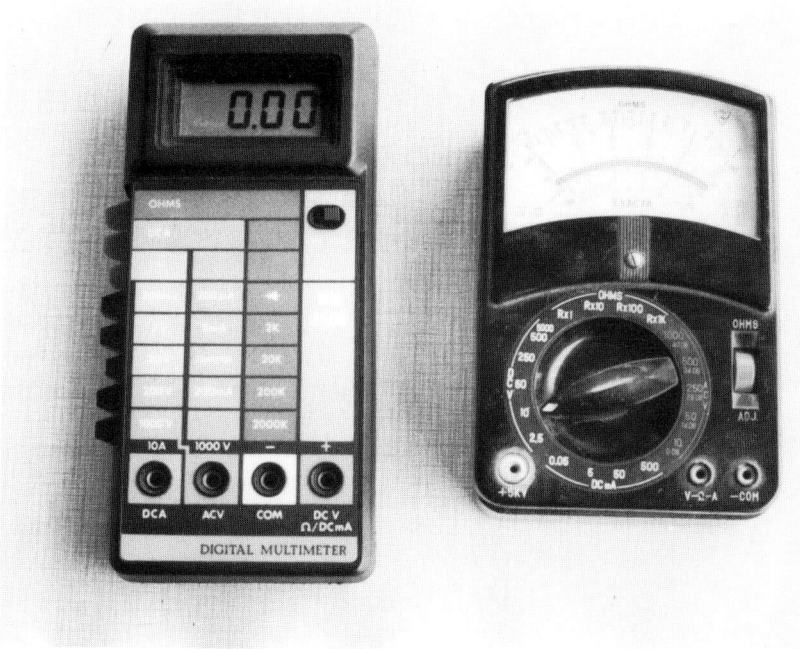

Geräte zur Messung von Strom und Spannung. Links ein digitales und rechts ein analoges Multimeter.

Anschaffung eines solchen Gerätes, das unbedingt zu empfehlen ist, kann jedoch auf ein teures Meßgerät verzichtet werden, da nur Gleichstrommessungen anfallen.

Folgende Punkte sollten Sie beim Kauf eines Meßgerätes beachten:

— zu empfehlen ist ein Universal-Meßgerät, mit dem Sie die Spannung oder den Strom messen können;

— zu entscheiden ist, ob es sich um ein Analog- oder Digitalgerät handeln soll. Das Analoggerät hat den Vorteil, daß es permanent eingeschaltet bleiben kann, da es weder eine äußere Stromquelle braucht noch Strom verbraucht. Der Vorteil eines Digitalgerätes besteht darin, daß die Werte direkt und genauer abgelesen werden können.

— die Meßgeräte sollten für die Spannung bei 0 bis 20 Volt (bei analogen Geräten besser bei 0 bis 15 Volt) und für den Strom bei 0 bis 10 Ampere liegen.

Die Kosten für ein solches Digital-Universalmeßgerät liegen bei etwa DM 100,–.

Die Verkabelung

Auf die Verkabelung Ihrer Geräte bei der Installation der Solarstrom-Anlage muß besondere Aufmerksamkeit verwendet werden. Jedes Kabel, das Sie an einen Verbraucher anschließen, stellt einen Widerstand dar. Wenn Sie so wollen, sträubt sich das Kabel, den Strom durchzulassen. Durch den Widerstand des Kabels wird ein Spannungsabfall erzeugt, und Energie geht durch Erwärmung der Drähte verloren. Dieser Spannungsabfall ist im wesentlichen abhängig von dem spezifischen Widerstand des Leiters, dessen Querschnitt und Länge.

Da wir für die Verkabelung Kupferleitungen verwenden, ist der spezifische Widerstand (c) stes konstant und beträgt

$$c = 0{,}18 \quad \frac{(\Omega \; mm^2)}{m}$$

Hierbei ist "Ω" der Widerstand R in Ohm, "mm^2" der Querschnitt q in Quadratmillimeter und "m" die Länge L des Leiters in Meter.

Der Widerstand einer elektrischen Leitung ist somit

$$R = \frac{c}{q} = \frac{0,018}{q} \left(\frac{\Omega}{m} \right)$$

Um nun den Spannungsabfall über die gesamte Kabellänge zu berechnen, wird das Ohmsche Gesetz angewandt:

$$U = I \times R \times L = I \times \frac{0,018}{q} \times L \, (V)$$

Mit dieser Gleichung können Sie nun den Spannungsabfall bei vorgegebenem Gesamtstrom, Querschnitt und Länge des Kabels berechnen.

An einem Beispiel möchte ich dieses verdeutlichen:

Mittels einer Solarbatterie mit einer Klemmspannung von 12 Volt soll eine Wasserpumpe mit einer Anschlußleistung von 60 Watt bei einer Kabellänge von 10 Metern und einem Querschnitt von 3 mm^2 betrieben werden. Wie hoch ist der Spannungsabfall oder welche echte Spannung liegt an der Pumpe an?

Aus der Anschlußleistung von 60 Watt wird durch Division der Nennspannung ein Nennstrom von 5 Ampere berechnet.

Zu beachten ist jedoch, daß für die Kabellänge der doppelte Wert eingesetzt werden muß, denn die positive sowie negative Leitung zusammen ergeben den Gesamtwiderstand.

Somit ist nach obiger Gleichung:

$$U = 5 \times \frac{0,018}{3} \times 2 \times 10 = 0,6 \, \text{Volt}$$

Die angelegte Spannung beträgt:

$$U_{Batterie} - U_{Abfall} = 12 - 0,6 = 11,4 \, \text{Volt}$$

Der Spannungs- und damit der Leistungsabfall beträgt 5 % und ist für den Anwendungsfall gerade noch zulässig.

Würden an diese Kabel jedoch noch weitere Verbraucher angeschlossen, z.B. mehrere Leuchten, so daß ein gesamter Strom von 10 Ampere fließt, so ergibt sich in diesem Fall, wie Sie leicht nachrechnen können, bereits ein Spannungsabfall von 1,2 Volt, was zu einer erheblichen Leistungsminderung führt.

In den meisten Fällen ist ja die Länge des Kabels von der Batterie zum Verbraucher sowie der Nennstrom vorgegeben, so daß der Kabelquerschnitt berechnet werden muß. Daher muß die oben genannte Gleichung nach dem Querschnitt aufgelöst werden, und daraus ergibt sich folgende Gleichung:

$$q = I \times \frac{0{,}018}{U} \times L \; (mm^2)$$

Bei den Verbrauchern sollte ein Spannungsabfall, bedingt durch das Kabel bei einer 12-Volt-Anlage von 0,5 Volt, nicht überschritten werden. Zu bedenken ist, daß sich bei der Entladung der Batterie ebenfalls – je nach dem angelegten Strom – ein zusätzlicher Spannungsabfall ergibt. Außerdem wird die Nennspannung von 12 Volt bei der stärker entladenen Batterie unterschritten.

Solarmodule mit einer Leerlaufspannung von 21,5 Volt lassen einen Spannungsabfall von 1,5 Volt zu.

Auch der Spannungsabfall durch die Sperrdiode sowie durch eine Temperaturerhöhung um 25 °C erlauben noch eine optimale Ladungsspannung der Batterie.

Wenn Sie nun Ihren Leitungsquerschnitt berechnen wollen, beachten Sie folgende Hinweise:

– Berechnung des Anschlußstromes aller Verbraucher, die an das Kabel angeschlossen werden sollen;

– Festlegung der Kabellänge von der Batterie zu den Verbrauchern;

– Berechnung des Kabelquerschnitts, wobei zu beachten ist, daß bei gegebenem Kabelquerschnitt die Leitungslänge der doppelten Verlegungslänge entspricht;

– Installation der Batterie möglichst in der Nähe der Verbraucher mit dem höchsten Stromanschluß;

– Besser vom Laderegler oder dem Sicherungskasten mehrere Kabel mit einem mittleren Querschnitt zu den Verbrauchern legen, als ein einziges Kabel mit einem dicken Querschnitt.

Um Ihnen die Arbeit der Berechnung des Kabelquerschnitts abzunehmen, habe ich in einer Tabelle für verschiedene Ströme und Kabelquerschnitte die entsprechenden zulässigen Kabellängen ermittelt.

Leistung/Strom	Kabelquerschnitt							
Watt/A	mm²							
	0,75	1,5	2,5	4,0	6,0	10	12	16
12 Volt, Spannungsabfall 0,5 Volt								
2,4/0,2	50	105	175	275	415	–	–	–
12/ 1	10	21	35	55	83	139	166	222
24/ 2	5	10	17	27	41	70	83	111
36/ 3	3	7	11	16	28	46	55	74
60/ 5	2	4	7	11	17	28	33	44
96/ 8	1	3	4	7	10	17	21	27
120/10	1	2	3	5	8	14	17	22
180/15	–	1	2	3	6	9	11	15
240/20	–	–	1	2	4	7	8	11
12 Volt, Spannungsabfall 1,0 Volt								
12/ 1	21	42	70	110	166	278	332	444
24/ 2	10	21	35	55	89	139	166	222
36/ 3	7	14	22	32	56	96	110	148
60/ 5	4	8	14	22	34	56	66	88
98/ 8	3	6	8	14	20	34	42	54
120/10	2	4	6	10	16	28	34	44
180/15	1	2	4	6	12	18	22	30
240/20	–	1	2	4	8	14	16	22
12 Volt, Spannungsabfall 1,5 Volt								
12/ 1	30	63	105	165	249	417	–	–
24/ 2	15	31	52	82	124	210	249	333
36/ 3	9	21	33	48	84	138	165	222
60/ 5	6	12	21	33	51	84	99	136
98/ 8	5	9	12	21	30	51	63	81
12ß/10	3	6	9	15	24	42	51	66
180/15	2	3	6	9	18	27	33	45
240/20	1	2	3	6	12	21	24	33

Tabelle der Kabellängen bei 12-Volt-Betrieb
Spannungsabfall 0,5 Volt: zulässig für Verbraucher und für Solarmodule mit einer Leerlaufspannung von 18 Volt (30 Zellen).
Spannungsabfall 1,0 Volt: zulässig für Verbraucher mit Ringleitung und Solarmodule mit einer Leerlaufspannung von 20 Volt (33 Zellen).
Spannungsabfall 1,5 Volt: nicht zulässig für Verbraucher, jedoch für Solarmodule mit einer Leerlaufspannung von 21 bis 22 Volt (36 bis 40 Zellen).

Leistung/Strom	Kabelquerschnitt							
Watt/A	mm²							
	0,75	1,5	2,5	4,0	6,0	10	12	16
24 Volt, Spannungsabfall 1,0 Volt								
4,8/0,2	104	210	350	–	–	–	–	–
24/ 1	21	42	70	110	166	280	332	444
28/ 2	10	20	34	54	82	140	166	222
72/ 3	6	14	22	32	56	92	110	148
120/ 5	4	8	14	22	34	56	66	88
192/ 8	2	6	8	14	20	34	42	54
240/10	1	4	6	10	16	28	34	44
360/15	1	2	4	6	12	18	22	30
480/20	–	1	2	4	8	14	16	22
24 Volt, Spannungsabfall 2,0 Volt								
24/ 1	42	84	140	220	332	–	–	–
28/ 2	20	42	70	110	178	280	332	444
72/ 3	14	28	44	64	112	192	220	300
120/ 5	8	16	28	44	68	112	132	176
192/ 8	6	12	16	28	40	68	84	108
240/10	4	8	12	20	32	56	68	88
360/15	2	4	8	12	24	36	44	60
480/20	1	2	4	8	16	28	32	44
24 Volt, Spannungsabfall 3,0 Volt								
24/ 1	60	126	210	330	–	–	–	–
28/ 2	30	62	104	164	220	420	–	–
72/ 3	18	42	66	100	170	280	310	445
120/ 5	12	24	42	66	100	170	200	270
192/ 8	10	18	24	42	60	100	125	160
240/10	6	12	18	30	50	85	100	130
360/15	4	6	12	18	36	54	66	90
480/20	2	4	6	12	24	42	48	66

Tabelle der Kabellängen bei 24-Volt-Betrieb
Spannungsabfall 1,0 Volt: zulässig für Verbraucher und für Solarmodule mit einer Leerlaufspannung von 36 Volt (2 x 30 Zellen).
Spannungsabfall 2,0 Volt: zulässig für Verbraucher mit Ringleitung und Solarmodule mit einer Leerlaufspannung von 49 Volt (2 x 33 Zellen).
Spannungsabfall 3,0 Volt: nicht zulässig für Verbraucher, jedoch für Solarmodule mit einer Leerlaufspannung von 42 bis 44 Volt (2 x 36 bis 44 Zellen).

Kabelfarbe

Bei der Verkabelung Ihrer Anlage müssen Sie Farbe bekennen, da, wie wir bereits erfahren haben, manche Geräte stets richtig verpolt angeschlossen werden müssen.

Für eine Gleichstrom-Anlage sind die festgelegten Farben der Leitungen rot für den Pluspol und blau für den Minuspol der Batterie. Nun, beim Kabelkauf werden Sie feststellen, daß fertige zweiadrige Kabel nur selten diese Farbkombinationen aufweisen, da für den Wechselstrombetrieb die Verpolung ja schließlich keine Rolle spielt. Anders sieht es beim Drehstrom aus.

Die gängigen Kabelfarben sind: schwarz, rot, braun, blau und gelb/grün.

Rot und braun sollten wir stets als Plusleiter, blau und gelb/grün als Minusleiter verwenden. Bei schwarz wird es etwas schwieriger, da es Kabel gibt, vor allem zweiadrige mit der Kombination schwarz-blau oder schwarz-braun. Somit muß einmal in der ersten Kombination schwarz als Plusleiter, in der zweiten als Minusleiter verwendet werden.

Und was machen wir nun mit einem drei- oder fünfadrigen Kabel?

Wie wir bereits erfahren haben, ist der Kabelquerschnitt ausschlaggebend dafür, wieviel Strom bei einem geringen Spannungsabfall oder Leitungsverlust durch unsere Drähte fließt. Außerdem wissen wir, daß die gesamte Länge der Drähte den Widerstand ergibt. Haben wir nun ein dreiadriges Kabel mit jeweils z.B. 1 mm^2 Querschnitt und in den Farben braun, schwarz und gelb/grün, so werden wir zwei Drähte, nämlich schwarz und gelb/grün als Minusleiter verdrillen, während braun dann unser Plusleiter ist.

Welchen Vorteil hat dies?

Da sich die Querschnitte addieren, hat der Minusleiter einen Querschnitt von 2 mm^2, der Plusleiter natürlich nur einen Querschnitt von 1 mm^2. Aber durch diesen Trick ist der Gesamtspannungsabfall um ein Viertel niedriger, als wenn das eine Kabel leer läuft.

Aber das können Sie leicht nach der angegebenen Gleichung des Spannungsabfalls U nachrechnen, wenn Sie sich einfach Kabelquerschnitt, -länge und Strom vorgeben.

Besser ist es natürlich, wenn Sie zu dem dreiadrigen Kabel eine zusätzliche Leitung legen mit dem gleichen Querschnitt, dann hat Ihr Plusleiter ebenfalls den gleichen Spannungsabfall und somit nur noch die Hälfte eines Drahtes mit einem Quadratmillimeter.

Bei einem fünfadrigen Kabel, wie es für Drehstromanschlüsse verwendet wird, gilt das gleiche wie für das dreiadrige Kabel. Zumeist haben solche Kabel die Farbkomination braun, blau, zweimal schwarz und gelb/grün. Der Plusleiter ist dann braun plus zweimal schwarz; der Minusleiter blau und gelb/grün.

Tips und Tricks für die Verkabelung

Zusammenfassend und ergänzend möchte ich die wichtigsten zu beachtenden Maßnahmen bei der elektrischen Installation der Solarstrom-Anlage beschreiben:

— Die Auswahl des Kabelquerschnitts richtet sich nach der Länge des Kabels und der Summe der Einzelströme der an das Kabel anzuschließenden Geräte. Entsprechende Werte berechnen oder aus der Tabelle entnehmen;

— Bei drei- oder fünfadrigen Kabeln keinen Draht leerlaufen lassen, sondern auf eine Phase zuschalten;

— Treten beim Kauf des Kabels Schwierigkeiten auf hinsichtlich des benötigten Querschnitts, nehmen Sie den vorhandenen und verlegen Sie, falls der Querschnitt zu klein ist, davon mehrere Kabel. Haben Sie mehradrige Kabel mit einem Querschnitt von z.B. je 1 mm², benötigen Sie aber 3 mm², so verlegen Sie zwei dreiadrige Kabel parallel und verdrillen Sie jeweils drei Adern miteinander.

Beachten Sie die Kabelfarben ! ! !

— Zu empfehlen ist bei Solarstrom-Anlagen mittlerer Größe, Kabel mit einem Querschnitt von 3 mm² zu verwenden und gleich eine größere Rolle im Großhandel zu kaufen, das ist erheblich preiswerter. Durch Parallelführung kann der entsprechende Querschnitt z.B. verdoppelt werden.

— Wird das Kabel warm, ist der Querschnitt erheblich zu klein gewählt. Um festzustellen, wie hoch der Spannungsabfall tatsächlich ist, muß mit einem Voltmeter bei eingeschalteten Verbrauchern an der Batterie oder dem Laderegler und danach am Gerät die Spannung gemessen werden. Die Spannungsdifferenz ergibt den Spannungsabfall. Dieser sollte maximal 1 Volt betragen.

- Müssen Geräte mit einer hohen Stromaufnahme verschaltet werden, z.B. ein Wechselrichter, so eignen sich hierfür besonders gut Starterkabel für's Auto, die einen Querschnitt von 12 oder 16 mm² aufweisen.

- Stets sollten die Kabelverbindungen von der Batterie zu den Verbrauchern so kurz wie möglich gewählt werden. Dies betrifft besonders Geräte mit hohen Stromaufnahmen.

- Auf eine sorgfältige Kontaktierung ist zu achten, damit nur kleine Spannungsabfälle auftreten.

Kontaktprobleme?

Bei der Installation der Anlage gibt es immer wieder Schwierigkeiten, für den Gleichstrombetrieb verpolungssichere Stecker, Kupplungen und Steckdosen zu finden.

Es gibt also Kontaktprobleme!

Im Handel werden überwiegend 12-Volt-Universalstecker nach DIN ISO 4165 angeboten. Hierbei handelt es sich um Stecker, die auch in die Autosteckdose des Zigarettenanzünders passen. Solche Stecker, Kupplungen und Steckdosen sind sicherlich für Wohnwagen und Boote gut geeignet, für Wochenendhäuser, Wohnlauben etc. jedoch oft ungeeignet.

Die wesentlichen Nachteile dieser Verbindungselemente liegen darin, daß Kabel mit Querschnitten über 2 mm² nicht mehr in die Kabeldurchführungen passen.

Ferner gibt es nur auf dem Bootsmarkt Stecker und Kupplungen, die auch für eine Außeninstallation anwendbar, d.h. wasserdicht sind.

Gegenüber den gebräuchlichen Haushaltssteckern für Netzbetrieb sind sie außerdem erheblich teurer und nur in Spezialgeschäften zu finden.

Schukostecker auch für Gleichstrom?

Was ist zu machen, um auf einfache Weise die Kontaktprobleme zu lösen?

Als eine sehr einfache Lösung dieses Problems bieten sich Schutzkontaktsysteme an. Bekanntlich sind alle Steckdosen und Kupplungen sowie die meisten Stecker, die im Haushalt vorgeschrieben sind, dreipolig. Ein normaler Schukostecker hat zwei, meist runde Stromzuführungspole und die beiden seitlichen Schutzkontakte.

Es soll jedoch an dieser Stelle darauf hingewiesen werden, daß das im folgenden beschriebene Kontaktsystem für Gleichstrom nicht den VDE-Richtlinien entspricht. Es handelt sich hierbei um eine praktische Anregung für den Hausgebrauch.

Natürlich kann der Stecker oder die Kupplung nicht ohne weiteres mit dem Kabel verschaltet werden, wie dies für den Netzanschluß möglich ist. Üblicherweise werden die beiden mittleren Pole mit den stromführenden Leitungen verbunden, während der dritte Leiter (üblich grün/gelb) an die seitlichen Schutzkontakte angeschlossen wird. Ebenfalls lassen sich fertige Verlängerungskabel kaum verwenden.

Was muß also geändert werden?

1. Der Stecker wird zunächst aufgeschraubt und ein Pol entfernt. Dies ist meist einfach durchzuführen, da der Kontakt im Stecker nur lose eingelegt ist. Ist er jedoch vergossen, so kann man ihn mit einer kleinen Metallsäge außen absägen.

2. Der verbleibende Pol wird mit dem positiven Leiter (Kabelfarbe: braun, rot, schwarz) verbunden.

3. Der negative Leiter (blau, grün/gelb) wird mit der Kontaktschraube (meist in der Mitte des Steckers) an die seitlichen Schutzkontakte angeklemmt.

4. Mit der Steckdose oder der Kupplung wird gleichartig verfahren. Die Buchse wird an die positiven, die Schutzkontakte an die negativen Leitungen angeschlossen. Zur größeren Sicherheit sollte die freie Buchse mit dem übrig gebliebenen Polstift oder durch ein kleines Stück Holz verschlossen werden. Ein zweipoliger Stecker kann dadurch nicht mehr eingestöpselt werden.

5. Um die Koppelung des Steckers mit der Kupplung zu erleichtern, sollte die freie Seite der Steckdose mit einem Farbpunkt markiert werden.

Dieses System ist somit absolut sicher gegen Falschpolung. Es kann auch nicht versehentlich ein 220-Volt-Netzgerät an die Gleichstromquelle angeschlossen werden. Der Netzstecker kann durch die verstopfte Buchse erst gar nicht in die Steckdose eingeführt werden.

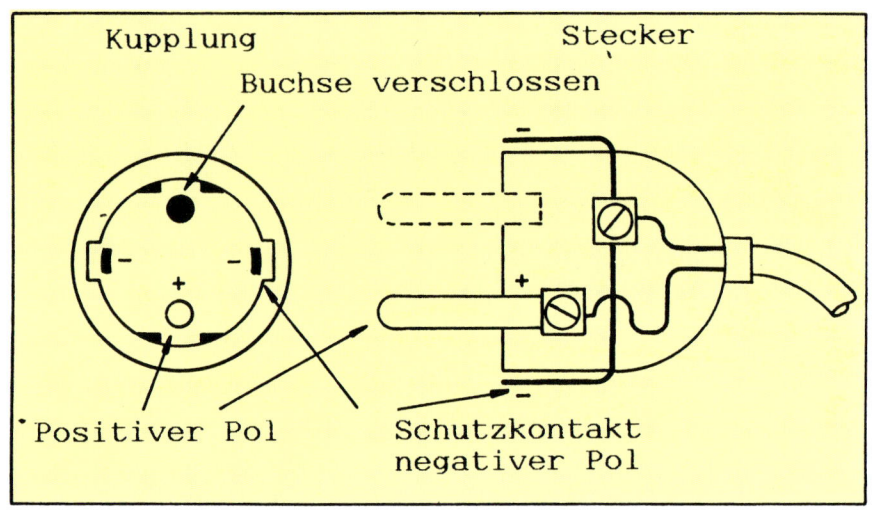

Umbau eines Schukosteckers für den verpolungssicheren Einsatz mit Gleichstrom.

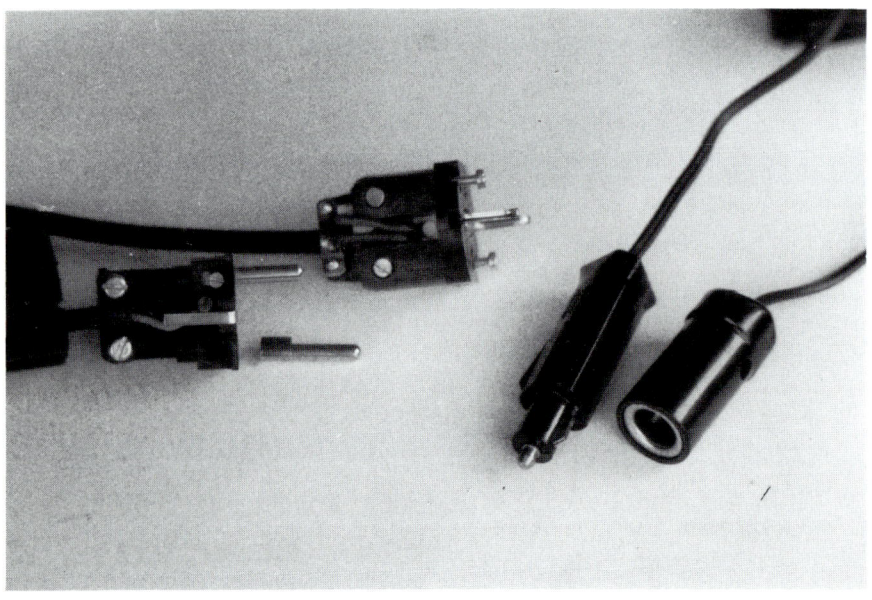

Kontaktprobleme? Stecker und Kupplung: rechts übliche Gleichstrom-Verlängerungskabel. Beim Stecker ist der Mittelpol plus, die äußeren Kontakte minus. Rechts umgebaute Schukostecker und Kupplung.

146

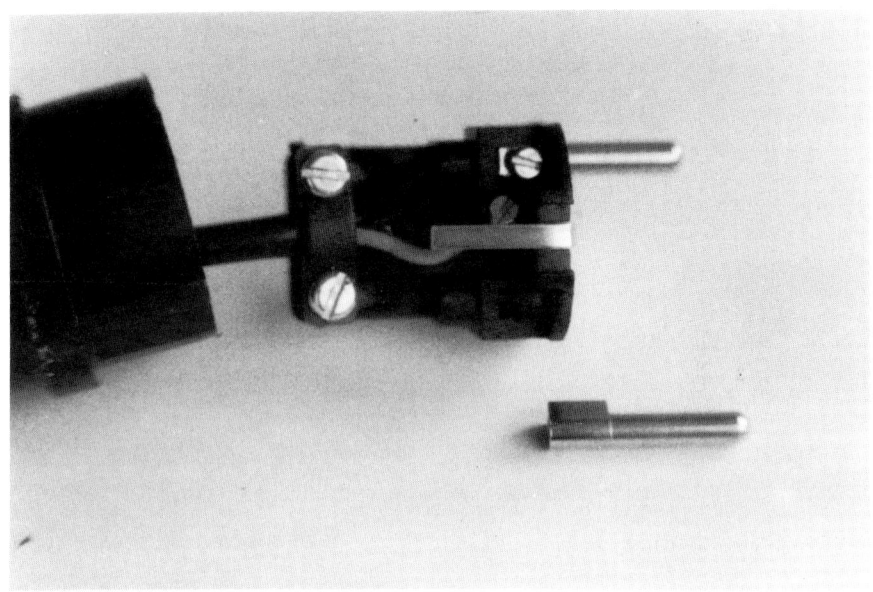

Gleichstrom-Schukostecker. Ein Pol ausgebaut, der andere auf Plus, die beiden Erdkontakte auf Minus geschaltet.

Sollte aus Versehen ein Gleichstromgerät an eine Netzdose angeschlossen werden, kann schlimmstenfalls, bedingt durch einen Kurzschluß, die Sicherung durchbrennen.

Die Vorteile oben erklärter Installation liegen auf der Hand:

– Stecker, Kupplungen und Steckdosen sind überall preiswert in Fachgeschäften oder Kaufhäusern zu erwerben.

– Wasserdichtes Installationsmaterial für die Außenmontage ist ebenfalls überall zu beziehen.

– Es können auch Kabel mit großem Querschnitt verwendet werden.

– Normale Schukostecker, Kupplungen und Steckdosen sind für einen Strom von 10 A zugelassen.

Schalter

Übliche Lichtschalter lassen sich problemlos auch für Gleichstrombetrieb verwenden, da meist nur ein Leiter unterbrochen werden muß. Allerdings sollte die Schaltleistung (d.h. der Anschlußstrom) beachtet werden.

Schaltungen

Bevor Sie in den vollen Genuß Ihrer Solarstrom-Anlage kommen können, müssen Sie sich klar werden, wie Ihre Schaltung aussehen soll.

Im wesentlichen richtet sie sich nach den jeweiligen Anwendungsfällen aus. Auf Booten oder Caravans, also im mobilen Einsatz, wird neben den Solarmodulen meist ein Motorgenerator zur Verfügung stehen, der während der Fahrt die Bordbatterien aufladen wird.

Im stationären Betrieb u.a für Wochenendhäuser kann die Stromversorgung entweder allein durch die Solarmodule erfolgen, in manchen Fällen auch durch einen Windradgenerator oder durch einen Notstromgenerator ergänzt werden.

Aber es können auch die Fälle eintreten, daß das fest verlegte Kabel einen zu geringen Querschnitt aufweist oder daß die Anlage erweitert werden soll, jedoch der Laderegler setzt Grenzen.

Für alle diese Fälle und weitere habe ich eine Anzahl von Schaltungen für Ihre Solarstrom-Anlage aufgezeichnet und ausprobiert.

Die Grundschaltung

Für die Schaltung Ihrer Solarstrom-Anlage – ob mobil oder stationär –, ob mit Laderegler oder nur mit einer Diode, ob mit Motorgenerator oder ohne zusätzliche Stromversorgung, gibt die Grundschaltung den allgemeinen Aufbau an.

Für die Beschreibung wurde eine Komplettanlage mit Solarmodulen, Laderegler, Batterien und Verbrauchern ausgewählt. In dem anschließenden Kapitel über die Aufstellung, Inbetriebnahme und Wartung von Solarmodulen, Batterien und Ladereglern werden über diese einzelnen Geräte weitere nützliche Hinweise gegeben.

Blitzschutz

Bei einer stationären Anlage ist es zu empfehlen, die meist auf demDach montierten Solarmodule an den Blitzableiter anzuschließen. Mir ist allerdings kein Fall bekannt, daß in ein Modul ein Blitz eingeschlagen hat. Dennoch sollten Sie sich über einen Blitzschutz von einem Fachmann beraten lassen. Eine laienhaft durchgeführte Montage solch einer Schutzvorrichtung kann im Ernstfall teuer werden. Im mobilen Bereich ist leider solch eine Sicherheitsvorkehrung nicht möglich.

Gute Laderegler weisen einen eingebauten Überspannungsschutz auf, der gleichzeitig ein Blitzschutz ist. Sollte nämlich tatsächlich einmal das Solarmodul von einem Blitz getroffen werden, könnten am Ladereglereingang sehr hohe Spannungen auftreten, die diesen zerstören würden.

Batteriekasten

Die Unterbringung der Batterie sollte genau geplant werden. Zu empfehlen ist ein Holzkasten, der sie vor Nässe, Kälte und Hitze schützt. Außerdem ist er gegen eventuell auftretende Säuredämpfe beständig.

Sicherungskasten

Direkt an den Laderegler wird der Sicherungskasten installiert. Er sollte selbstverständlich leicht zugänglich sein.

Vom Sicherungskasten gehen in diesem Beispiel mehrere Leitungsstränge aus, die einzeln abgesichert sind. Auch wenn einzelne Geräte, z.B. Radio- und Fernsehgeräte, bereits eine im Gehäuse eingebaute Sicherung haben, ist aus Sicherheitsgründen jede Leitung einzeln abzusichern. Es könnte in der Leitung, im Schalter oder in der Steckdose ein Kurzschluß auftreten, so daß das Relais des Ladereglers für den Tiefentladeschutz beschädigt würde.

Die Anschlußgröße der Sicherungen richtet sich nach den Nennströmen der Geräte. Wenn die Stärke der Sicherung vom Gerätehersteller nicht vorgegeben ist, verwendet man eine Sicherung, deren Ansprech-Stromstärke um 20 % über dem Nennstrom des zu sichernden Gerätes liegt.

Zu beachten ist, daß einige Gleichstrommotoren, z.B. für Kompressorkühlschränke, einen hohen Anlaufstrom aufweisen, so daß eine träge Sicherung verwendet werden muß, damit sie nicht ständig durchbrennt.

Im allgemeinen werden für die Solarstrom-Anlage Schmelzsicherungen verwendet. Es gibt aber auch Sicherungsautomaten, die überwiegend im Boots- oder Caravanhandel angeboten werden.

Hauptschalter

Wird die Solarstrom-Anlage längere Zeit nicht genutzt, so sollten alle Verbraucher über einen Schalter von dem Laderegler und somit von der Batterie getrennt werden.

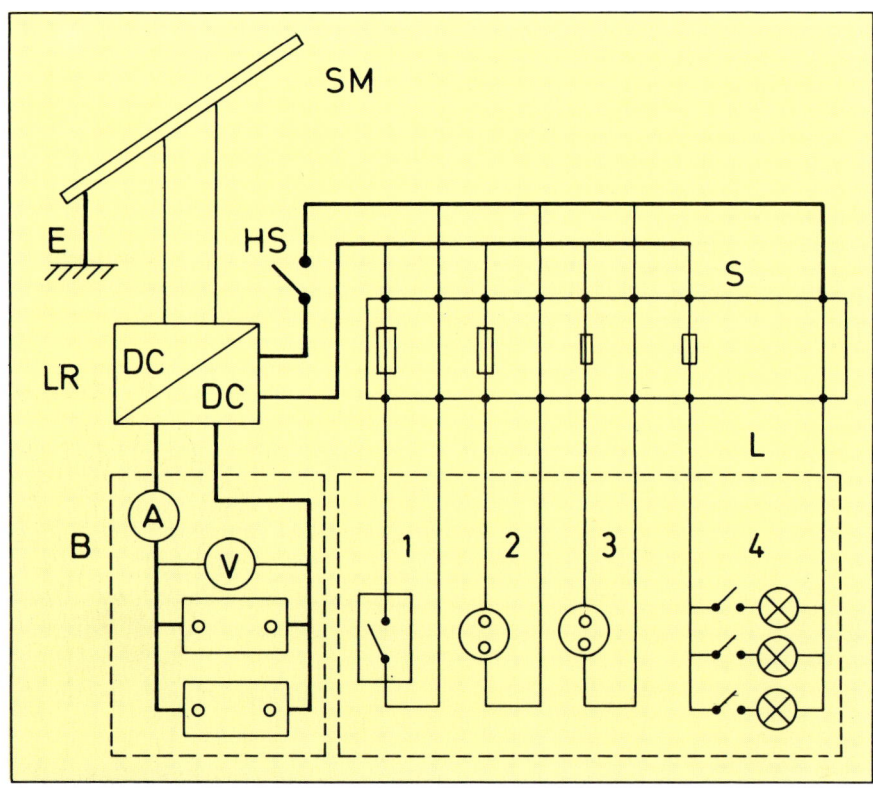

Grundschaltung

Begriffsbestimmung: SM = Solarmodul mit E = Erdung, LR = Laderegler, B = Batteriekasten mit A = Amperemeter und V = Voltmeter, HS = Hauptschalter zur Abschaltung der Last, S = Sicherungskasten mit Sicherungen unterschiedlicher Stärke, L = Last (Verbraucher) mit z.B. 1 = Festanschluß eines Kühlschranks oder Wasserpumpe, 2 und 3 = Steckdosen für Fernsehgerät oder Radio, 4 = Ringleitung für Leuchten. Die dicken Striche bedeuten Kabel mit großem Querschnitt.

Der Hauptschalter sollte zweipolig schalten, d.h. das Minus- und das Pluskabel unterbrechen.

Meßgeräte

In den Schaltplan wurde auf der Batterieseite ein Amperemeter und ein Voltmeter eingezeichnet.

Wird ein Amperemeter mit einer Mittelanzeige oder aber ein Digitalgerät verwendet, können Sie bei ausgeschalteten Verbrauchern die Stromproduktion Ihrer Solarmodule bzw. bei Dunkelheit die Stromaufnahme Ihrer Verbraucher feststellen.

Wollen Sie jedoch die Ströme getrennt messen, muß jeweils ein Amperemeter zwischen den Laderegler/Solarmodul und Laderegler/Lastausgang geschaltet werden.

Wichtiger ist jedoch das Voltmeter, da es – wie bereits beschrieben – den Ladungszustand der Batterie angibt.

Laderegler

Er ist die Schaltzentrale der Solarstrom-Anlage. Alle Kabel führen zu ihm, nämlich die der Solarmodule, der Batterien und der Verbraucher.

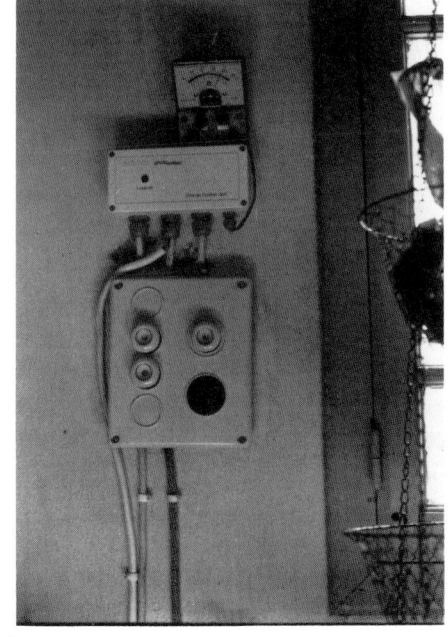

Kontrolleinheit einer Solarstrom-Anlage, mit Laderegler (Mitte) und Amperemeter. Als Sicherungskasten wurde der eigentlich für Netzstrom vorgesehene verwendet.

Er wird stets dicht bei den Batterien installiert. Angeschlossen wird er jedoch erst ganz zum Schluß, wenn alle anderen Geräte montiert und die Kabel verlegt sind.

Die Zusatzbatterie

Vielfach sind, vor allem in Wochenendhäusern, die Kabel so verlegt worden, als ob die Stromversorgung für einen 220-Volt-Wechselstrombetrieb ausreichen sollte. Der Kabelquerschnitt ist dann meist viel zu gering gewählt worden. Lassen sich zudem die Batterien nicht günstig zentral oder nahe dem stärksten Verbraucher installieren, so wird der hohe Spannungsabfall bei Einschaltung der Geräte, vor allem eines Kühlschranks, zu einem unbefriedigenden Betrieb der Anlage führen. Dies kann im Extremfall dazu führen, daß der Motor des Kühlschranks erst gar nicht anspringt.

Was ist zu tun? Eine Zusatzbatterie kann das Problem lösen. Sie wird direkt neben dem Kühlschrank installiert und über das Hauskabel an die anderen Batterien angeschlossen. Ein genügend dimensioniertes kurzes Kabel führt dann zum Motor. Die Zusatzbatterie dient somit als Puffer.

Während die Solarmodule die über einen Laderegler kontrollierten Batterien mit Strom versorgen, wird die Zusatzbatterie über die Hausleitung nachgeladen. Je nach Ladungszustand der Batterien fließt somit stets ein gleichmäßiger, niedriger Strom.

Ein zweites Beispiel soll die Anwendung solch einer Zusatzbatterie als Puffer noch verdeutlichen. Die Wasserversorgung eines Hauses soll durch einen Brunnen erfolgen, der von diesem 40 Meter entfernt liegt. Die 12-Volt-Membranpumpe hat eine Stromaufnahme von 6 Ampere. Würde die Pumpe über die im Haus installierten Batterien versorgt, müßte ein Kabel mit einem Querschnitt von mindestens 12 mm^2 verlegt werden. Eine 70-Ah-Zusatzbatterie direkt in der Nähe der Pumpe untergebracht und von den Hausbatterien über ein Kabel mit einem Querschnitt von 1,5 mm^2 mit Strom versorgt, bringt hier Abhilfe. Läuft die Pumpe täglich eine Stunde, so muß durch das Kabel in 24 Stunden ein stetiger Strom von 0,25 A fließen.

Zwei Nachteile hat dieses System mit einer Zusatzbatterie als Puffer. Da sie über die über einen Laderegler kontrollierten Hauptbatterien mit Strom versorgt wird, ist sie gegen Überladung, jedoch nicht gegen eine Tiefentladung geschützt. Sie muß daher im Falle der Tiefentladung vom Verbraucher manuell geschaltet werden.

Der zweite Nachteil besteht darin, daß die Zusatzbatterie, vor allem im Beispiel mit dem Kühlschrank, nie ganz vollgeladen wird.

Parallel- oder Serienschaltung?

Je nach der Betriebsspannung müssen Solarmodule oder Batterien parallel oder in Serie geschaltet werden. Es handelt sich im Normalfall nämlich um Geräte, die für den 12-Volt-Betrieb ausgelegt sind.

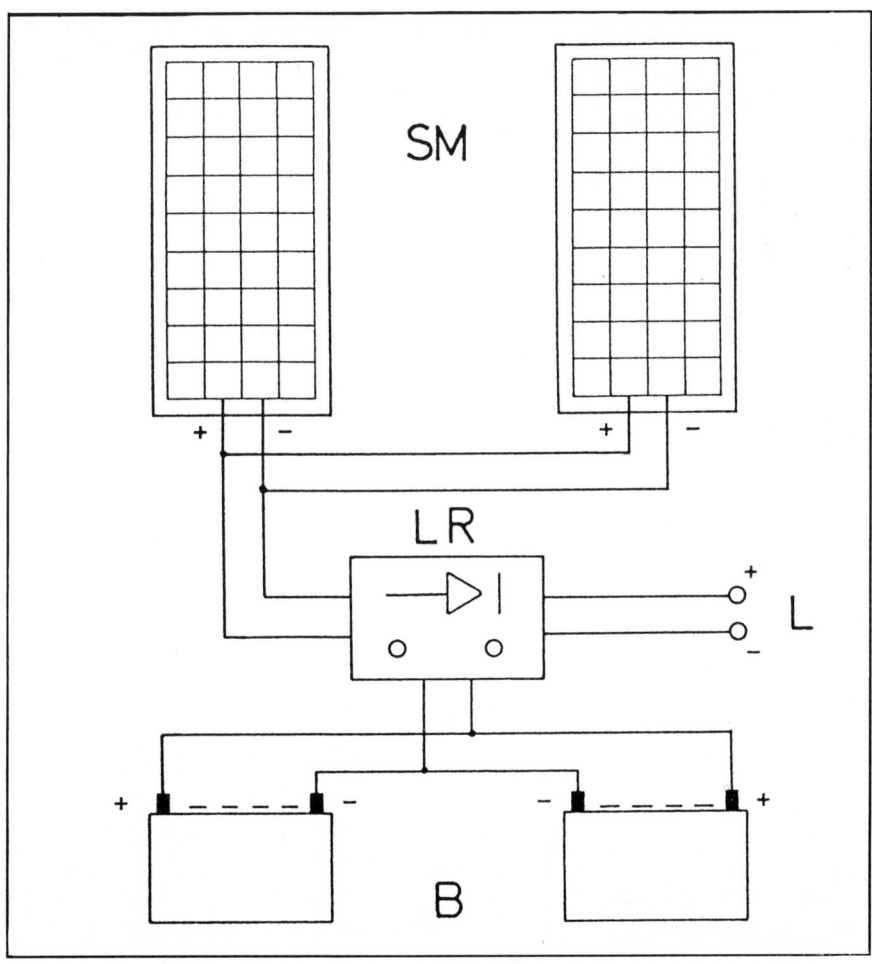

Parallelschaltung zweier Solarmodule und Batterien. Der Ladestrom verdoppelt sich bei Modulen gleicher Leistung, die Modulspannung bleibt gleich groß, ebenso die Batterie-Spannung, jedoch verdoppelt sich die Batterie-Kapazität. SM = Solarmodule, LR = Laderegler, L = Last, B = Batterien.

Beim 12-Volt-Betrieb wird die Parallelschaltung angewendet. Hierbei werden, wie die Schaltung zeigt, die jeweiligen Pluspole sowie Minuspole der Solarmodule zusammengeschaltet. Gleiches gilt für die Batterien. Bei dieser Schaltung bleibt die Spannung konstant. Bei den Solarmodulen addieren sich deren Einzelströme, bei den Batterien hingegen deren Kapazitäten.

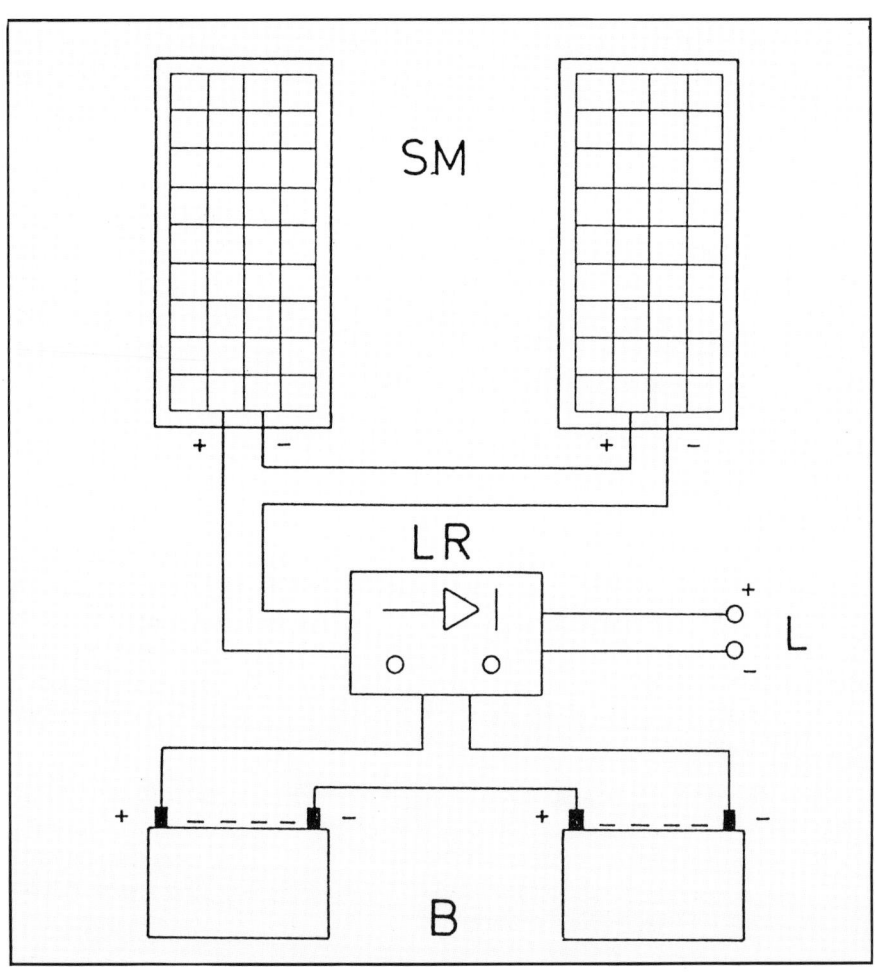

Serienschaltung zweier Solarmodule und Batterien. Die Spannung verdoppelt sich, der Ladestrom bleibt gleich groß. Bei den Batterien verdoppelt sich die Spannung, die Kapazität bleibt aber konstant. SM = Solarmodule, LR = Laderegler, L = Last, B = Batterien.

Für diesen Betriebsfall dürfen Solarmodule unterschiedlicher Leistung und Art verwendet werden. Allerdings sollte ihre Nennspannung annähernd einen gleich großen Wert aufweisen. Auch die Batterien können, bei gleicher Nennspannung, eine unterschiedliche Kapazität haben. Es dürfen nur Batterietypen gleicher Art verwendet werden.

Beim 24-Volt-Betrieb wird die Serien- oder Reihenschaltung angewendet. Für die Solarmodule und Batterien gilt, daß jeweils ein Minuspol des einen mit dem Pluspol des anderen Gerätes verschaltet wird. Dadurch verdoppelt sich beim Solarmodul die Zellenzahl und seine Spannung. Der Strom hingegen bleibt konstant. Auch bei der Batterie wird nur die Spannung verdoppelt und nicht deren Kapazität.

Bei der Parallelschaltung dürfen nur jeweils zwei Solarmodule mit gleichem Nennstrom und Batterien mit gleicher Kapazität und Bauart verwendet werden. Eine Erweiterung solch einer Anlage durch Parallelschaltung von Solarmodulen oder Batterien ist somit auch nur mit jeweils zwei gleichen Bausteinen möglich. Batterien oder Solarmodule dürfen hierbei auch ohne weiteres größere oder kleinere Leistungen erbringen.

Schaltung mit Sperrdiode

Dieses ist die einfachste Schaltung für eine Solarstrom-Anlage. Sie ist obendrein „idiotensicher". Bei der Schaltung mit einer Sperrdiode werden die Module direkt an die Batterien angeschlossen. Die Sperrdiode verhindert bei Dunkelheit einen Stromrückfluß von der Batterie ins Modul. Bei trübem Wetter und über Nacht kann der Rückfluß bei einem 35-W_p-Solarmodul bis zu 1,5 Ah betragen.

Wegen des geringen Spannungsabfalls von nur 0,3 Volt eignet sich hierfür besonders gut eine Schottky-Diode. Zu empfehlen sind Dioden mit einem Nennstrom von 5 A und einer Spannung von 30 Volt. Solche Dioden eignen sich für alle gängigen Solarmodule. Je nach Stromabgabe der Module können auch mehrere Dioden parallel geschaltet werden.

Vorteile und Voraussetzungen für diese Schaltung:

— Der wesentliche Vorteil besteht darin, daß kein elektronischer Laderegler verwendet wird. Somit ergeben sich Kosteneinsparungen; allerdings auch ein Verlust an Komfort.

– Wesentliche Voraussetzung für diese einfache Schaltung ist, daß die Batteriekapazität im Verhältnis zum Ladestrom des Solarmoduls genügend groß ausgelegt ist. Sie sollte mindestens dem Dreifachen der W_p-Leistung des Solarmoduls entsprechen. Leistet ein Solarmodul 35 W_p, so sollte die Batterie eine Kapazität von mindestens 100 Ah aufweisen. Bei einer noch geringeren Leistung des Moduls im Verhältnis zur Batteriekapazität kann eine derartige Schaltung zur Batterieladungshaltung verwendet werden.

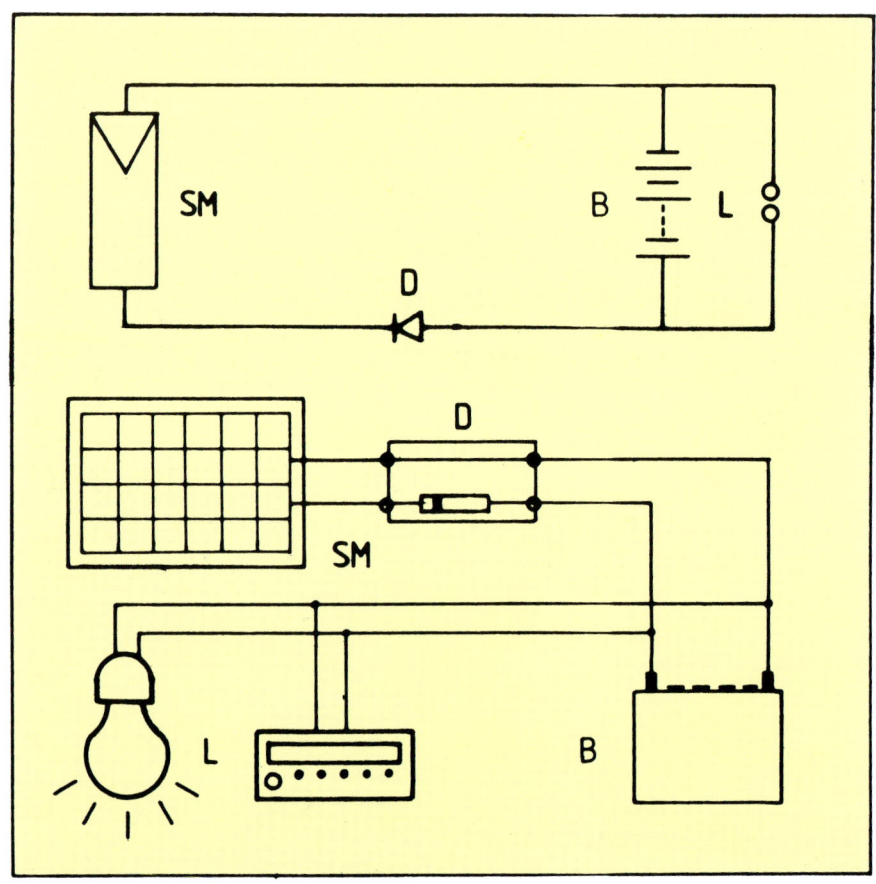

Schaltung mit Sperrdiode zur Verhinderung des Stromrücklaufs von der Batterie zum Solarmodul während der Nacht. Oben: Prinzip. Unten: Praktische Schaltung. SM = Solarmodul, D = Diode, von der Batterie aus gesehen in Sperrichtung geschaltet, L = Last (Beleuchtung, Radio), B = Batterie.

– Die Solarstrom-Anlage wird regelmäßig benutzt, so daß eine Überladung kaum auftreten kann, wenn der Säurestand regelmäßig kontrolliert wird.

Unbedingt ist durch eine Spannungsmessung der Ladezustand der Batterien zu kontrollieren, so daß eine Tiefentladung verhindert wird.

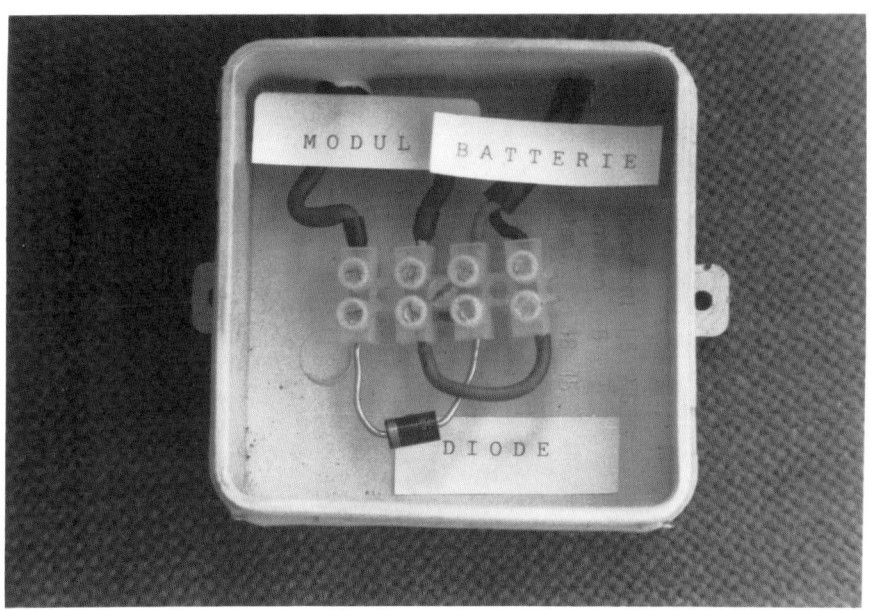

Eine Sperrdiode verhindert den Stromrückfluß von der Batterie in das nicht beleuchtete Solarmodul.

Schaltung mit Laderegler und Sperrdiode

Sie haben mit Ihrer Solarstrom-Anlage klein begonnen, und dies war auch vernünftig so.

Zunächst reichten die Module für die Beleuchtung vollkommen aus. Also wurde ein Radio angeschafft. Auch dafür lieferte die Anlage noch ausreichend Strom. Danach kam noch ein Fernsehgerät hinzu. Da es ein Farbfernsehgerät sein sollte, war auf einmal die Batterie leer oder besser, der Laderegler hat die Verbraucher abgeschaltet. Kein Licht, kein Radio und auch kein noch so wichtiges Fußballspiel im Fernsehen.

Die Anlage ist also zu klein geworden. Beim Studium der Gebrauchsanweisung des Ladereglers stellt sich nun heraus, daß dieser auf der Modulseite für zwei Stück ausgelegt ist, die aber bereits angeschlossen sind. Es stellt sich nun die Frage, läßt sich ein drittes Modul anschließen?

Dies ist nicht zu empfehlen, da der Laderegler beim Überladeschutz für eine bestimmte Strombelastung ausgelegt ist. Der überschüssige Strom wird

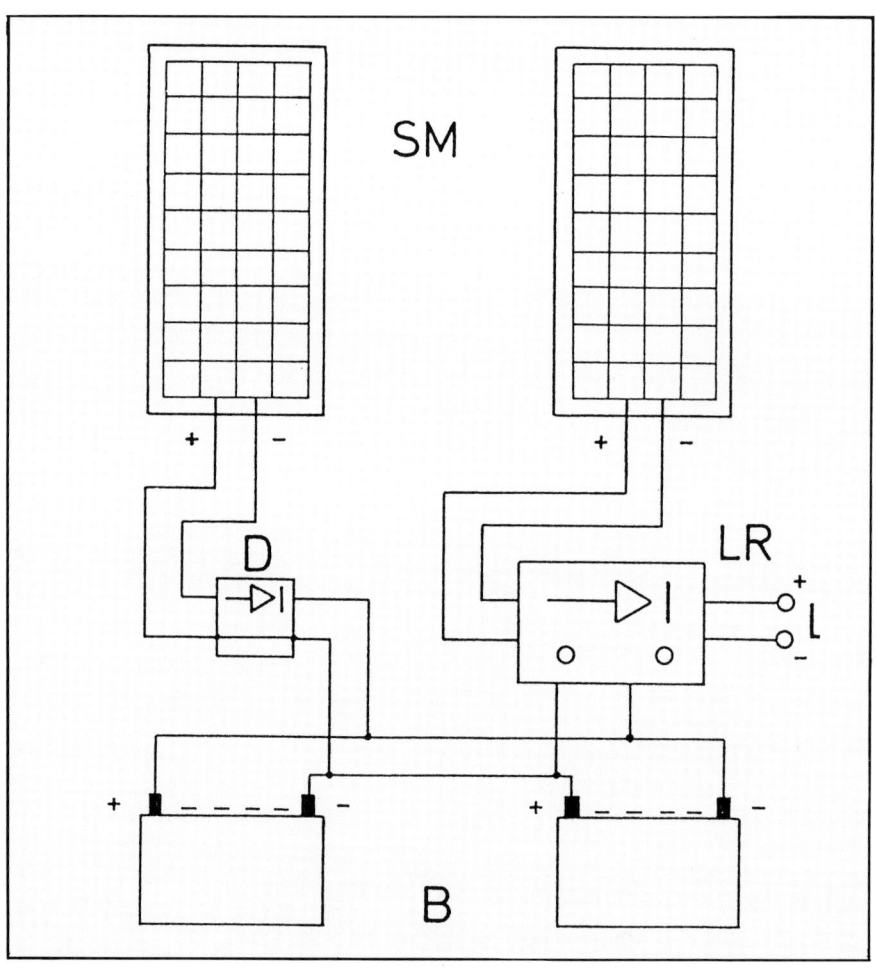

Schaltung mit Laderegler und Sperrdiode zur Erweiterung der Solarstrom-Anlage. SM = Solarmodule, D = Sperrdiode, LR = Laderegler, L = Last, B = Batterien.

nämlich bei vollgeladenen Batterien in Wärme umgewandelt, und das hierfür eingesetzte Bauelement ist nur für eine bestimmte Strombelastung ausgelegt.

Lassen Sie sich aber nun um Gottes Willen keinen neuen Laderegler aufschwatzen; es geht auch anders. Um die Kapazität Ihrer Anlage zu erweitern, wird das zusätzliche Solarmodul über eine Sperrdiode auf die Batterien zugeschaltet. Zu empfehlen ist, die Batteriekapazität gleichzeitig zu vergrößern.

Natürlich ist Ihre Anlage nicht mehr vollständig durch den Laderegler geregelt. Sind die Batterien vollgeladen und ist somit die Überladestufe erreicht, dann schaltet der Regler die beiden geregelten Module ab, während das zusätzliche Modul weiterhin Strom liefert und damit einerseits zur Ladungserhaltung beiträgt, andererseits die Batterien auch überlädt.

Wird die Anlage längere Zeit nicht genutzt, sollte das zusätzliche Modul entweder abgeklemmt oder besser noch durch einen Schalter abgeschaltet werden. Die Anlage ist somit wieder vollständig funktionsfähig.

Zu überprüfen ist bei der Erweiterung der Anlage auch, ob die Verbraucher nicht den maximalen Strom des Ladereglers überschreiten. Sollte dies der Fall sein, so können Verbraucher, die nicht notwendigerweise oder selten benutzt werden, direkt an die Batterie geklemmt werden. So bleibt auf jeden Fall der Tiefentladeschutz über den Laderegler für die Batterien erhalten.

Schaltung mit Generator

In vielen Fällen reicht der durch die Solarmodule erzeugte Strom, vor allem im mobilen Bereich (Wohnwagen, Boote), nicht aus.

Auch im stationären Anwendungsfall können zusätzliche Generatoren die Solarstrom-Anlage ergänzen. Dies kann im Idealfall ein Windrad-, aber auch ein Motorgenerator sein.

Diese zusätzlichen Stromquellen dürfen in der Regel nicht über den Laderegler angeschlossen werden, da in den meisten Fällen der Anschlußstrom erheblich höher ist als der Nennstrom des Ladereglers.

Diese zusätzlichen Generatoren werden daher direkt an die Batterien angeschlossen. In den meisten Fällen haben diese Motorgeneratoren bereits einen Regler für den Überladeschutz eingebaut. Der Tiefentladeschutz kann zumeist jedoch über den Laderegler der Solarmodule bestehen bleiben. Je nach Anwendungsfall ergeben sich für den zusätzlichen Generator spezielle Schaltungen.

Notstromgenerator

Ein Notstromgenerator liefert neben dem Wechselstrom in vielen Fällen auch Gleichstrom und kann somit bei nicht genügender Stromleistung der Solarmodule zur Aufladung der Batterien benutzt werden. Weist der Generator keinen Gleichstromanschluß auf, so kann der erzeugte Wechselstrom über einen Gleichrichter, wie er zum Aufladen von Autobatterien verwendet wird, gleichgerichtet werden.

In den meisten Fällen ist der vom Notstromgenerator erzeugte Gleichstrom nicht geregelt, so daß kein Überladeschutz gegeben ist. Dies ist schließlich auch nicht nötig, da der Einsatz auch nur dann erfolgen sollte, wenn der Laderegler, bedingt durch eine Unterspannung der Batterien, die Verbraucher abgeschaltet hat.

Motorgenerator

Im mobilen Bereich (Boote, Wohnwagen) reicht der von den Solarmodulen erzeugte Strom kaum vollständig für die Bordversorgung aus. Der Motorgenerator muß daher während der Fahrt den zusätzlichen Strom erzeugen.

Wichtig ist für diese Anwendungsfälle, daß die Starter- von der Bordbatterie getrennt wird, wenn der Motorgenerator außer Betrieb ist. Dies kann automatisch über ein spezielles Relais erfolgen oder durch Umschaltung von Bordbetrieb auf Motorladebetrieb.

Während längerer Stillstandzeiten des Bootes oder des Wohnmobils sollte die Starterbatterie über die Solarmodule zusammen mit der Bordbatterie auf Ladungserhaltung geschaltet werden. Der Laderegler verhindert durch den Überladeschutz, daß die Batterien während einer längeren Abwesenheit trockenlaufen.

Ein Ausbau beider Batterien während der winterlichen Stillstandzeiten ist allerdings nicht erforderlich. Und wird das Boot wieder klar Schiff gemacht, dann startet auch der Motor, denn die Batterie ist ja vollgeladen.

Ein weiterer Vorteil besteht darin, daß die Batterien eine höhere Lebensdauer aufweisen, wenn sie auf Ladungserhaltung betrieben werden.

Windgenerator

Ein Windgenerator ist die ideale Ergänzung zu einer Solarstrom-Anlage bzw. umgekehrt. Windgeneratoren sollten stets mit einem Regler für den Überladeschutz ausgerüstet sein, da hierbei auch, je nach Windverhältnissen, der Strom unterschiedlich anfällt.

Auch hierfür gilt: Wird die Anlage längere Zeit nicht benutzt, so wird der Windgenerator stillgesetzt, und die Solarmodule übernehmen die Ladungserhaltung der Batterien. Der Windgenerator wird geschont, und die verschleißfreien Solarmodule erhöhen die Lebensdauer der Batterien.

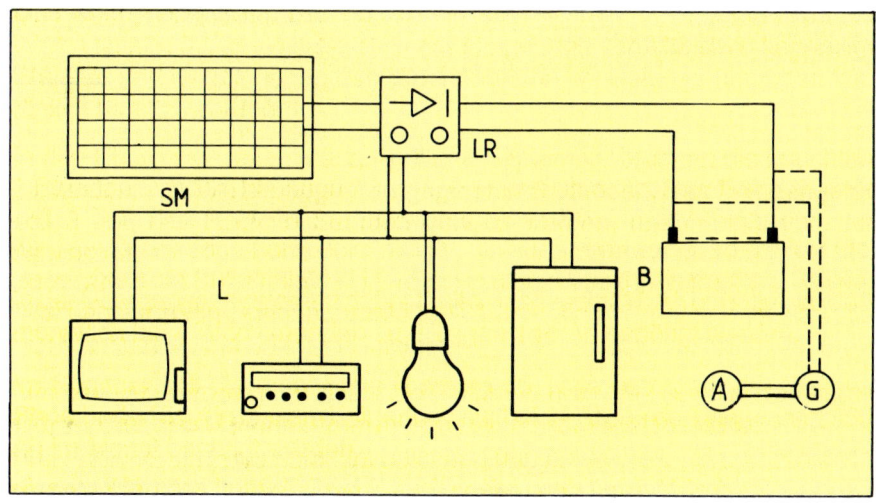

Schaltung mit Generator. Mit Motor- oder Windgenerator darf der Ladestrom im Normalfall nicht über den Solarladeregler laufen. Der Tiefentladeschutz des Reglers ist davon jedoch nicht betroffen. SM = Solarmodul, LR = Laderegler, L = Last (Fernsehgerät, Rundfunkgerät, Beleuchtung, Kühlschrank), B = Batterie, A und G = Notstromaggregat (A = Antriebsmotor, G = Generator).

Ein Notstromaggregat wird zur Ladung der Batterien dann eingesetzt, wenn der Solarstrom nicht ausreicht.

Schaltung für Fernbedienung

Soll ein Wechselrichter oder eine Pumpe von einer ortsfernen Stelle einge-schaltet werden, so ist in vielen Fällen eine Fernbedienung zweckmäßig.

Da beide Geräte je nach der Anschlußleistung hohe Stromaufnahmen auf-weisen, ist bekanntlich ihre Installation nahe bei den Batterien zwingend notwendig. Ein Kabel vom Einschalter zum Gerät müßte daher je nach Entfernung einen großen Querschnitt haben.

Deshalb müssen kleine Ströme geschaltet werden, was mit einem Schaltre-lais einfach durchzuführen ist. Solche Relais sind elektrische Schalter, die durch einen kleinen Elektromagneten betätigt werden. Geeignet zum Schal-ten hoher Ströme sind Hochlast-Relais, wie sie im Auto für die Zuschaltung von z.B. Nebelscheinwerfern eingesetzt werden. Der Schaltstrom solcher Relais beträgt 20 bis 30 A, wobei der Eigenverbrauch nur bei 1 bis 2 W liegt.

Betrachten wir die Schaltung zur Fernbedienung eines Wechselrichters, der bei 24 Volt eine Leistung von 600 VA erbringen soll. Als Schaltrelais steht uns ein Autorelais für 12 Volt, 30-Ampere, zur Verfügung. Die Schaltleistung des Relais beträgt daher 24 V x 30 A = 720 VA und reicht somit für den Wechselrichter aus, wenn dieser nicht überlastet wird.

Da der Elektromagnet des Relais jedoch für einen 12-Volt-Betrieb ausgelegt ist, läßt er sich nicht an die 24-Volt-Spannung direkt anschließen. Zur Lösung dieses Problems hier einige Vorschläge:

* Spannungsreduzierung von 24 auf 12 Volt durch Spannungswandler. Nachteil: hohe Kosten und Eigenstromverbrauch.

* Serienschaltung eines Widerstandes. Bei einer Stromaufnahme des Relais von 150 mA und einem notwendigen Spannungsabfall von 12 Volt, wird ein Widerstand von 80 Ohm und 2 Watt benötigt. Nachteil: zusätzlicher Leistungsverbrauch, aber preiswert.

* Serienschaltung von zwei Relais gleicher Leistung. Vorteil: Verdoppelung des Schaltstromes von 30 auf 60 A (1440 VA). Die Schalter der Relais sind parallel geschaltet.

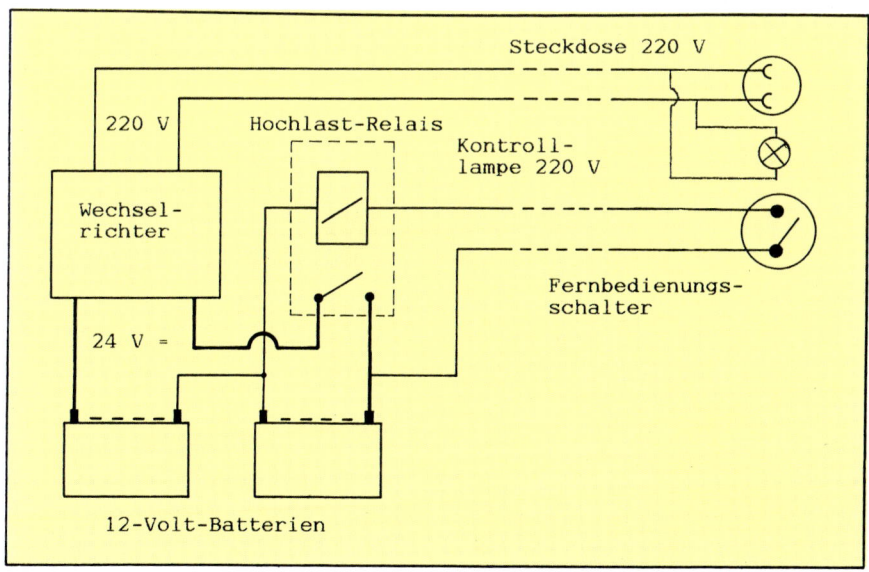

Schaltung für die Fernbedienung eines Wechselrichters mit einem Hochlast-Relais.

- Betrieb des Relais mit 12 Volt aus der 24-Volt-Anlage. Da die Kapazität der Einzelbatterie (hier angenommen 100 Ah) im Verhältnis zur Stromaufnahme des Relais groß ist, ist ein Kapazitätsausgleich, vor allem nach einer Volladung, stets gegeben.

Der Aufbau solch einer Fernbedienung ist sehr einfach und soll an dem gegebenen Beispiel beschrieben werden.

Der Pluspol der beiden in Serie geschalteten Batterien, die je bei 12 Volt eine Kapazität von 100 Ah haben sollen, wird direkt an den Wechselrichter geschaltet, während der Minuspol über den Schalter des Relais angeschlossen wird. Geschaltet wird somit eine Spannung von 24 Volt.

Der Elektromagnet des Relais wird nunmehr an eine 12-Volt-Batterie über das Fernbedienungskabel angeschlossen. Zum Einsatzort, also dort, wo sich die 220-Volt-Steckdose befindet, wird die Fernbedienungsleitung hingeführt und mit einem Schalter versehen. EIne Kontrollampe erinnert daran, den Wechselrichter wieder auszuschalten.

Für solch eine Fernbedienung wird in den meisten Fällen ein Kabelquerschnitt von nur 0,75 mm² ausreichen.

Solch eine Schaltung lohnt sich dann, wenn der Wechselrichter nicht regelmäßig, sondern gelegentlich, z.B. in der Küche, eingesetzt werden soll. Sie macht damit dessen Einschaltautomatik überflüssig, die im Dauerbetrieb täglich etwa 20 Wh verbraucht.

Spezielle Schaltung für Boote

Auf Booten besteht die Notwendigkeit, daß z.B. der Navigator, die Radaranlage oder die Positionsleuchten während der Fahrt nicht ausfallen dürfen, während andere Geräte, wie der Kühlschrank, das Radio oder die Beleuchtung zur Not abgeschaltet werden können. Dies ist durch einen geeigneten Laderegler möglich.

Hierbei muß der Laderegler jedoch für den Tiefentladeschutz auf eine Batteriespannung eingestellt sein, die eine genügende Restkapazität der Batterien zuläßt. Dies ist für eine 12-Volt-Anlage eine Spannung von mindestens 11,8 Volt (entsprechend 23,6 Volt für eine 24-Volt-Anlage). Außerdem sollte ein Warngerät, z.B. eine blinkende Lampe oder eine Klingel, auf den Betriebszustand der Batterien hinweisen.

Während alle unbedingt mit Strom zu versorgenden Geräte direkt an die Batterien angeschlossen sind, werden die anderen Stromverbraucher durch den Laderegler von der Batterie abgeschaltet. Der Motorgenerator sorgt dann für die notwendige Aufladung der Batterien.

Motorgenerator oder Wellengenerator sind auch in diesem Fall direkt auf die Batterien geschaltet.

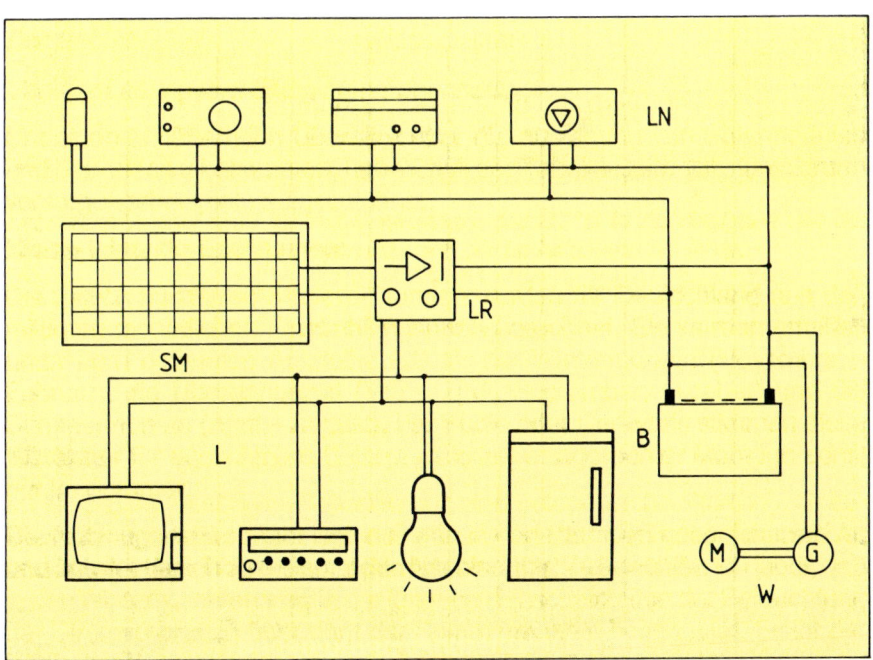

Spezielle Schaltung für Boote. Der Laderegler schaltet alle Verbraucher mit einer hohen Stromaufnahme von der Batterie ab, während die nautischen Geräte noch mit Strom versorgt werden können. M = Motor, W = Wellen, G = Generator

Wir gehen einkaufen

Die Anschaffung Ihrer Solarstrom-Anlage sollte sorgfältig geplant werden, es handelt sich schließlich um eine Investition für das Leben, jedenfall was die heutigen Solarmodule betrifft. Leider können Sie noch nicht in jedes Geschäft gehen, um sich aus einem vielfältigen Angebot die passende Anlage auszusuchen. Im Anhang finden Sie jedoch eine Liste einiger bekannter Lieferanten. Aus den Angeboten dieser Firmen werden Sie dann unter Zuhilfenahme der folgenden Empfehlungen, Ihre Entscheidung leichter treffen können. Eine Empfehlung einzelner Produkte kann ich in diesem Buch nicht geben, da diese bereits nach Drucklegung geändert sein könnten. Letztlich ist eine Preisempfehlung vor allem von Solarmodulen kaum möglich, da diese, wie die letzten Jahre gezeigt haben, nach oben und nach unten sehr variabel sind.

Auf die Besonderheiten, wie sie sich für die einzelnen Anwendungsmöglichkeiten des Solarstroms ergeben, soll hier auch nicht eingegangen werden. Ich darf Sie auf die Kapitel 5 und 6 verweisen.

Solarmodule

Das Herzstück Ihrer Solarstrom-Anlage sind schließlich die Solarmodule, die die Sonne lieben, aber trotzdem Wind und Wetter ausgesetzt sind. Aus den Prospekten oder dem Informationsmaterial sollten daher die Prüfbedingungen wie Temperatur- und Feuchtigkeitsbeständigkeit sowie die Hagelschlagfestigkeit zu ersehen sein.

Die Garantie für die Verarbeitung und Leistung beträgt für mono- oder polykristalline Solarmodule im allgemeinen 10 Jahre. Amorphe Module sind wegen der geringen Leistungsdichte, des hohen Degradationsgrades und damit verbundener kurzer Garantiezeit z.Z. nicht zu empfehlen.

Oftmals werden Sets angeboten, wobei es sich um eine fertige Zusammenstellung der wichtigsten Komponenten einer Solarstrom-Anlage handelt. Für Boote z.B. wird dann das Solarmodul mit einer Bootshalterung (meist aus Teakholz), dem Laderegler, Kabel und Steckern angeboten. Dies mag sehr praktisch sein, nur Sie zahlen dafür meist einen z.T. erheblich höheren Preis, als wenn Sie die Komponenten einzeln einkaufen würden.

Wichtig ist für die Ladung von 12-Volt-Batterien die Zellenzahl und somit die Leerlaufspannung des Solarmoduls. Je nachdem, ob das Modul aus mono- oder polykristallinen Solarzellen besteht, sollte die Zellenzahl zwischen 36 und 40 Stück liegen. Daraus ergibt sich eine Leerlaufspannung, die zwischen 20 und 22 Volt liegt. Von sogenannten selbstregulierden Solarmodulen sollten Sie jedoch Abstand nehmen, denn die Regelung des Stromes kann nur ein Laderegler durchführen. Bypass-Dioden, die den „hot spot Effekt" (Überhitzung einer Solarzelle bei Abdeckung) verhindern sollen, sind für Ihr Solarmodul in der Regel nicht notwendig.

Werfen Sie schließlich noch einen Blick auf die mechanischen Daten, die der Prospekt natürlich auch enthalten sollte. Vor allem sollte Sie die Rahmen-konstruktion interessieren, Sie können nämlich an Montagekosten einiges einsparen. Der Rahmen sollte aus einem verwindungssteifen Aluminium- oder Edelstahl-Profil bestehen, der entweder Montageösen oder auf der Rückseite Montagebohrungen enthält. Wie die Fotos gezeigt haben, ist dann das Gestell auch für einen Laien selbst leicht zu bauen. Enthält das Modul auf der Rückseite einen Kabelanschlußkasten, ist dieser einem Kabel vorzuziehen, da dieses selten lang genug ist, um bis zum Laderegler zu reichen.

Aber nun zu den Preisen, denn leider sind hochwertige Solarmodule immer noch nicht so ganz billig. Wichtig ist daher der Preisvergleich, nachdem Sie alle oben aufgeführten Punkte abgecheckt haben und Ihnen einige Angebote gleichwertig vorkommen.

Zum Preisvergleich dividieren Sie den Angebotspreis durch die garantierte Spitzenleistung, Sie erhalten so einen Wert in DM/Wp. Kostet ein Solarmodul DM 800,– und hat es eine Spitzenleistung von 40 Wp, so ergibt sich ein Preis für 1 Watt Leistung (Wattpreis) von DM 20,–. Zu beachten sind noch die Verpackungs-, Versicherungs- und Transportkosten. Diese können im Extremfall bis zu 5 % des Verkaufspreises ausmachen. In dem geschilderten Beispiel wären dies DM 40,–, wodurch sich der Wattpreis auf DM 21,– erhöht.

Und wo kaufe ich ein?

Im Anhang finden Sie eine Anzahl von Vertriebsfirmen für Solarmodule und Zubehör. Auch einige Messen oder Verkaufsausstellungen sind darin aufge-führt.

Laderegler

Auch über den Laderegler ist bereits ausführlich berichtet worden, daher hier nur noch eine kurze Zusammenfassung über die wesentlichen Merkmale, die Sie beim Kauf beachten sollten.

Der Laderegler ist ein Gerät, das Ihre Batterie kontrolliert und sie vor einer Überladung und, was noch wichtiger ist, auch vor einer Tiefentladung schützt. Für die Solarstrom-Anlage eignen sich vor allem Shunt-Regler, da sie nur einen geringen Eigenstromverbrauch (3 bis 5 mA bei 12 Volt) aufweisen. Die Spannung des Tiefentladeschutzes sollte einstellbar sein und einen Wert von 10,8 Volt nicht unterschreiten. Die Spannung des Überladeschutzes sollte auf maximal 14,1 Volt eingestellt sein, so daß das Gasen der Batterie vermieden wird. Eine Kompensation der Batteriespannung mit einem Temperaturfühler ist nur bei extrem hohen Umgebungstemperaturen (Tropen) notwendig. Selbstverständlich ist der Laderegler mit Entladeschutz-Dioden (Schottky) und am Batterieeingang mit einem Verpolungsschutz ausgerüstet.

Wünschenswert ist dann noch eine Absicherung des Ladereglers auf der Verbraucherseite gegen Überlastung oder Kurzschluß mittels eines Sicherungsautomaten. Leuchtdioden oder eine Warnvorrichtung sollten den Betriebszustand der Batterien anzeigen.

Die Größe des Ladereglers wird stets von dem Nennstrom der Solarmodule bestimmt. Beabsichtigen Sie Ihre Anlage zu erweitern, so kaufen Sie den Laderegler lieber eine Nummer größer, Sie ersparen sich dann Kosten, wenn Sie keinen zweiten Laderegler parallel schalten müssen.

Bei der Anwendung von Ladereglern auf Booten ist zu beachten, daß diese gegen eine Einwirkung des Seeklimas geschützt werden. Es gibt daher für diesen Einsatz Sonderausführungen.

Und wo kaufe ich diesen?

Laderegler sollten nur von Fachfirmen bezogen werden, die im Vertrieb Solarmodule führen. Siehe Anhang.

Batterien

Über das Problem Batterien habe ich bereits vieles geschrieben, aber nun wird es ernst, denn wie und wo kaufen Sie richtig ein?

Auch wenn Sie sich eine große Zahl von Prospekten haben zuschicken lassen, werden leider die wenigsten über die wichtigsten technischen Daten eingehend Auskunft geben. Trotzdem sei hier noch einmal kurz zusammengefaßt, auf welche wichtigen Daten Sie unbedingt achten sollten.

Die Selbstentladung sollte bei 20 °C maximal 2 % pro Monat betragen. Der Ah-Wirkungsgrad sollte größer als 90 % sein. Die minimale Laderate sollte für eine 100-Ah-Batterie weniger als 0,1 A betragen (Laderate I10 minimal 0,1). Die Zyklenzahl und somit die Lebensdauer der Batterie sollte bei 20 % Entladung 1000 und bei 50 % noch 400 Zyklen betragen.

Welche Batterie ist für meine Anlage geeignet? Nun, lassen Sie mich noch einmal feststellen, welche Batterien keinesfalls oder nur in Notfällen eingesetzt werden sollten. Nicht benutzt werden sollten Starterbatterien, d.h. solche für das Auto, vor allem keine, die vom Schrottplatz kommen, auch wenn sie noch so preisgünstig erscheinen. Bedingt empfehlenswert sind wartungsfreie Batterien, wie sie vielerorts auch für Solarstrom-Anlagen angeboten werden. Ohne richtig eingestellte Ladeendspannung, möglichst auch mit einer Temperaturkompensation, werden diese Batterien wenig Freude machen.

Zu empfehlen sind Batterien, die speziell für Solarstrom-Anlagen angeboten werden. Es handelt sich dabei meist um Batterien für den Freizeitbereich, die im Bordbetrieb für Wohnwagen oder Boote eingesetzt werden.

Sehr viel teurer sind Industriebatterien des Typs OPzS, wie sie in Alarm-, Notbeleuchtungs- oder Notstromanlagen Verwendung finden.

In Notversorgungsanlagen werden solche Batterien kaum jemals benutzt, müssen jedoch alle 8 bis 10 Jahre gegen neuere ausgetauscht werden. Im Normalfall sind sie dann noch einige Jahre für eine Solarstrom-Anlage zu benutzen, so daß solche Batterien auch ohne weiteres gebraucht werden können.

Wo einkaufen?

Ihre Tankstelle, den Laden für Autozubehör, den Supermarkt oder das Kaufhaus können Sie für den Einkauf Ihrer Batterien vergessen, da in diesen Geschäften fast ausschließlich Starterbatterien angeboten werden.

Ihre Batterien sollten Sie daher möglichst in den Niederlassungen der Akkumulatoren-Firmen kaufen. Für den Fall, daß Ihnen diese Anschriften nicht bekannt sind, habe ich im Anhang die Hauptanschriften dieser Firmen zusammengestellt, die Ihnen dann gerne eine Einkaufsmöglichkeit nennen.

Außerdem liefern die meisten Firmen, die auch Solarmodule anbieten, Solarbatterien. Bordbatterien, die im allgemeinen den Anforderungen einer Solarstrom-Anlage entsprechen, werden auch i n Ausrüstungsläden für den Camping- und Bootsbedarf angeboten.

Verbraucher

Im Kapitel „Last mit der Last" wurde bereits auf die wichtigsten Verbraucher eingegangen, so daß hier nur noch einige Tips für den Einkauf gegeben werden sollen.

Wo finde ich was?

Lampen und Leuchten: In Camping- und Bootsausrüstungs-Läden sowie Versandhäusern, Halogenleuchten auch in Kaufhäusern und im Fachhandel.

Radios und Fernsehgeräte: Im Fachhandel und in Autozubehörgeschäften.

Kühlschränke: Siehe Anhang, gleiche Geräte auch im Handel für Solarmodule sowie Camping- und Bootszubehör.

Pumpen: Im Handel für Camping- und Bootszubehör sowie im Versandhandel.

Wechselrichter: Im Handel für Solarstrom-Anlagen, im Camping- und Bootsversandhandel und bei elektronischen Spezialausrüstungsfirmen.

Wir blättern Kataloge durch:
Sinnvolle und untaugliche Verbraucher

Leicht können Sie Last mit der Last bekommen, dann nämlich, wenn Sie Geräte anwenden, deren Leistungsaufnahme sehr hoch oder deren Wirkung gering ist. Die Versandhauskataloge, vor allem für den Boots-, Camping- und Freizeitbedarf, sind oft sehr schön farbig bebildert, bieten jedoch auch neben vielen nützlichen ungeeignete oder sogar unbrauchbare und zu teure Geräte an.

Blättern wir nun einmal solch einen Katalog durch, so finden wir zusätzlich zu den bereits beschriebenen Geräten einige nützliche, aber ebenso manche ungeeignete. Dies soll im folgenden beschrieben werden.

Sinnvolle Geräte

Lüfter

Wem es zu warm wird, der liebt eine frische Brise. Ein Ventilator kann sehr nützlich sein. Solche Geräte fächern Ihnen auch bereits ein kühles Lüftchen ins Gesicht, ohne Ihre Batterien zu sehr zu beanspruchen. Die Leistungsaufnahme beträgt nur wenige Watt. So kann ein 12-Volt-Lüfter bei einer Stromaufnahme von nur 0,2 A etwa einen Kubikmeter Luft pro Minute bewegen. Wird der Wärmetauscher auf der Rückseite des Kühlschranks nur schlecht belüftet, kann ein thermostatisch geregelter Lüfter den Stromverbrauch erheblich senken. Dies betrifft natürlich nur solche Kompressoren, die keine Zwangsbelüftung aufweisen. Aber auch bei einem Absorber, der besonders viel Wärme erzeugt, kann solch ein kleiner Lüfter zu einem geringeren Energieverbrauch beitragen.

Auf Booten oder Caravans kann auch ein Solarventilator zu einer stetigen Belüftung des Innenraumes verhelfen. Dieses Gerät wird auf dem Deck oder dem Dach des Fahrzeugs eingebaut. Der Lüfter wird über die eingebauten Solarzellen betrieben und arbeitet automatisch, sobald diese durch die Sonnenstrahlen genügend Strom an den Motor abgeben.

Genauso sinnvoll ist eine Innenraumbelüftung eines Fahrzeugs mit einem Solargenerator-Schiebedach. Das Solarmodul mit einer Spitzenleistung von 40 Wp treibt direkt einen Lüfter an und kann die Innenraumtemperatur um bis zu 20 °C senken.

Das Solargenerator-Schiebedach dieses Fahrzeugs könnte niemals die Energie liefern, um das Fahrzeug zu bewegen. Der vom Solarmodul erzeugte Strom reicht jedoch für eine gute Innenraumbelüftung an sonnigen Tagen aus. Foto: AEG

Was gibt es noch?

Wem das Lüftchen des Ventilators nicht genügt, der kann mit einem Gleichstromkompressor auch sein Schlauchboot aufpumpen. Auch gibt es Bohrmachinen für den 12 Volt Gleichstrombetrieb, allerdings sollten Sie diese nicht mit den üblichen Hobbymaschinen vergleichen, denn die Bohrleistung ist doch gering. Solche Geräte haben Anschlußleistungen von 100 bis 150 Watt. Es empfiehlt sich daher, sie an eine kleinere transportable Batterie mit einer Leistung von 50 bis 80 Ah direkt anzuschließen. Diese Batterie kann dann nach Gebrauch zum Aufladen wieder an die Solarstrom-Anlage angeschlossen werden

Wer gerne bastelt, kann sich auch einen Lötkolben zulegen, denn dieser hat auch nur eine geringe Stromaufnahme.

Beim Durchblättern der Kataloge kann man aber auch sinnvolle direkt neben untauglichen Geräten finden: z.B. Waschmaschinen. Da gibt es ein Gerät nach dem Prinzip des Trommelwaschers, einem Fassungsvermögen von 2 kg Trockenwäsche und mit Rechts-Links-Lauf der Trommel. Also eine Maschine, wie sie nahezu in jedem Haushalt steht, nur daß für den Waschgang Warmwasser zugegeben werden muß.

Andererseits wird dann eine Waschmachine angeboten, die die Laugenbewegung mit einem Flügelrad bewerkstelligt, ein Waschprinzip, das wegen seiner uneffektiven Wirkung bereits schon lange aufgegeben worden ist. Beide Geräte haben jedoch eines gemeinsam: sie werden mit 12-Volt-Gleichstrom betrieben.

Unfug: Beispiel Kaffeemaschine

Als Unfug möchte ich alle solche Geräte bezeichnen, die mit Niedervolt-Gleichstrom Wärme erzeugen, sei dies nun ein Haartrockner mit einer Leistungsaufnahme von 150 Watt oder eine Kaffeemaschine. Ganz abgesehen davon, daß beim Haartrockner durch das Zuführungskabel bereits 12 A fließen müssen und dieses einen großen Querschnitt aufweisen muß, damit der Strom nicht das Kabel, sondern die Heizspirale aufheizt. Und selbst wenn der Querschnitt groß genug ist, dann dürfte aus dem Trockner auch nur ein laues Lüftchen steigen. Vergleichen Sie einmal den Anschlußwert Ihres 220-Volt-Haartrockners mit diesem Gerät. Er hat bestimmt einen Anschlußwert von mindestens 750 Watt. Dem Strom, ob Gleich- oder Wechselstrom, ist es egal, wie die Wärme erzeugt wird., es zählt nur die Wattleistung. Zum Haaretrocknen genügt mir das Handtuch und die Sonnenwärme.

Genau so ein Unding ist eine 12-Volt-Kaffeemaschine. Es handelt sich hierbei um ein Gerät, das 4 Tassen Kaffee zubereiten kann. Die 4 Tassen entsprechen einer Wassermenge von einem halben Liter. Will ich das Wasser zum Kochen bringen, benötige ich hierfür mindestens 60 Wattstunden. Würde die Anschlußleistung der Maschine 60 Watt betragen, so brauchte sie eine Stunde für die Zubereitung der 4 Tassen. Aber wer will schon so lange warten? Das Frühstücksei ist auf dem Gasherd bereits lange fertig. Zehn Minuten wollen wir jedoch akzeptieren. Das bedeutet aber nichts anderes, als daß die Anschlußleistung das 6fache betragen muß, also statt 60 Watt 360 Watt.

Die Stromaufnahme des Gerätes würde somit von 5 A (60 W: 12 V = 5 A) auf 30 A steigen. Damit das Kabel sich nicht zu sehr erwärmt, müßte es bei einer Länge von 2 Metern einen Querschnitt von 6 mm^2 aufweisen. Solche Werte entsprechen nicht mehr der Praxis einer Solarstrom-Anlage. Wer dennoch auf seine Kaffeemaschine nicht verzichten will, der sollte sich einen entsprechenden Wechselrichter und ein 220-Volt-Gerät mit möglichst niedriger Anschlußleistung und möglichst hohem Wirkungsgrad zulegen. An den Wechselrichter kann man dann auch manches andere nützliche Gerät, etwa eine leistungsfähige Bohrmaschine, anschließen.

Checkliste
Sei keck und check!

Für die wichtigsten Komponenten der Solarstrom-Anlage, das Solarmodul, die Solarbatterie und der Laderegler, empfiehlt es sich, eine Checkliste anzulegen, um die unterschiedlichen Angebote vergleichen zu können.

Für Sie habe ich daher die wichtigsten Daten dieser drei Komponenten in Checklisten zusammengestellt. Die angegebenen Werte wurden alle aus Prospekten übernommen. Leider enthalten diese häufig nicht alle von mir aufgestellten wichtigen Informationen, um z.B. Solarmodule vergleichen zu können. Seriöse Firmen werden Ihnen jedoch sicherlich bereitwillig die Daten mitteilen.

Eine Aufstellung und einen Vergleich von Solarmodulen, Solarbatterien und Ladereglern habe ich bewußt nicht durchgeführt, da ständig neue oder veränderte Produkte auf dem Markt erscheinen und meine Liste dann bereits zur Drucklegung nicht mehr aktuell wäre.

Für die Verbraucher lohnt es sich nur in Einzelfällen, eine Checkliste aufzustellen. Meist wird man für das gleiche Produkt unterschiedliche Preise feststellen können. Dann wird schließlich die Geldbörse entscheiden müssen, wo Sie einkaufen.

Wichtig ist, daß Ihnen schriftlich die Garantiezeit für das Produkt mitgeteilt wird. Bei der Garantieerklärung sollte auch vermerkt sein, worauf sie sich bezieht. Bei Solarmodulen wird meist eine Leistungsgarantie gegeben, die 10 Jahre nicht unterschreiten sollte.

Sei also keck und check, wenn die Solarstrom-Anlage geplant wird. Die Planung sollte rechtzeitig erfolgen. Sonderangebote sollten Sie gründlich auf Ihren Anwendungsfall überprüfen. Manchmal sind Auslaufmodelle von Solarmodulen besonders günstig zu erwerben. Sie werden meistens auf Messen angeboten. Dort wird auch sehr häufig ein Messe-Rabatt gewährt, wenn nicht, dann handeln Sie einen aus. Und noch ein Einkaufstip: kaufen Sie im Herbst oder Winter, dann sind die Preise besonders niedrig.

Checkliste Solarmodule

		Ihr Solarmodul
Bezeichnung Firma	MSX 53	
Zellenzahl und und Art	36 polykristallin	
Spitzenleistung bei 1000 W/m², 25 °C, AM 1,5 entsprechend Spannung entsprechend Strom	53,0 W_p 17,5 V 3,0 A	
Strom bei Ladespannung Akku 13,5 V plus Spannungsabfall Diode plus Leitung 1,0 V = 14,5 V bei 25 °C bei 75 °C	 3,3 A 2,9 A	
Temperaturkoeffizient Strom Spannung Leistung	 + 3,6 mA/°C − 73,0 mV/°C − 0,38 %	
Rahmen Abmessungen: B x H x T Fläche	Alu-Profil eloxiert 467 x 1109 x 54 0,52 m²	
Bezogene Leistung	102 W_p/m²	
Elektrischer Anschluß	Kabelbox	
Montagemöglichkeit	8 Montagelöcher	
Garantie	10 Jahre	
Preis bezogen auf W_p	ca. 20 DM/W_p	

Bemerkung: solides Solarmodul, bevorzugt
stationär auch bei hohen Temperaturen
einsetzbar. Elektrische Werte aus I − U-Kurve.

Checkliste Solarbatterie

Bezeichnung Firma	TV Marina Solar	Ihre Solarbatterie
System	offen	
Nennspannung	12 V	
Nennkapazität bei 25 °C	115 Ah C 100	
Ladeendspannung: kurzfristig Dauer	14,5 V 13,5 V	
Tiefentladespannung	11,0 V	
Selbstentladungsrate pro Monat	1,5 %	
Ah-Wirkungsgrad	gr. 90 %	
Minimale Laderate	1 mA/Ah entsprechend 115 mA	
Zyklenzahl bei Entladung bis zu 20 % bis zu 70 %	1.000 300	
Zulässige Temperatur	– 25 bis 50 °C	
Gewicht gefüllt	28 kg	
Garantie	keine Angaben	
Preis bezogen auf Kapazität	ca. 3 DM/Ah	

Checkliste Laderegler

	LR 10	Ihr Laderegler
Bezeichnung Firma	LR 10	
Moduleingang: Nennspannung Nennstrom Sicherung Rückstromdiode	12/24 V 10 A nein ja	
Lastausgang: Nennstrom Sicherung	20 A nein	
Batterieeingang: Verpolungsschutz Temperaturkompensation Sensorleitung	ja extra nein	
Ladeschlußspannung Ladungserhaltung einstellbar	14,1 V ja ja	
Tiefentladeschutz: Lastabwurfspannung Lastzuschaltung einstellbar Kontrolleuchte	10,5 V 11,5 V ja ja	
Eigenstromverbrauch Wirkungsgrad	5 mA 97 %	
Ladungszustandskontrolle über Leuchtdiode	nein	
Blitzschutz	nein	
Kabelanschluß	innen	
Seeklima tauglich	nach Abdichtung	
Garantie	1 Jahr	
Preis	ca. DM 350,–	

4. Kapitel

Aufstellung, Inbetriebnahme und Wartung der Solarstrom-Komponenten

Während die Inbetriebnahme und Wartung der Solarmodule, des Ladereglers und der Batterien mehr oder weniger unabhängig von der Art der Solarstrom-Anlage ist, gibt es dagegen bei der Aufstellung der Solarmodule, je nach Anwendungsbereich, wesentliche Unterschiede.

Schließlich kann nur für eine stationäre Anlage, also für eine Hausversorgung der Standort und im allgemeinen auch die Ausrichtung des Solarmosuls optimal erfolgen.

Auf Caravans oder vor allem auch auf Booten, also den mobilen Anlagen, ist schließlich der Standort häufig wechselnd, so daß die Solarmodule sich eigentlich stets dem neuen Standplatz anpassen müßten.

Aus diesem Grund will ich in einem gesonderten Kapitel auf die Anforderungen sowie die Aufstellmöglichkeiten, vor allem der Solarmodule, eingehen.

Solarmodule

Aufstellung stationär

Die Stromversorgung des Hauses, egal ob es sich hierbei um ein kleines Gartenhaus oder ein größeres Ferienhaus handelt, ist die eigentliche Domäne der Solarmodule. Nur in einer stationären Anlage ist schließlich der Standort und der Aufstellwinkel der Solarmodule meist optimal wählbar.

Wie dies am besten durchzuführen ist, soll im folgenden beschrieben werden:

Standort

Falls der Standort nicht fest vorgegeben ist, bedarf es für die Aufstellung des Solarmoduls sorgfältiger Überlegungen.

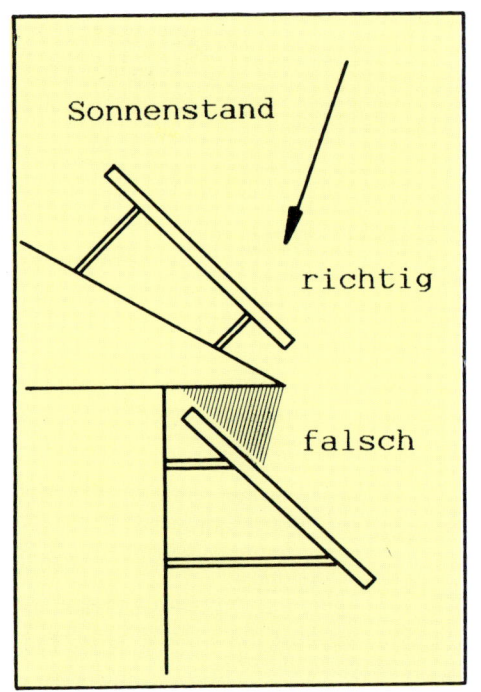

Aufstellung eines Solarmoduls unter Beachtung der Abschattung des Dachvorsprungs

Abschattungen *dieser Art müssen durch sorgfältige Auswahl eines geeigneten Aufstellortes des Solarmoduls, ob stationär oder mobil, vermieden werden.*

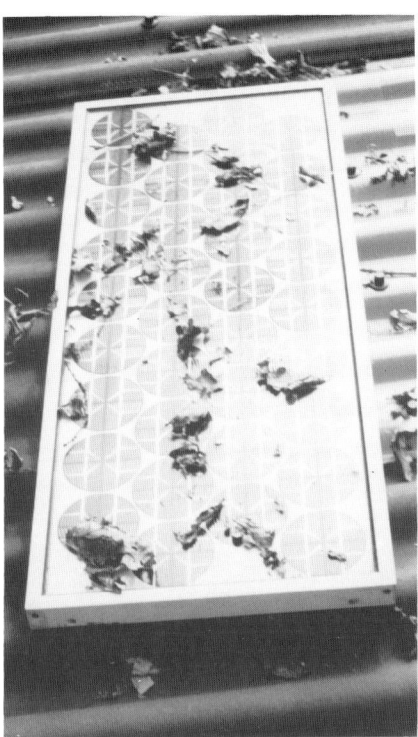

Überhängende Äste beim Caravan oder Laub auf dem Solarmodul vermindern seine Leistung beträchtlich.

Je nach Aufstellungsort können trotz gleicher solarer Einstrahlung unterschiedliche Leistungen erbracht werden. Ist der Aufstellungsort sehr hell, wie z.b. durch Reflexion des Lichtes an einer weiß getünchten Mauer oder durch Spiegelung der Sonne auf einer Wasseroberfläche, so können höhere Leistungen erzielt werden als vor einem dunklen Hintergrund.

Zu beachten ist, daß eine direkte Abdeckung oder auch eine weiter entfernte Abschattung unbedingt vermieden werden sollte. Bereits der Schatten eines Astes, selbst aus einer größeren Entfernung, bewirkt eine Leistungsminderung oder verstärkt sie, wenn z.b. Laub direkt auf dem Solarmodul liegt.

Sie sollten auch bedenken, daß die Morgen- und Abendsonne erheblich zur Stromlieferung beiträgt.

Der Standort des Solarmoduls ist daher dort zu wählen, wo den ganzen Tag über mit der längsten Sonneneinstrahlung zu rechnen ist. Dies muß nicht unbedingt das Dach eines Hauses sein, sondern es könnte eine Wiese vor dem Haus oder auch ein Hanggelände sein. Allerdings sollte der Abstand des Solarmoduls von der Batterie 50 m nicht überschreiten, wobei stets auf einen genügenden Kabelquerschnitt zu achten ist.

Im Regelfall ist jedoch das Dach des Hauses der günstigste Standort für das Solarmodul.

Aufstellwinkel

Die Ausrichtung des Solarmoduls sollte stets exakt in Richtung Süden (Äquator) erfolgen, wenn es stationär fest montiert wird. Ist das Modul auf einem in der senkrechten Achse drehbaren Gestell montiert, so können Sie durch gelegentliche Verstellung von Hand, je nach der Tageszeit, etwa bis zu 20 % zusätzlich an Strom gewinnen. Eine automatische Nachführung ist technisch aufwendig und bringt erst in größeren Anlagen einen Gewinn an Energie.

Einen ganz wesentlichen Einfluß auf die Ausnutzung der auf das Solarmodul eingestrahlten Energie hat sein Aufstellwinkel. Dieser ist abhängig von der Jahreszeit und dem Breitengrad des Standortes.

Ob das Solarmodul mit einem variablen oder permanenten Aufstellwinkel montiert werden soll, ergibt sich aus der Nutzungsdauer der Anlage.

So wird bei einem Gartenhaus, das überwiegend während der Monate Mai bis Oktober genutzt wird, eine Festmontage vollkommen ausreichen. Ein ganzjährig genutztes Ferienhaus hingegen sollte stets dem Sonnenstand entsprechend mit einstellbaren Solarmodulen ausgerüstet werden. Der variable Aufstellwinkel erfordert meist etwas höhere Gestellkosten, hat aber für die Nutzung auch große Vorteile.

Vor allem im Winter wird bei einem optimal ausgerichteten Aufstellwinkel gegenüber einem festen Winkel bis zu 30 % mehr an Strom gewonnen. Hinzu kommt noch, daß durch den steilen Aufstellwinkel Schneelast von dem Solarmodul leichter abrutschen kann.

Solarmodule mit einstellbarem Aufstellwinkel müssen jedoch nicht monatlich nachgeführt werden. Es genügt, wenn Sie dies einmal vierteljährlich tun.

Für den Standort Köln als Beispiel will ich dies erklären. Köln liegt auf dem 51. Breitengrad, wofür sich in Abhängigkeit von der Jahreszeit folgende Aufstellwinkel ergeben:

Für die Monate März, April und September, Oktober ergibt sich ein Winkel von 45°. Dieser Normalwinkel (N) entspricht auch dem permanenten Winkel für eine feste Montage des Solarmoduls.

Für die Sommermonate (S), von Mai bis August, ergibt sich ein Aufstellwinkel von 20°. Ein Aufstellwinkel unter 10° ist jedoch zu vermeiden, da sonst das Regenwasser nicht genügend von der Glasoberfläche ablaufen kann.

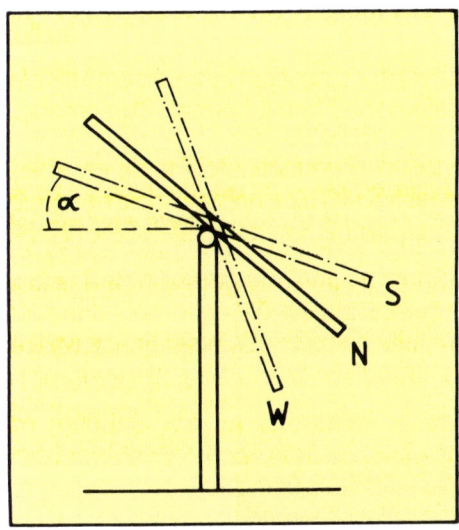

Aufstellwinkel α von Solarmodulen in Abhängigkeit von dem der Jahreszeit entsprechenden Sonnenstand. S = Sommermonate (20°), N = Normalwinkel oder Übergangsmonate (40°), W = Wintermonate (70°).

In den Wintermonaten (W), von November bis Februar, ist der optimale Winkel dann 75°, so daß das Modul schon ziemlich senkrecht steht.

Die exakte Einstellung des Aufstellwinkels ist jedoch sehr einfach durchführbar. Mittags, wenn die Sonne an ihrem höchsten Punkt steht, halte man senkrecht auf die Glasscheibe des Solarmoduls einen Bleistift. Wirft dieser keinen Schlagschatten, ist das Modul richtig ausgerichtet.

Um eine gute Belüftung und Wärmeabfuhr von der Rückseite des Solarmoduls zu gewährleisten, wird bei einer stationären Anlage ein Abstand von der Befestigungsunterlage (z.B. Dach) von 50 mm empfohlen.

Auf keinen Fall sollte das Solarmodul mit einer zusätzlichen Glasabdeckung während der Betriebszeit versehen werden, da dies zu einer erheblichen Leistungsminderung führt. Außerhalb der Betriebszeit kann z.B. eine Plexiglasabdeckung das Modul vor Steinwurf schützen und dabei trotzdem noch für die Ladungserhaltung der Batterien sorgen.

Dieses Solarmodul ist durch seine freie Aufstellung und seine variable Gestellkonstruktion dem Sonnenstand entsprechend optimal einstellbar.

Eine stabile Rahmenkonstruktion des Solarmoduls ermöglicht einen einfachen Gestellbau. Drahtseilklemmen als Verbindungselemente machen das Modul dreh- und schwenkbar.

Zwei Solarmodule sind hier auf einem dem Sonnenstand entsprechend einstellbaren Gestell montiert. Daher ist eine Nutzung der Anlage zu jeder Jahreszeit möglich.

Fest installiertes Solarmodul auf einem Gartenhaus. Der Aufstellwinkel ist durch die Dachneigung vorgegeben.

186

Inbetriebnahme

Der Standort ist ausgesucht, das Montagegestell gebaut und die Solarmodule sind darauf montiert. Nun erfolgt noch die Verkabelung von den Modulen zum Laderegler oder über eine Sperrdiode an die Batterie.

Ist die Anlage für einen 24-Volt-Betrieb konzipiert, so ist es sinnvoll, die Reihenschaltung bereits an den Solarmodulen vorzunehmen, denn hierdurch wird an dem Kabelquerschnitt gespart.

Bevor Sie das Kabel anklemmen, können Sie vorher erst einmal die Leerlaufspannung und den Kurzschlußstrom des Moduls sowie den Spannungsabfall des Kabels messen. Voraussetzung hierfür ist jedoch ein klarer Sonnentag.

		Aufstellwinkel		
Standort	Breitengrad	Normal	Sommer	Winter
Sylt	54	45	20	80
Köln	51	45	20	75
Basel	48	40	15	70
Korsika	42	35	15	60
Mallorca	40	35	15	60
Kreta	35	30	15	55
Teneriffa	28	30	15	45

Die Leerlaufspannung ist ganz einfach zu messen, indem Sie die Meßleitungen Ihres Voltmeters mit dem Plus- und dem Minuspol des Solarmoduls verbinden. Je nach der Moduloberflächentemperatur liegt dieser Wert zwischen 17 und 21 Volt. Der Kurzschlußstrom ist ebenfalls sehr leicht zu messen, denn hierbei werden die Pole über das Amperemeter einfach kurzgeschlossen. Sie brauchen keine Angst zu haben, daß ihr Solarmodul nun durchschmort; es ist absolut unempfindlich gegen einen Kurzschluß, und dies auch über eine längere Zeit.

Klemmen Sie das Kabel, das zu Ihrer Batterie oder Ihrem Laderegler führt, an das Modul an. Das andere Ende des Kabels schließen Sie kurz, indem Sie die blanken Drähte miteinander verzwirbeln. Wenn Sie jetzt am Modul die Spannung messen, so entspricht diese dem Spannungsabfall Ihres Kabels. Dieser Spannungsabfall darf 2 Volt nicht überschreiten. Liegt er höher, so müssen Sie den Kabelquerschnitt vergrößern.

Wartung

Solarmodule sind pflegeleicht und bedürfen fast keiner Wartung. Im allgemeinen genügt der Regen, um die Glasoberfläche von Staubablagerungen zu befreien. Sollte die Oberfläche doch verschmutzt sein, so hilft ein Lappen und klares Leitungswasser bei der Reinigung. Vor allem bei Solarmodulen mit einem eloxierten Aluminiumrahmen sollten keine scharfen Reinigungsmittel verwendet werden. Auch wenn der „hot spot Effekt" nicht zu befürchten ist, sollte Laub oder Schnee vom Modul abgekehrt werden, damit eine Leistungsminderung vehindert wird.

Solarmodule, deren Rückseite eine Abdeckung aus Kunststoff aufweisen, sind gegen Kratzer sehr empfindlich, was vor allem bei der Montage zu beachten ist. Wird eine Zelle des Moduls beschädigt, so kann die Funktionsweise des gesamten Moduls beeinträchtigt werden.

Sollte in der Kunststoffschicht aus Versehen ein Kratzer entstanden sein, so muß dieser umgehend mit einem Kunststoffkleber geschlossen werden, damit kein Wasser eindringen kann, das zur Korrosion der Zellen führen würde.

Vorsicht, Diebstahl!

Leider sind mir mehrere Fälle bekannt, daß Solarmodule entwendet wurden. Daher muß ich Sie auch auf diesen Punkt aufmerksam machen, und ich will versuchen, Ihnen einige Ratschläge zu erteilen, wie Sie sich vielleicht vor einem Diebstahl schützen können.

– Je nach Fabrikat weisen die Solarmodule Fabrikationsnummern auf. Sie sollten sich diese Nummern unbedingt notieren, zumal Ihnen diese beim Abschluß einer Versicherung behilflich sein können.

Weisen Ihre Module keine derartigen Seriennummern auf, dann können Sie in den Rahmen des Moduls ersatzweise z.B. Ihre Initialen eingravieren. Dies erfolgt am besten mit einer Feile (nicht mit einem Hammer einschlagen, da dann die Glasscheibe zerspringen kann).

– Das Solarmodul so installieren, daß es nicht direkt sichtbar ist. Bei einem Wochenendhaus muß das Modul nicht unbedingt auf dem Dach installiert werden, es kann auch ohne weiteres an einem anderen sonnigen Platz, der nicht so leicht einsehbar ist, untergebracht werden.

Auf dem Wohnwagen sollten die Module flach auf dem Dach befestigt und durch eine Vorrichtung während der Betriebszeit zur Sonne hin ausgerichtet werden. Bei der Höhe des Wagens sind die Module dann nicht mehr so leicht von unten her zu entdecken.

- Befestigung des Moduls an einem Mast am Haus, so daß es nur mit einer Leiter zu erreichen ist. Selbstverständlich muß dann die Leiter an einem gesicherten Platz untergebracht werden.

- Bei der Montage gehärtete Schrauben verwenden. Sie sind nicht so einfach durchzusägen. Eine weitere Möglichkeit besteht darin, die Mutter mit dem Schraubenende zu verschweißen. Damit wird eine Demontage mit einem Schraubenzieher verhindert. Wird für das Montagegestell außerdem ein gehärteter Stahl verwendet, so kann sich so mancher Möchtegern-Dieb die Zähne ausbeißen.

- Eine Notlösung besteht darin, z.b. im Winter oder bei einer längeren Abwesenheit das Solarmodul zu demontieren. Werden Solarbatterien verwendet, so können diese wegen ihrer geringen Selbstentladungsrate auch über einen längeren Zeitraum ohne Erhaltungsladung in der Anlage verbleiben. Batterien mit hohen Selbstentladungsraten, z.b. Starterbatterien, sollten aber über einen Gleichrichter an das Netz angeschlossen werden. Dies ist natürlich umständlich, aber für eine erhöhte Lebensdauer der Batterie notwendig.

- Eine schlechte Lösung des Problems ist es, das Modul unter das Dach zu bauen und es mit einer Glasscheibe als permanenter Abdeckung zu versehen. Die Modulleistung wird durch Abschattung, Wärmestau, Reflexion und schlechtere Durchdringungsmöglichkeit der Sonnenstrahlen durch die Glasscheibe stark beeinträchtigt.

Wird jedoch die Schutzscheibe während des längeren Betriebes entfernt, so ist dies dann doch noch eine brauchbare Notlösung.

Hier noch eine Möglichkeit, den Diebstahl von Solarmodulen zu verhindern oder vielleicht sogar aufzudecken:

Hat sich Ihr Nachbar eine neue oder angeblich neue Solarstrom-Anlage angeschafft, dann fragen Sie ihn ruhig, wieviel sie gekostet und von wem er sie gekauft hat, oder ganz einfach nach der Leistung des Moduls.

Sehr unwahrscheinlich ist, daß er sie gebraucht gekauft hat, denn wer eine Solarstrom-Anlage besitzt, der verkauft sie normalerweise nicht mehr. Mir ist jedenfalls noch kein Fall bekannt.

Und für den Fall, daß Ihr Nachbar Module aus einer anonymen Quelle bezogen hat, dann versuchen Sie ihm ruhig zu erklären, daß das Modul auch gestohlen sein kann. Ich würde wahrscheinlich einen solchen Fall sogar zur Anzeige bringen.

Um Ihrem Nachbarn jedoch ein schlechtes Gewissen zu bereiten, leihen Sie ihm dieses Buch. Er wird dann vermutlich selbst nachforschen, ob es sich um einen ehrlichen Kauf gehandelt hat. Anderenfalls hat er schließlich einen Solarstrom-Freund betrogen.

Leider gibt es bei dem Betrieb einer Solarstrom-Anlage außerdem das Problem des Vandalismus. Solarmodule werden durch Steinwürfe zerstört. Dies kann auch durch spielende Kinder passieren.

Solarmodule weisen eine gehärtete Frontglasscheibe auf, die auch gegen starken Hagelschlag beständig ist. Trotzdem sollten Sie beachten, daß die Scheibe zerbrechen kann, wenn ein scharfkantiger Stein auf sie geworfen wird. Sind bei einem Bruch der Glasscheibe auch noch die Solarzellen angebrochen, ist das Solarmodul nicht mehr zu reparieren.

Laderegler

Montage und Inbetriebnahme

Der Laderegler ist das Kontrollgerät für Ihre Batterien und sollte daher stets nahe bei diesen installiert werden. Zu empfehlen ist ein Abstand von nicht mehr als 2 Metern. Der Laderegler sollte gut sichtbar angebracht werden, damit eine Kontrolle der Leuchtdioden, die den Ladungszustand der Batterien anzeigen, möglich ist.

Da der Laderegler ein elektronisches Schaltgerät ist, muß die Installation unbedingt an einem trockenen Platz erfolgen. Dieses gilt vor allem für Boote und Caravans. Unbedingt zu vermeiden ist seine Montage innerhalb des Batteriekastens, da leichte Säuredämpfe vor allem die Kontakte des Relais zerstören können.. Außerdem besteht Explosionsgefahr.

Falls vom Hersteller keine Montageanweisungen vorliegen, sollte das Gerät folgendermaßen angeschlossen werden:

1. Batterieanschluß. Durch das Anklemmen der Batterie wird der Laderegler in Funktion gesetzt. Es ist darauf zu achten, daß die Pole nicht vertauscht werden. Bei einer Falschpolung könnte bei Geräten ohne Verpolungsschutz

die Elektronik zerstört werden. Bei Geräten mit einer Verpolungssicherung würde diese durchbrennen, so daß sie ersetzt werden muß.

2. Modulanschluß. Beim Anschluß der Solarmodule ist ebenfalls auf eine richtige Polung zu achten. Durch die eingebaute Sperrdiode kann das Gerät bei einer Falschpolung nicht beschädigt werden, jedoch können die Module auch keinen Strom an die Batterien liefern.

3. Verbraucheranschluß. Zweckmäßig ist es, den Sicherungskasten für die Verbraucher direkt neben dem Laderegler zu installieren. Dieser Sicherungskasten dient dann gleichzeitig als Verteilerkasten für die einzelnen Kabelstränge der Verbraucher. Im Regelfall hat das Relais für den Tiefentladeschutz einen Durchlaßstrom von 20 A. Es können somit Verbraucher mit einer Gesamtleistung von 250 W angeschlossen werden. Wird jedoch ein Wechselrichter mit einem Anschlußwert von z.B. 600 VA eingesetzt, so muß dieser direkt an die Batterie angeschlossen werden.

Der häufigste Fehler, der beim Anschluß des Ladereglers auftritt, ist der, daß Plus und Minus vertauscht werden, also eine Falschpolung vorliegt. Vergewissern Sie sich daher stets mit einem Voltmeter, welches Kabel welche Polarität hat. Hat der Laderegler zudem keinen Verpolungsschutz, so genügt eine einzige Falschpolung des Batteriekabels, um eine teure Reparatur zu verursachen.

Ein häufig zu beobachtender Fehler des Ladereglers besteht darin, daß das Relais klebt. Obgleich die Batteriespannung weit über der Tiefentladespannung liegt, leuchtet die Signallampe auf. Die Verbraucher sind somit abgeschaltet.

Die Behebung dieses Fehlers ist in den meisten Fällen sehr einfach und sollte daher eigentlich in jeder Betriebsanweisung eines Ladereglers stehen.

Folgende Maßnahmen sind durchzuführen:

1. Solarmodul abklemmen. Dies ist bei Dunkelheit nicht nötig.

2. Einen Pol der Batterie abklemmen, einen Moment warten und wieder anklemmen. Schaltet das Relais (hörbares Klick), so erlöscht die Signallampe, und der Fehler ist behoben. Manchmal muß dieser Vorgang mehrmals wiederholt werden, bis sich ein Erfolg einstellt.

3. Solarmodul wieder anklemmen.

Normalerweise gibt es keine besonderen Wartungsvorschriften für den

Laderegler. Auf Booten oder in Feuchtgebieten sollte gegebenenfalls jährlich einmal der Beutel mit dem Trocknungsmittel gegen einen neuen ausgetauscht werden.

Batterien

Inbetriebnahme

Wartungsfreie geschlossene Batterien können direkt an den unbedingt notwendigen Laderegler angeschlossen werden, da sie ja bereits den Elektrolyten enthalten.

Die für die Solarstrom-Anlage empfohlenen Solarbatterien werden in den meisten Fällen trocken vorgeladen geliefert, so daß der Elektrolyt noch eingefüllt werden muß. Dieser Vorgang wird als die Aktivierung der Batterie bezeichnet.

In vielen Fällen ist jedoch die Beschreibung für die Inbetriebnahme oder die Pflege der Batterien, die als Beipackzettel beiliegt (oft jedoch fehlt sie), unvollkommen. Daher hierzu einige Tips:

Füllen der Zellen:

Die Batterie sollte erst kurz vor ihrem praktischen Einsatz aktiviert werden. Die für die Befüllung verwendete verdünnte Schwefelsäure hat im Normalfall eine Dichte von 1,26 kg/l bei 25 °C. Es sollte zweckmäßigerweise der im Handel erhältliche Säurepack verwendet werden. Das Ansetzen der Zellensäure mit konzentrierter Schwefelsäure sollte grundsätzlich einem Fachmann überlassen bleiben. Das Auffüllen sollte nach Möglichkeit in einem Waschbecken erfolgen. Ist dies nicht möglich, so sollte diese Arbeit wenigstens in der Nähe einer Wasserstelle durchgeführt werden. Als Unterlage für die Batterie ist entweder ein Holzbrett oder eine dicke Lage Zeitungen zu empfehlen.

Das Auffüllen der Batterie erfolgt über die Verschlüsse der Entlüftungsstopfen. Die Säure wird über geeignete Tüllen oder Trichter aus Kunststoff in die Zellen eingeführt, bis der auf der Batterie angegebene Füllstand erreicht ist.

Durch die Aktivierung tritt eine chemische Reaktion ein, so daß sich die Batterie erwärmt. Außerdem gast sie, weil die Poren sich langsam mit Säure füllen. Sie sollte vor dem Anschluß daher zunächst 2 bis 3 Stunden unverschlossen ruhen. Danach ist der Säurestand noch einmal zu kontrollieren. Weist die Batterie keinen markierten Füllstand auf, so sollte der Säurespiegel etwa fingerbreit oberhalb der Platten liegen.

Vorsichtsmaßnahmen

Beim Umgang mit Schwefelsäure ist äußerste Sorgfalt und Vorsicht geboten!!!

Schwefelsäure ist stark aggressiv und ätzend. Bereits kleine Spritzer verursachen vor allem bei Baumwollbekleidung (z.B. Jeans) Löcher. Ist ein Spritzer auf die Kleidung gekommen, sollten Sie die Stelle umgehend mit Wasser neutralisieren. Ist Säure an die Hände geraten, so sind diese umgehend zu waschen. Wirkt die Säure längere Zeit auf die Haut ein, macht sich dies durch Jucken und Brennen bemerkbar. Selbstverständlich ist die Säure vor Kindern sicherzustellen.

Nach der Aktivierung hat die Batterie einen Ladungszustand von etwa 80 %; zu empfehlen ist daher zunächst eine Volladung durch die Solarmodule, ehe die Verbraucher eingeschaltet werden.

Vernichtung von Restsäure

Wird die Säure des Säurepacks nicht vollständig verbraucht, so gießen Sie diese bitte nicht in den Abfluß! Die Fische werden es Ihnen danken. Es gibt zwei Möglichkeiten, die Säure zu beseitigen:

– Ablieferung bei Firmen oder Tankstellen, die mit Batterien handeln. An solchen Verkaufsstellen werden die Batterien meistens aus Tanks aufgefüllt, so daß Ihre Überschußsäure noch verwendet werden kann.

– Die etwas aufwendigere Methode besteht darin, die Restsäure mit Kalk zu neutralisieren. Dies sollte dann erfolgen, wenn keine Rückgabemöglichkeit besteht. Kalk ist leicht im Gartenfachgeschäft oder auch im Baustoffhandel zu erhalten. Um ganz sicher zu gehen, daß die Säure auch vollständig neutralisiert wird, sollten Sie auf 0,1 l Säure 200 bis 300 g Kalk geben.

Das Neutralisieren mit Kalk ist sehr einfach: in einen Plastikeimer wird zunächst Kalk gefüllt und dann darauf die Säure gegossen. Durch Umrühren mit einem Holzstab wird die Säure mit dem Kalk vermischt. Tritt ein leichtes Schäumen auf, so handelt es sich um freiwerdendes Kohlensäuregas; dies ist auch im Mineralwasser enthalten und vollkommen ungefährlich. Die Mischung sollte einen Tag ruhen. Wenn sich Klumpen gebildet haben, bestehen diese aus Gips.

Aufstellung

Das Aufstellen der Batterien sollte unter Beachtung der folgenden Tips gut geplant werden:

– Batterien bringen ihre besten Leistungen bei Raumtemperatur, also etwa 20 °C. Höhere Temperaturen verringern die Lebensdauer und erhöhen die Selbstentladungsrate. Tiefere dagegen erniedrigen die Kapazität.

– Batterien sind unbedingt vor einer direkten Sonneneinstrahlung zu schützen.

– Sie sollten gut belüftet sein.

– Ihr Standort sollte sich möglichst in der Nähe des Gerätes mit dem höchsten Stromverbrauch befinden.

– Laderegler und Batterien bilden mehr oder weniger eine Einheit.

– Batterien sollten gut zugänglich untergebracht sein, um ggf. den Säurestand kontrollieren zu können.

– Ideal ist die Unterbringung in einem mit Belüftungsschlitzen versehenen Holzkasten.

Kontaktierung

Die Kontaktierung ist mit Polklemmen durchzuführen. Die Pole und die Polklemmen sollten vor der Montage mit einem geeigneten Kontaktfett eingeschmiert werden, um eine Korrosion zu vermeiden.

Um einen ausreichenden Kontakt zu gewährleisten, müssen die Klemmen und die Kabel fest verschraubt werden.

Überprüfen des Ladezustandes

Wenn nicht ein Batterie-Kontrollgerät eingesetzt wird, so läßt sich der Ladezustand der Batterien über die Bestimmung der Elektrolytdichte oder durch Messen der Leerlaufspannung ermitteln.

Über beide Möglichkeiten wurde bereits berichtet. Kommen wir also zur praktischen Anwendung.

Die Säuredichte wird mit der Säurewaage bestimmt. Nach Entfernung des Einfüllverschlusses wird mit dem Ballon so viel Säure angesaugt, daß der Schwimmer sich frei bewegen kann. Die Skala des Schwimmers, und zwar dessen Eintauchtiefe, gibt dann die Dichte an.

Über eine Tabelle wird der Ladezustand bestimmt. Bei einer Säuretemperatur von 20 °C ergeben sich folgende Ladezustände:

Dichte kg/l	Ladezustand %
1,26	100
1,20	50
1,12	0

Zu beachten ist noch, daß je 15 °C Anstieg oder Abfall der Elektrolyttemperatur die Säuredichte um 0,01 kg/l steigt oder fällt.

Außerdem wurde der Elektrolytstand durch Zugabe von destilliertem Wasser aufgefüllt, so läßt sich erst nach etwa einer Woche eine genaue Messung durchführen, dann nämlich, wenn sich das Wasser mit der Säure vollständig vermischt hat. Gast jedoch die Batterie, so ist eine genaue Kontrolle auch früher möglich.

Beim Überprüfen des Ladezustandes der Batterien durch Messen der Leerlaufspannung muß man folgendes beachten:

Durch die Ladung oder Entladung der Batterie verschiebt sich die Kurve der Leerlaufspannung zu höheren oder niedrigeren Werten, wobei diese noch von der Höhe des Stromflusses abhängig sind.

Die Leerlaufspannung ist außerdem noch von der Temperatur, dem Alter und der Bauart der Batterie abhängig, was jedoch beim Ermitteln der Leerlaufspannung vernachlässigt werden kann.

Das Messen der Leerlaufspannung erfolgt, falls vorher eine Ladung oder Entladung durchgeführt wurde, durch Abschalten der Module oder Verbraucher für etwa eine Stunde. Dann hat sich meist ein konstanter Wert der

Spannung eingestellt. Aus der Kurve können Sie anschließend den Ladezustand ablesen.

Mit etwas Übung läßt sich jedoch auch während der Ladung oder Entladung der Ladezustand ungefähr bestimmen, wenn beachtet wird, daß die Kurven von der Leerlaufspannung nach oben oder unten abweichen.

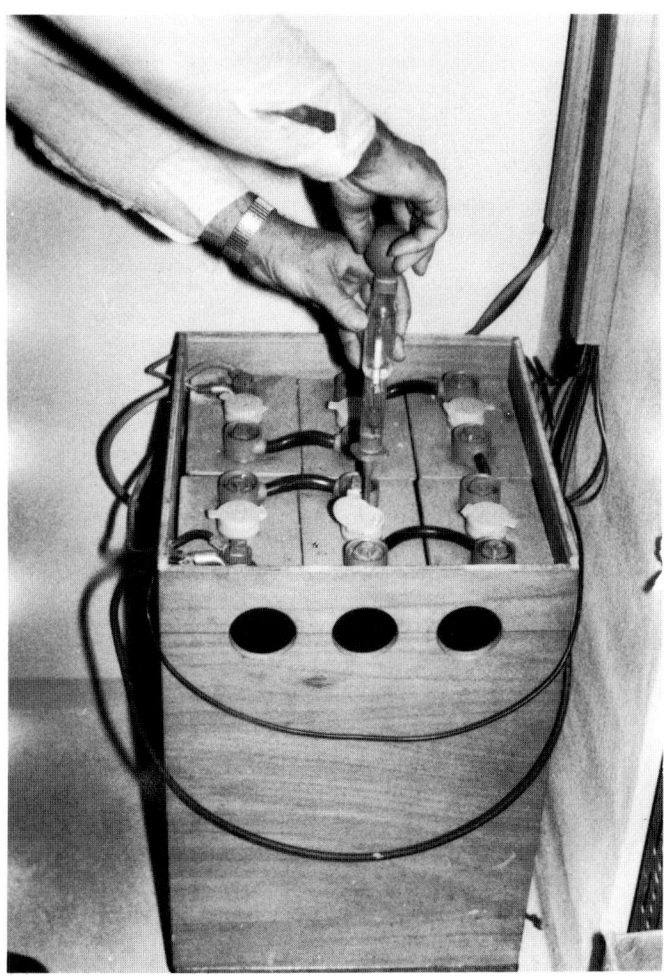

Ladezustand. Ermittlung durch Dichtebestimmung des Elektrolyten mit einer Säurewaage. Die abgebildete Batterie des Typs OPzS hat bei 12 V eine Kapazität von 400 Ah und stammt aus einer Notstromversorgung.

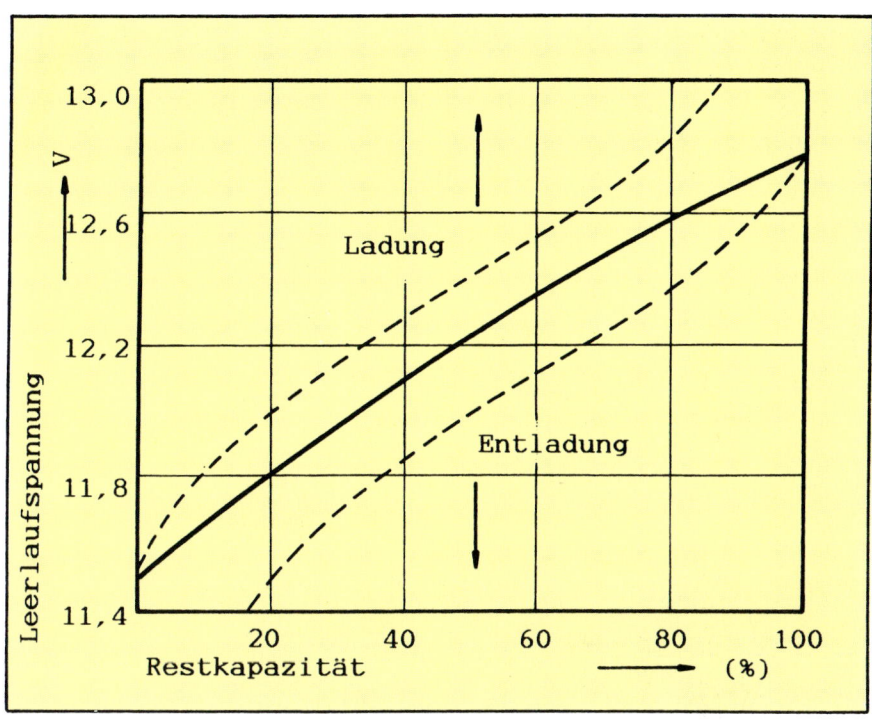

Leerlaufspannung einer 12-Volt-Solarbatterie bei 25 °C in Abhängigkeit von der Restkapazität. Aus der Spannung läßt sich der Ladezustand ermitteln.

Wartung

Im Normalfall benötigen Batterien nur eine gelegentliche Wartung. Solarstrom-Anlagen mit einem Regler, der das Überladen der Batterie verhindert, benötigen in der Regel einmal jährlich eine Batteriekontrolle.

Bei Anlagen, die nur eine Entladeschutzdiode aufweisen, sollte der Elektrolytstand regelmäßig, mindestens jedoch alle 3 Monate, kontrolliert werden.

Stellen Sie fest, daß der Säurestand die auf der Batterie angegebene Marke erreicht oder sogar unterschritten hat, so muß die Batterie umgehend bis zur oberen Markierung mit destilliertem Wasser aufgefüllt werden.

Richtige Polklemmen verhindern
Leistungsverluste in der Solarstrom-
Anlage.

Stark korrodierte Kontakte, wie hier bei
einer Autobatterie sollten in der Solarstrom-
Anlage unbedingt vermieden werden.

> **Es ist unbedingt darauf zu achten, daß niemals Leitungswasser verwendet wird. Außerdem darf niemals Zellensäure nachgegossen werden.**

Dieses Batterie-Wasser erhalten Sie sicherlich an jeder Tankstelle oder bei Ihrem Batterie-Lieferanten. Sie sollten stets darauf achten, daß ein kleiner Vorrat von vielleicht einem Liter zur Verfügung steht.

Auch wenn Ihre Solarstrom-Anlage im Winter ruht, so sollte das Solarmodul möglichst über einen Regler mit Überladeschutz angeschlossen bleiben.

Batterien lieben einen „vollen Magen"!

Dies gilt besonders für Anlagen mit Starterbatterien (Auto), da sie, wenn sie nicht permanent geladen werden, bedingt durch ihre hohe Selbstentladungsrate, während der Ruhezeit vollständig entladen sein können.

Hinzu kommt, daß Batterien mit abnehmendem Ladezustand leichter einfrieren können, wobei durch Eisbildung die aktiven Platten zerstört werden. Sollte ein Ausblühen an den Polen auftreten, so können diese einfach mit einem nassen Lappen gesäubert werden. Es ist in solch einem Fall jedoch zu überprüfen, ob die Kontakte noch einwandfrei sind.

Sind die Kontakte korrodiert, werden die Pole und Polklemmen mit einem feinen Schmirgelpapier blank gerieben und vor der Montage mit Kontaktfett eingerieben.

Regenerierung

Bei Solarstrom-Anlagen ohne Laderegler mit Tiefentladeschutz kann es vorkommen, daß die Batterie total entladen wird. Wurde z.B. vergessen, eine Lampe auszuschalten, wird die Batterie permanent entladen, bis in ihr wirklich kein „Saft" mehr steckt. Entdeckt man den Fehler, ist es meist zu spät. Was tun?

Mit dem Solarmodul wird eine Regenerierung der Batterie nicht möglich sein, da die Ströme zu gering sind.

Bringen Sie die Batterie im entladenen Zustand in eine Werkstatt mit einem Hochleistungs-Ladegerät und lassen Sie sie mit hohen Strömen aufladen. Hierdurch gelingt es, die basischen Bleisulfate wieder zu aktivieren und dadurch annähernd wieder die ursprüngliche Kapazität zurückzugewinnen.

Besser ist es natürlich, vor dem Verlassen der Anlage alle Verbraucher durch einen Hauptschalter abzuschalten.

Sollte sich herausstellen, daß die Batterie trotz der Schnelladung nicht mehr einsatzfähig ist, vielleicht durch einen Kurzschluß, so werfen Sie sie nicht auf den Müllhaufen. Blei hat eine hohe Recyclingsrate, und aus Ihrer verbrauchten oder defekten Batterie kann schließlich wieder eine neue hergestellt werden. Bringen Sie sie zum Schrotthändler, Tankwart oder ins Fachgeschäft. Man wird sie Ihnen abnehmen und beim Neukauf vielleicht sogar ein paar Mark dafür gutschreiben.

Tips für Verbraucher

Über die Aufstellung, Inbetriebnahme und Pflege von Verbrauchern ist im Kapitel „Last mit der Last" bereits vieles erklärt worden. Daher sei hier nur noch einmal auf die wichtigsten Punkte hingewiesen.

– Vor dem Anschluß des Gerätes sollte mit einem Voltmeter die Polarität der stromführenden Leitung überprüft werden. Dies ist bei Halogenleuchten nicht nötig. Die meisten elektrischen Geräte, wie Radio, Fernsehgeräte oder Transistorlampen können, wenn sie keinen Verpolungsschutz aufweisen, bei Falschpolung funktionsunfähig werden. Elektromotore von Pumpen oder dem Kompressorkühlschrank drehen falsch herum, so daß sie nicht richtig arbeiten.

– Verbraucher mit hohen Leistungsaufnahmen sollten möglichst nahe bei der Batterie stationiert sein. Gegebenenfalls ist eine Zusatzbatterie zu installieren, wie das im Kapitel über die Schaltungen beschrieben wurde.

– Stromkreise oder Geräte mit hohen Stromaufnahmen, sollten stets durch geeignete Sicherungen geschützt werden. Beachten Sie die Montageanleitung des Herstellers. In dieser ist meist die Größe und Art der Sicherung angegeben.

– Bei der Anschaffung eines Verbrauchers sollten Sie wichtige Verschleißteile gleich mitbestellen. Dies betrifft vor allem die Lampen der Leuchten. Nicht in jedem Elektrofachgeschäft bekommen Sie ohne weiteres Halogenlampen oder Leuchtstoffröhren.

Tips für Wechselrichter

Der Anschluß von Wechselrichtern größerer Leistung bedingt einige wesentliche Voraussetzungen.

Bei dem angeführten Beispiel (Seite 121) der Beleuchtung mit Wechselstrom und Stromsparleuchten sind diese Bedingungen natürlich noch nicht gegeben. Ein Wechselrichter mit einer Anschlußleistung von 80 VA kann ohne weiteres an einem beliebigen Platz in der Anlage installiert werden, wenn dafür Sorge getragen wurde, daß das Kabel von der Batterie zum Gerät einen genügenden Querschnitt aufweist.

Beispielsweise ist zu empfehlen, daß der Wechselrichter an der Eingangstür des Hauses angebracht wird. Bei Betreten des Hauses werden zunächst der Wechselrichter und dann die Lampen eingeschaltet. Beim Verlassen der Wohnung ist natürlich dafür zu sorgen, daß der Wechselrichter ausgeschaltet wird. Ein Komtrollämpchen zeigt an, ob das Gerät ein- oder ausgeschaltet ist.

Der im zweiten Beispiel angeführte Wechselrichter mit einer Nennleistung von 600 VA zum Betreiben einer Bohrmaschine hat allerdings ganz andere Voraussetzungen. Hier die wichtigsten:

– Die Batteriekapazität ist ausschlaggebend für den Anschluß eines solchen Gerätes. Wir müssen uns klar darüber sein, daß bei der Nennleistung von 600 VA auf der Gleichstromseite bereits ein Strom von über 50 Ampere fließt, bei einer Grenzleistung von 1000 VA sogar weit über 80 Ampere. Würde solch ein Wechselrichter an eine Solarbatterie mit einer Kapazität von 100 Ah angeschlossen, wäre selbst in vollgeladenem Zustand der Spannungsabfall beträchtlich, ganz zu schweigen davon, daß die Kapazität nur für einen Betrieb von etwa 15 Minuten bei Vollast ausreichen würde.

Wechselrichter mit einer so hohen Anschlußleistung haben daher nur in Solarstrom-Anlagen genügender Größe einen Sinn.

Als Richtwerte für die Batteriekapazität gelten:

Für eine Nennleistung des Wechselrichters von 200 VA wird eine Batteriekapazität von mindestens 100 Ah benötigt. Somit gilt für unser Beispiel, daß die Batteriekapazität zwischen 300 bis 400 Ah liegen sollte. Dies trifft für die 12-Volt-Anlage zu. Bei einem 24-Volt-Betrieb braucht die Nennkapazität natürlich nur halb so groß zu sein.

– Wegen der hohen Batterieströme zum Wechselrichter erübrigt sich eine Diskussion über den günstigsten Aufstellungsort. Dieser liegt immer bei den Batterien.

Vor allem ist auf einen genügenden Kabelquerschnitt zu achten.

Bei einer Anschlußleistung des Wechselrichters von 200 VA sollte das Kabel mit einer Gesamtlänge von 2 m etwa 3 mm^2 betragen. Für das genannte Beispiel mit 600 VA bei einer gleichen Kabellänge, die in der Praxis meist auch ausreicht, ist ein Querschnitt von 12 mm^2 wünschenswert. Ein 16-mm^2-Starterkabel schadet natürlich auch nicht.

– Der Anschluß eines Wechselrichters größerer Leistung erfolgt natürlich in diesem Fall direkt auf die Batterie.

– Für kleinere Solarstrom-Anlagen ist der Einsatz des beschriebenen 600-VA-Wechselrichters nicht sinnvoll. Dann muß ein Notstromgenerator eingesetzt werden.

– Wechselrichter sind im Handel bis zu 200 VA nur für den 12-Volt-Betrieb erhältlich.

Bei Nennleistungen bis zu 1000 VA gibt es sie für 12 und 24 Volt und über 1000 VA nur noch für eine Gleichspannung von 24 Volt. Bereits bei Nennleistungen von 1000 VA ist jedoch der Betrieb mit einer 24 Volt-Gleichspannung zu empfehlen.

5. Kapitel

Von Köln nach Mallorca:
Anwendungsbeispiele stationärer Anlagen

Hunderte von Beispielen könnten aufgezählt werden, um die Anwendung einer Solarstrom-Anlage zu erklären. Vieles würde sich ähneln und schließlich nur im Detail unterschiedlich sein.

Mag auch in einer Gartenhaus-Kolonie ein Häuschen äußerlich dem anderen gleichen, so ist dessen Inneneinrichtung, ebenso wie der Garten, stets individuell gestaltet. Schließlich leben wir in einer Gesellschaft, in der manches, jedoch nicht alles, genormt ist. Die Ansprüche an den Komfort auch eines solchen Häuschens sind daher vollkommen unterschiedlich. Und dies betrifft selbstverständlich auch die Stromversorgung, falls eine solche überhaupt gewünscht wird.

Beispiele können daher auch nur einen Überblick darüber geben, wie manche Solarstrom-Anlagen gestaltet wurden. Nicht alles, was ich hier beschreibe, wurde optimal gelöst. Aber aus den eigenen und den Fehlern anderer kann viel gelernt werden. Die meisten dieser Anlagen wurden von Laien installiert, die vor allem im Umgang mit Gleichstrom wenig Erfahrung hatten. Trotzdem wurden die Probleme damit oft meisterlich gelöst.

Es bleibt festzustellen, daß eine richtige Planung nicht nur Fehlausgaben, sondern auch manchen Ärger ersparen kann. Notlösungen, wie der Einsatz eines Wechselrichters für die Beleuchtung, könnten dann jedenfalls vermieden werden.

Strom ist im kleinsten Haus:
Gartenhaus bei Köln

Es gibt allein in Deutschland weit über 100.000 Gartenhäuser, die nicht an das öffentliche Stromnetz angeschlossen sind. Somit gibt es auch kein Licht, jedenfalls keines aus dem Stromnetz. Viele dieser „Laubenpieper", wie der Berliner diese Gartenfreunde schnoddrig tituliert, behelfen sich mit Gas- oder Petroleumleuchten und Kerzen oder aber mit einer Batterie, die dann wöchentlich zum Aufladen nach Hause transportiert werden muß.

Gerade dort, wo auch kleine Kinder herumtollen, ist die Brandgefahr durch eine umgestoßene Kerze oder Petroleumlampe groß. Und wer schleppt schon gerne eine Batterie nach Hause, die immerhin bei 100 Ah über 20 Kilo wiegt?

Leider ist das Mißtrauen gegenüber einer Solarstrom-Anlage groß, weil die Käufer oft falsch beraten worden sind, manch einer sich aus Solarzellen ein Modul gebastelt hat und dann, wenn es doch nicht so recht funktioniert, ein großes Geheimnis um die Leistungsfähigkeit seiner Anlage macht.

Wenn unseriöse Anzeigen in Fachzeitungen Solarmodule mit einer Spitzenleistung von nur 5 Wp anbieten und eine Stromversorgung für ein Gartenhaus versprechen, dann muß sich der Käufer nicht wundern, daß der Strom am Wochenende gerade für eine schwache Transistorlampe ausreicht. Solch ein Solarmodul soll dann auch noch selbstregulierend sein, was bei der geringen Leistung und der hohen Batteriekapazität nicht verwundert.

Ein derartiges Angebot sieht hinsichtlich des Preises vielleicht zunächst recht günstig aus, wenn jedoch vor dem Kauf das Preis/Leistungs-Verhältnis in DM/Wp im Vergleich zu anderen Angeboten berechnet wird, dann ist das teurere Solarmodul mit einer erheblich höheren Leistung im Endeffekt viel preisgünstiger, aber vor allem auch zweckmäßiger.

Wollen Sie Ihre Anlage trotz der schlechten Erfahrungen mit dem zu kleinen Solarmodul erweitern, so brauchen Sie dieses nicht auszurangieren. Sie können es beispielsweise zum Aufladen der Batterien eines Transistorradios verwenden oder durch Parallelschaltung eines leistungsstärkeren Solarmoduls die Anlage ausbauen. Es lassen sich problemlos, wie bereits beschrieben, Solarmodule unterschiedlicher Leistung oder Bauart (z.B. aus amorphen, poly- oder monokristallinen Zellen) parallel schalten.

Welche Leistung sollte nun ein Solarmodul für eine richtig dimensionierte kleine Solarstrom-Anlage erbringen? Lassen Sie mich dies an einem Gartenhaus beschreiben, das in der näheren Umgebung von Köln liegt.

Die Leistung des Solarmoduls hängt selbstverständlich wesentlich von der Nutzungsdauer des Häuschens ab. Im allgemeinen sind dies die Monate April bis Oktober. Draußen geblieben und übernachtet wird meist nur an warmen Sommertagen und dann auch überwiegend an den Wochenenden. Auch wenn eine Gasheizung gemütliche Wärme ausstrahlt, wird bei Regenwetter, trotz eines kleinen Schwarz-Weiß-Fernsehgerätes, das Häuschen schnell zu eng.

Gartenlaube in Köln. Statt am Wochenende eine 28 kg schwere Batterie zum Wiederaufladen mit nach Hause zu nehmen, liefert das 31-Wp-Solarmodul den Strom für das Wochenende.

In dem Kölner Gartenhäuschen werden auf der Toilette, in der Küche und als Außenbeleuchtung auf der Terrasse Transistorleuchten betrieben, die eine Anschlußleistung von 7 bis 13 Watt aufweisen. Außerdem sorgt eine 20-Watt-Halogenlampe im Wohnzimmer für eine gemütliche Atmosphäre, und eine weitere 5-Watt-Leselampe über dem Bett reicht zum Schmökern aus.

Ein fest eingebautes Autoradio mit Kassettenrecorder liefert neben dem Fernseher Informationen und Musik. Die gesamte Anschlußleistung der Geräte beträgt knapp 80 Watt, der tägliche Strombedarf liegt jedoch meist unter 250 Wattstunden.

Das Solarmodul mit einer Spitzenleistung von 31 Wp würde nur an sehr sonnigen Tagen knapp den Strombedarf decken, eine Solarbatterie mit 100 Ah hat jedoch so viel Speicherkapazität, daß bei Volladung und auch bei schlechtem Wochenendwetter kein Strommangel besteht.

Das Solarmodul konnte direkt auf dem Dach fest montiert werden, da dieses nach Süden ausgerichtet ist und zudem einen fast idealen Winkel von 30 Grad aufweist. Die Rippen des Wellblechdachs gestatten außerdem eine gute Hinterbelüftung der Solarzellen, so daß auch an heißen sonnigen Tagen eine Leistungsminderung durch zu starke Erwärmung vermieden wird.

Auf einen Laderegler wurde verzichtet, denn wird der Ladezustand der offenen Solarbatterie stets mit einem Voltmeter kontrolliert, so genügt auch die einfache Schaltung mit einer Sperrdiode. Allerdings darf dann keine Lampe vergessen werden auszuschalten, wie es diesem Solarstromfreund passierte. Nach einer Woche war die Batterie total entladen, so daß mit einer Nachladung mit hohen Strömen, wie dies an den meisten Tankstellen möglich ist, der Fehler weitgehend behoben werden konnte.

Auf einen Hauptschalter, der alle Verbraucher beim Verlassen des Häuschens von der Batterie trennt, sollte daher in solch einem Fall nicht verzichtet werden.

Die elektrische Installation sieht für solch ein Gartenhaus sehr einfach aus. Es wurde ein Kabel mit einem Querschnitt von 1,5 mm^2 verwendet. Dies führt vom Solarmodul über die Sperrdiode zur Batterie, von der Batterie über einen Sicherungskasten zu den Verbrauchern. Ein Stromkreis versorgt alle Leuchten und ein zweiter die Steckdose für Radio und Fernsehgerät. Zwischen Batterie und den Sicherungskasten wurde der Hauptschalter gelegt.

Bevor das Häuschen winterfest gemacht wird, sollte die Batterie vollgeladen und dann vom Solarmodul abgeklemmt oder über einen Schalter getrennt werden. Solarbatterien haben, vor allem bei niedrigen Temperaturen, nur eine sehr geringe Selbstentladungsrate, so daß im nächsten Frühjahr durch Zuschaltung des Moduls der Ladungsverlust schnell wieder ausgeglichen ist.

Und was kostet solch eine solare Stromversorgung? Ohne Verbraucher, die entweder bereits vorhanden waren oder entsprechend umgerüstet wurden, liegt der Preis für das beschriebene Solarmodul mit 31 Wp und der 100-Ah-Batterie um DM 1000,–. Die Sperrdiode (Schottky-Diode) ist im Elektronik-Fachhandel für weniger als fünf Mark zu bekommen. Wird dagegen ein Laderegler verwendet, müssen zusätzlich zweihundert bis dreihundert Mark ausgegeben werden, also fast so viel wie eine neue Batterie kostet. Da lohnt es sich schon bei solch einer kleinen Anlage, die Batterie, vor allem ihren Ladezustand und Elektrolytpegel, zu kontrollieren.

Das Komforthaus:
Ferienhaus im Schwarzwald

Das Haus, das ich hier beschreiben möchte, liegt am Fuße des Schwarzwaldes in der Nähe von Pforzheim. In dieser Ferien- und Wochenendhaussiedlung wurde bereits eine große Anzahl von Häusern erfolgreich von Notstromaggregaten auf Solarstrom umgestellt. Auch wenn Notstromaggregate bereits gut schallisoliert werden können, müssen sie jedoch ständig laufen, wenn die Stromversorgung mit 220 Volt erfolgen soll. In vielen Fällen werden daher Batterien mit dem Gleichstromgenerator des Gerätes aufgeladen, so daß eine Umstellung auf Solarstrom auch noch nachträglich leicht möglich ist, ohne viele Geräte zu erneuern.

Aber ein Notstromgenerator braucht nun nicht ausrangiert zu werden, denn, wie in diesem Haus, wird er dann gelegentlich angelassen, wenn die Bohrmaschine, Elektrosäge oder die Häckselmaschine benutzt werden soll. Ein Wechselrichter mit der Leistung von über 2 kVA kann somit eingespart werden. Zudem würde ein solches Gerät einige tausend Mark kosten.

Das Haus wird nicht nur an den Wochenenden, sondern oft auch in der Woche und vor allem in den Ferien aufgesucht. Die Stromversorgung reicht sogar für den Urlaub über die Weihnachtstage aus. Dabei handelt es sich um ein Haus mit zwei Schlafräumen im Obergeschoß, einem großen Wohnzimmer, Küche, Diele und Bad. Die Grundfläche beträgt etwa 50 Quadratmeter, also ein richtiges komfortables Haus.

Einen wesentlichen Anteil am Komfort dieses Anwesens hat die 12-Volt-Solarstrom-Anlage, denn alle Räume werden für die Beleuchtung mit Strom versorgt. Für Küche, Flur, Bad, Treppenhaus und Schlafräume wurden 8-Watt-Transistorleuchten eingesetzt. Über den Betten wurden zudem Halogenleselampen angebracht.

Nur das Wohnzimmer wird mit 220-Volt-Stromsparlampen beleuchtet. Selbstbausätze mit elektronischen Vorschaltgeräten für den Gleichstrombetrieb dieser Stromsparlampen waren bei der Installation der Anlage noch nicht zu erhalten. Daher wurde folgende technische Lösung gefunden:

Eingesetzt wurde ein kleiner 12-Volt-Wechselrichter mit einer Leistung von 40 VA. Da dieses Gerät keine Einschaltautomatik aufweist, wurde er am Eingang zum Wohnzimmer installiert. Ein Schalter zum Gleichstromkreis setzt den Wechselrichter und gleichzeitig eine mit dem Wechselstromkreis fest verbundene 11-Watt-Stromsparlampe in Betrieb. Schließlich können noch weitere zwei Stromsparlampen gleicher Leistung separat dazu eingeschaltet werden, ohne den Wechselrichter zu überlasten.

Der Vorteil dieser Schaltung liegt auf der Hand, denn erst wenn der Wechselrichter ausgeschaltet wird, erlischt auch die Lampe. Somit wird verhindert, daß das Gerät eingeschaltet bleibt und Strom verbraucht, ohne daß eine Lampe brennt.

Sind alle drei Leuchten eingeschaltet, was selten geschieht, ist das Zimmer taghell beleuchtet. Dabei wird unter Einbeziehung der Verlustleistung des Wechselrichters aus etwa 40 Watt Anschlußleistung eine Helligkeit erzeugt, die der einer 180-Watt-Glühlampe entspricht.

Zur Einrichtung des Wohnzimmers gehört darüber hinaus ein Schwarzweiß-Fernsehgerät sowie eine Autoradio-Stereoanlage in HiFi-Qualität. Die Stromversorgung dieser Geräte mit 12 Volt hat gegenüber den 24-Volt-Anlagen den Vorteil, daß auf einen Spannungswandler, der stets eine Verlustleistung hat, verzichtet werden kann. Dies gilt auch für die Halogenlampen.

Zum Komfort der Küche gehört der Kühlschrank. Ein 60-Liter-Schwingkompressor-Einbaugerät tut hier zur vollen Zufriedenheit der Besitzer seinen Dienst. Damit der Kompressor gut belüftet wird, was vor allem im Winter von großem Vorteil ist, wurde die Hauswand auf der Rückseite des Gerätes durchbrochen und mit einem Lamellengitter versehen. Das Gerät wird natürlich nur dann eingeschaltet, wenn das Haus bewohnt ist.

In diesem Haus ist nicht nur die Stromversorgung autonom, sondern auch die mit Wasser. Das Regenwasser wird über die Dachrinnen eingefangen, läuft über eine Filteranlage und wird in einer Zisterne gespeichert. So freut sich der Besitzer nicht nur über Sonnenschein, sondern auch über Regen.

Die Förderung des Wassers erfolgt über eine 65-Watt-Membranpumpe, wie sie bereits im Kapitel über Pumpen beschrieben wurde. Versorgt werden nicht nur die Wasserhähne in Küche und Bad, sondern der Druck reicht aus, um einen Gasdurchlauferhitzer zu versorgen. Auch der Wasserhahn im Garten ist an diese Pumpe angeschlossen. Sie ersetzt, man sollte es nicht glauben, eine 250-Watt-Wechselstrom-Kreiselpumpe.

Würden alle Geräte gleichzeitig eingeschaltet, was eigentlich nie passiert, betrüge die Gesamtleistung etwa 240 Watt und der Gesamtstrom 20 Ampere. Dieser Strom bedingt in der 12-Volt-Anlage, daß mehrere ausreichend dimensionierte Kabelkreise installiert werden mußten.

Der Clou dieser Stromversorgung aber ist die Batterie. Sie hat bei einer 10-stündigen Entladungszeit eine Kapazität von 400 Ah, die jedoch bei niedrigeren Strömen, z.B. bei 10 A, sogar 500 Ah beträgt. Es handelt sich hierbei um eine „VARTA bloc"-Batterie, die dem Typ OPzS entspricht und wegen ihrer hervorragenden Eigenschaften in technischen Solarstrom-Anlagen Verwendung findet (siehe Foto im 3. Kapitel, Seite 196).

Solche Batterien sind bei Neuerwerb sehr teuer, der Preis dürfte bei etwa DM 2000,– liegen. Diese stammt jedoch aus einer Notstromversorgung einer Industrieanlage und wurde gegen eine neue ausgewechselt, wie dies alle acht bis zehn Jahre geschieht.

Obgleich solche Batterien nur wenige Male entladen werden, nämlich bei Stromausfall, sind sie vor allem bei niedrigen Entladeströmen, wie in Solarstrom-Anlagen, voll gebrauchstüchtig. In den meisten Fällen dürfte sie noch für zehn Jahre ihre Dienste tun.

Statt auf dem Schrottplatz, und von dort zur Bleirückgewinnung in einer Metallhütte zu landen, wurde sie für wenig Geld erworben und in der Solarstrom-Anlage installiert. Sie wurde zentral und gut belüftet im Keller des Hauses aufgestellt. Der Standort garantiert kurze Kabelwege zu allen Räumlichkeiten. Bei mehreren Stromkreisen reichte ein Kabelquerschnitt von 3 mm² vollkommen aus.

Ärger bei der Installation der Anlage gab es nur mit dem Laderegler, der wegen fehlendem Verpolungsschutz durch eine Unachtsamkeit bei der Montage ausfiel. Er wurde schließlich durch eine Sperrdiode ersetzt. Ist die Batterie vollgeladen und wird ihr kein Strom entnommen, z.b. während des Urlaubs, so kann sie unbesorgt an den Solarmodulen angeschlossen bleiben, denn es würde gut einen Monat dauern, bis der Elektrolytstand vom Maximum auf den Minimalstand abgesunken wäre. Der Füllstand wird in dieser Anlage trotzdem regelmäßig kontrolliert, was wegen der guten Zugänglichkeit der Batterie leicht möglich ist. Bei dieser Gelegenheit wird mit einer Säurewaage der Ladezustand bestimmt.

Auch die drei Solarmodule mit einer Spitzenlleistung von 100 Wp sind auf dem Hausdach optimal aufgestellt. Mit einer Dachpfannendurchführung, wie sie im Antennenbau Verwendung findet, wurde die Stütze für die Solarmodule durch das Dach wasserdicht zum Dachboden des Hauses geführt. Selbstverständlich lassen sich die Solarmodule durch Veränderung des Aufstellwinkels dem Sonnenstand anpassen.

Wie wir aus diesem Beispiel erfahren haben, ist eine gut geplante 12-Volt-Gleichstromanlage auch in solch einem großen Ferienhaus realisierbar. In nächster Nachbarschaft stehen allerdings auch einige Häuser, deren Besitzer auf 24 Volt schwören. Man erkennt diese Anlagen daran, daß meist 4 Solarmodule aufgestellt wurden. Die höhere Modulleistung gestattet dafür eine etwas geringere Batteriekapazität. Wenn auch die Nutzungsdauer und die angeschlossenen Geräte in etwa der beschriebenen Anlage entsprechen, so dürfte eine Erweiterung nicht so einfach und preiswert möglich sein wie bei der 12-Volt-Anlage.

Ferienhaus im Schwarzwald. Statt dieses 2,7-kVA-Stromaggregat für die Stromversorgung einzusetzen, wurde auf 100-Wp-Solarmodule mit 12-V-Gleichstrombetrieb umgestellt.

Ferienhaus im Schwarzwald. 12-V-Anlage. Spitzenleistung der Solarmodule ca. 100 Wp.

Wasserversorgung. Eine Membran-Gleichstrompumpe mit 65 W Leistung ersetzt die darunter gelegene 250-W-Wechselstrom-Kreiselpumpe.

Ferienhäuser im Schwarzwald. 24-V-Anlage. Spitzenleistung der Solarmodule ca. 130 Wp.

Stromversorgung durch Wind und Sonne:
Ferienhaus auf Lanzarote

Die Kombination eines Solarmoduls mit einem Windgenerator kann in manchen Fällen eine ideale Paarung ergeben, vor allem dann, wenn ein Ferienhaus mit Strom versorgt werden soll.

Die Stromproduktion des Windrades ist mit der eines Solarmoduls insofern zu vergleichen, als beide Stromgeneratoren von der Wetterlage abhängig sind. Der erzeugte Strom fällt somit unterschiedlich stark an und muß daher ebenfalls über geeignete Batterien gespeichert werden. Um die Batteriekapazität zu beschränken, sollten die Verbraucher auch stromsparend ausgelegt werden, so daß meist ein Gleichstrombetrieb (12 oder 24 Volt) dem Wechselstrom vorzuziehen ist.

Wie beim Solarmodul die Spitzenleistung erst bei einer starken Sonneneinstrahlung erzeugt wird, so muß beim Windrad der Wind schon heulen (etwa 50 km/h), um die angegebene Nennleistung zu erzeugen. Windhindernisse, wie z.B. Bäume, wirken wie Abschattungen beim Solarmodul.

Das Ferienhaus auf Lanzarote (Kanarische Inseln) bot sich für eine solare Stromversorgung an, denn genügend Sonne ist dort das ganze Jahr vorhanden. Schließlich entsprechen die Einstrahlungsdaten denen der Sahara (die jährlichen Einstrahlungswerte sind fast doppelt so hoch wie bei uns in Deutschland).

Zunächst sollte die Stromversorgung des Hauses nur für die Beleuchtung und für die Wasserpumpe ausreichen. Ein Solarmodul mit einer Spitzenleistung von 35 Wp erzeugte täglich bis zu 20 Ah, die über einen Laderegler in einer 100-Ah-Solarbatterie gespeichert wurden. Die Stromversorgung war somit vollkommen ausreichend dimensioniert.

Als dann aber auch noch ein 80-Liter-Kompressorkühlschrank mit Strom versorgt werden sollte, war die Solarstrom-Anlage zu klein geworden. Auch die Verdoppelung der Batteriekapazität brachte natürlich keinen durchschlagenden Erfolg, außer daß es einige Tage länger kühle Getränke gab als vorher, wenn der Besitzer seinen Urlaub antrat und die Batterien vollgeladen waren. Wo sollte der zusätzlich benötigte Strom auch herkommen?

Die Anlage mußte also erweitert werden, wozu sich ein Windradgenerator mit einer Spitzenleistung von 65 Watt anbot. Hier sei vermerkt, daß eine Erweiterung der Anlage um zwei Solarmodule auf eine Spitzenleistung von

105 Wp fast doppelt so teuer gekommen wäre wie die Anschaffung des Windrades (dies war im Jahr 1984, heute sind die Kostenunterschiede weit geringer).

Die Kombination von Solarmodul und Windradgenerator hat sich gelohnt, denn vor allem die Morgen- und Abendwinde und manch eine etwas stürmischere Tiefdrucklage lassen den Propeller so schnell laufen, daß die für den Kühlschrank benötigten 500 Wh stets abgedeckt werden.

Und noch ein Vorteil ergibt sich aus dieser Paarung von Windrad und Solarmodul. Da es sich um ein Ferienhaus handelt, das nur einige Monate im Jahr bewohnt wird, kann das Windrad bei Abwesenheit der Besitzer stillgesetzt werden, während das Solarmodul in der übrigen Zeit über den Laderegler die Batterien auf optimalen Ladungszustand hält. Die Lebensdauer des Windradgenerators wird hierdurch erheblich erhöht, trotzdem sind die Batterien vollgeladen, wenn das Haus wieder benutzt wird.

Einige hundert Kilometer von Lanzarote entfernt liegt die noch wenig bekannte Vulkaninsel Hierro. Auch dort finden wir einige Häuser, deren Stromversorgung mit Solarstrom erfolgt. Obgleich es auf dieser Insel wegen der hohen Berge auch schon manchmal regnet und daher die Sonneneinstrahlung etwas geringer sein dürfte als auf Lanzarote, reichen dort drei Solarmodule mit einer gesamten Spitzenleistung von 105 Wp für die Beleuchtung, vor allem auch für den Kompressorkühlschrank, Radio und Wasserpumpe aus.

Dieses Haus auf Hierro dient nicht nur als Ferienhaus, sondern wird etwa 10 Monate im Jahr bewohnt. Übrigens wäre der Anschluß an das öffentliche Stromnetz teurer gewesen als die Solarstrom-Anlage gekostet hat. Zudem wird der Strom zum Nulltarif geliefert. Und dies gilt nicht nur für solch eine exotische Insel, sondern auch für eine große Anzahl von Ferienhäusern bei uns in Deutschland.

Ferienhaus auf Hierro (Kanarische Inseln).

Solarmodul 35 Wp und Windrad 65 Wp ergänzen sich auf diesem Ferienhaus.

Strom in 2140 Meter Höhe:
Alpenhütte im Tessin

Hunderte von Alpenhütten werden inzwischen durch Solarstrom beleuchtet. Die klare Luft und meist gute Wetterlage in Höhen über 1500 Meter garantieren hohe Einstrahlungsraten und somit auch einen optimalen Gewinn an elektrischer Energie.

Die hier beschriebene Hütte „Campo Tencia" des Schweizer Alpenvereins liegt im Tessin auf 2140 m Höhe, ganz in der Nähe des St. Gotthard. Sie ist von dem kleinen Gebirgsdorf Dalpe nur zu Fuß in etwa drei Stunden zu erreichen. Dies bedeutet, daß alle Nahrungsmittel und auch Brennstoffe nach oben getragen oder mit dem Hubschrauber eingeflogen werden müssen.

Voll genutzt wird die Hütte, d.h. täglich, in den Sommermonaten, im Frühling und Herbst dagegen nur an den Wochenenden. Dies bedeutet, daß mit einer jährlichen Betriebszeit der Beleuchtung von etwa 300 Stunden zu rechnen ist.

Erfolgte die Stromversorgung der Hütte mit einem Notstromaggregat, wären zum Betrieb dieses Geräts etwa 500 Liter Kraftstoff nötig, der zu hohen Kosten eingeflogen werden müßte. Neben der Lärmbelästigung und den unvermeidlichen Abgasen würden alle zwei bis drei Jahre Reparaturen oder Ersatz des Aggregates notwendig, was wiederum Kosten zuzüglich Transportkosten verursachen würde. Wir sehen also, daß sich eine Solarstrom-Anlage wegen ihrer langen Lebensdauer und Wartungsfreiheit in solchen Fällen auch von den Kosten her bezahlt macht.

Die Hütte „Campo Tencia" wurde nach einem Brand im Jahre 1976 wieder neu errichtet und bei dieser Gelegenheit auch mit einer Solarstrom-Anlage ausgerüstet. Diese besteht aus sechs Solarmodulen mit jeweils 33 monokristallinen Solarzellen, wobei jeweils 2 Solarmodule in Reihe geschaltet sind, um die Batterien mit einer Nennspannung von 24 Volt bei einer Kapazität von 230 Ah zu laden. Die totale Leistung der Module beträgt etwa 200 Wp. Die Solarstrom-Anlage dient ausschließlich der Stromversorgung für die Beleuchtung. Die verwendeten Glühlampen für 24 Volt, 15 Watt, gestatten jedoch nur eine spärliche Beleuchtung der Räume.

Die Hütte hat eine Grundfläche von rund 150 m² und bietet Schlafplätze für über 100 Bergwanderer an. Mit Strom versorgt werden die Leuchten des Vorraumes und der Toiletten im Erdgeschoß, die beiden Gemeinschaftsräume sowie die Küche im ersten Obergeschoß, die 6 Schlafräume im zweiten Obergeschoß sowie die Flurbeleuchtung. Wären die Lampen alle gleichzeitig eingeschaltet, so betrüge ihre gesamte Anschlußleistung 360 Watt. Nicht glücklich gelöst erscheint mir die Befestigung der Solarmodule an den Hauswänden. Nicht nur, daß die unter einem Aufstellwinkel von 60 Grad fest montierten Solarmodule weder im Sommer noch in der Übergangszeit eine optimale Ausrichtung zum Sonnenstand ermöglichen, es verursachen auch die Fensterläden bei einem hohen Sonnenstand Abschattung, was zu einer zusätzlichen Leistungsminderung führt.

Kaum eine Berghütte wurde unter dem Aspekt der Integration von Solarmodulen erbaut, so daß die Montage am Haus sich selbst oft ausschließt. Im Fall der Hütte „Campo Tencia" wurden zudem zwei Module nach Süd/Ost und vier nach Süd/West ausgerichtet, so daß die einen bis elf, die anderen erst ab elf Uhr voll beleuchtet werden. Die einfachste Lösung wäre daher in diesem Fall ihre Aufstellung auf einem Berg, der sich hinter der Hütte erhebt. Das Kabel mit einer Länge von 40 bis 50 Metern muß dann bei 24 Volt einen Querschnitt von 12 mm^2 aufweisen. Ist dann das Gestell der Solarmodule noch nach dem Sonnenstand einstellbar, kann gegenüber den jetzigen Gegebenheiten bestimmt mit einer Verdoppelung der abgegebenen Leistung gerechnet werden.

Würden zudem noch Transistor- und Stromsparlampen eingesetzt, müßte wie zur Zeit, nicht mehr mit dem Strom gespart werden (viele Glühlampen wurden entfernt), sondern es könnte sogar noch ein Kühlschrank den Komfort der Hütte steigern.

Trotz des rauhen Gebirgsklimas, Kälte, Schnee und starker Sonneneinstrahlung, zeigten die Solarmodule keinerlei Verschleißerscheinungen. Weder konnte Korrosion am Aluminium-Profilrahmen, noch Undichtigkeiten an der rückwärtigen Abdeckung oder der Gummiabdichtung festgestellt werden. So war auch keine Leistungsminderung feststellbar.

Welcher Stromgenerator läuft über zehn Jahre lang tagein tagaus unter solchen klimatischen Bedingungen, ohne daß der geringste Verschleiß festgestellt werden kann?

Solarstrom-Anlage der Alpenhütte „Campo Tencia" auf 2140 Meter Höhe. Der Strom dient zur Beleuchtung des Hauses.

Obgleich seit 1976 in Betrieb, zeigen die Solarmodule keine Leistungsminderung.

Leistungsminderungen bis zu 50 % ergeben sich durch einen zu schrägen Aufsstellwinkel, Abschattungen durch die Fensterläden und Ausrichtung der Solarmodule nach Süd/Ost und Süd/West.

Wochenendhaus in der Südeifel. Die Solarmodule wurden vom Dach auf den Berg verlegt, wodurch vor allem im Winter bei niedrigem Sonnenstand Abschattungen durch Bäume verringert wurden.

Aufstellprobleme der Solarmodule gab es auch bei dem in der Südeifel an einem bewaldeten Hang gelegenen Wochenendhaus. Das zunächst auf dem Dach installierte Solarmodul erzeugte vor allem in den Wintermonaten bei niedrigem Sonnenstand durch Abschattung der Bäume zu wenig Strom, um die Kompakt-Transistor- und Halogenlampen zu versorgen. Es mußten entweder die Batterien über den Notstromgenerator nachgeladen oder die vorhandenen zischenden Gaslampen eingesetzt werden.

Die Erweiterung der Solarstrom-Anlage um ein weiteres Solarmodul auf eine Gesamtleistung von 66 Wp war leicht möglich, da der Laderegler ausreichend dimensioniert war. Außerdem wurde ein neuer Aufstellort der Solarmodule etwa 20 m hinter dem Haus gefunden. Ein Kabel mit ausreichendem Querschnitt (3 mm^2) war von den Solarmodulen zum Laderegler schnell verlegt. Die freiere Lage der Solarmodule ergab vor allem im Winter eine erheblich geringere Abschattung durch die Bäume.

Die Leistungssteigerung und der bessere Aufstellort der Solarmodule führten zu einer autonomen solaren Stromversorgung des Wochenendhauses.

„Richtiger" Strom:
Ferienhaus-Anlage auf Mallorca

Auch auf Mallorca gibt es noch viele schöne, ruhige, aber auch entlegene Stellen, von denen mancher träumt. Nicht jeder will im Trubel von El Arenal seinen Urlaub verbringen. An einem ruhigen Ort wurde eine kleine Ferienhaus-Anlage mit vier Wohnungen errichtet.

Bei dem Anschluß an die öffentliche Stromversorgung stellte sich dann allerdings heraus, daß nicht nur eine mehrere Kilometer lange Überlandleitung verlegt werden müßte, sondern auch noch eine kleine Transformatorstation dazu benötigt worden wäre. Weder die häßlichen Überlandleitungen noch die hohen Kosten, die für die Installation aufzubringen gewesen wären, behagten dem Eigentümer.

Daher entschloß er sich, eine Solarstrom-Anlage zu errichten. Bei deren Planung stellte sich dann aber heraus, daß ein 12- oder 24-Volt-Gleichstrombetrieb mehr oder weniger ausgeschlossen schien, da über 50 Meter Kabel bereits verlegt worden waren. Der übliche Querschnitt des Kabels von 1,5 mm² eignete sich allerdings nicht, Ströme von bis zu 15 A ohne merklichen Spannungsabfall passieren zu lassen.

Die Stromversorgung konnte somit nur mit 220-Volt-Wechselstrom durchgeführt werden, denn eine Neuverlegung entsprechender Kabel für den Niederspannungsbetrieb wäre zu aufwendig gewesen. Es war somit zwingend nötig, einen Wechselrichter einzusetzen.

Dieser Wechselrichter mußte so groß dimensioniert werden, daß er insgesamt 15 Stromsparlampen à 9 Watt versorgen kann, also eine Leistung von mindestens 135 VA aufbringt. Es wäre demnach ein Gerät mit 200 VA ausreichend gewesen. Bei der Überprüfung der bereits gekauften Lampen wurde jedoch festgestellt, daß diese nicht 9 Watt, sondern eine Leistungsaufnahme von 18 VA aufweisen, der Strombedarf somit doppelt so groß war. Daher wurde ein Wechselrichter mit einer Nennleistung von 350 VA eingesetzt.

Dieses Gerät mit einer stabilen treppenförmigen Ausgangsspannung von 220 Volt, 50 Hz, kann kurzfristig auf die doppelte Nennlast überlastet werden und ist geschützt gegen Verpolung, Überlast und Kurzschluß. Eine Einschaltautomatik, die den Ruhestrom des Geräts von 1,2 A auf 75 mA gesenkt hätte, kam nicht in Frage, da die elektronischen Vorschaltgeräte der Stromsparlampen bei Einschaltung einen zu geringen ohmschen Widerstand aufweisen, als daß die Einschaltautomatik hierauf reagieren könnte. Es wurde ein professioneller Wechselrichter eingesetzt, der allen technischen Voraussetzungen Genüge tut. Bleibt das Gerät Tag und Nacht eingeschaltet und somit betriebsbereit, so verursacht der Ruhestrom bereits einen Stromverbrauch von 28,8 Ah entsprechend 345 Wh, also soviel wie ein kleiner Gleichstrom-Kompressorkühlschrank täglich verbrauchen würde.

Aber auch die Leistung der Solarmodule ist professionell ausgelegt, denn die 6 Module bringen zusammen eine Spitzenleistung von 264 Wp. Dies bedeutet, daß sie im monatlichen Mittel täglich in den Sommermonaten nutzbare 105 Ah, entsprechend 1260 Wh, liefern. In den Übergangsmonaten sind dies dann immer noch 75 Ah (900 Wh) und in den Wintermonaten etwas über 60 Ah (720 Wh).

Die Stromspeicherung erfolgt in diesem Fall in 6 verschlossenen, wartungsfreien 100-Ah-Solarbatterien. Andere Batterien waren auf Mallorca nicht aufzutreiben, und 150 kg Fluggepäck wären doch sehr teuer gekommen. Der Laderegler ist in solch einer Anlage unbedingt Voraussetzung. Die Überladeendspannung wurde auf 13,8 Volt eingestellt, so daß eine Überladung und Gasung der Batterie ausgeschlossen war.

Die Ferienhaus-Anlage wird in den Wintermonaten jedoch nicht voll genutzt, denn auch auf Mallorca ist es zu dieser Zeit kühl. Bei einer 50 prozentigen Belegung des Hauses reicht der produzierte Strom immer noch für die Beleuchtung aus. Durch die genügende Batteriekapazität kann auch eine Schlechtwetterperiode von einer Woche überbrückt werden. Zudem wird der Wechselrichter nur bei Bedarf, d.h. bei Dunkelheit eingeschaltet.

Ein reiner Gleichstrombetrieb hätte auch in diesem Fall gegenüber der Wechselstrom-Anlage erhebliche Vorteile gebracht. Vor allem hätte bei dem Einsatz geeigneter Stromsparlampen der Stromverbrauch stark gesenkt werden können. Durch den Einsatz eines Wechselrichters ergeben sich jedoch auch Vorteile. Diese bestehen darin, daß eine genaue Planung der Verkabelung entfällt, und auch manches praktische und preiswerte Haushaltsgerät jederzeit eingesetzt werden kann. So kann durch den Wechselrichter unter anderem eine Bohrmaschine oder eine Nähmaschine angeschlossen werden. Natürlich können nicht alle Geräte gleichzeitig laufen. Beim Kauf dieser Verbraucher ist stets auf niedrige Anschlußleistung zu achten.

Schließlich kann festgestellt werden, daß „richtiger Strom", also Wechsel-strom, in einer Solarstrom-Anlage möglich ist, jedoch auch teuer bezahlt werden muß. Eine genaue und rechtzeitige Planung eines Solarstrom-Hauses ist in jedem Fall zweckmäßig. Ein Wechselrichter sollte eigentlich nur im Bedarfsfall eingesetzt werden, nämlich dann, wenn gebohrt oder genäht werden soll.

Ferienhaus-Anlage auf Mallorca. Anschlußleistung 264 Wp. Foto: Rohrbach

Ferienhaus-Anlage auf Mallorca. Batterien, Laderegler und Wechselrichter sind nah beieinander installiert. Foto: Rohrbach

223

6. Kapitel

Unterwegs zur See und auf dem Land: Mobile Solarstrom-Anlagen

Von stationären Solarstrom-Anlagen ist in den vorherigen Kapiteln ausführlich berichtet worden. Wie steht es nun aber mit den mobilen Anlagen, also jenen auf Booten und Caravans?

Mobile und stationäre Anlagen haben eines gemeinsam, nämlich stromsparende Verbraucher. Es handelt sich hierbei weitgehend um Gleichstromgeräte. Boots- und Caravanausrüster haben mit solchen Installationen daher meist auch ausreichende Erfahrungen. Vor allem können über solche Firmen, die meist einen Katalogversand haben, entsprechende Geräte bezogen werden.

Mobile Anlagen haben gegenüber den stationären den Vorteil, daß die Stromversorgung ganz oder teilweise über die Lichtmaschine des Antriebsmotors erfolgt. Die Solarstrom-Anlage braucht daher oft nur eine zusätzliche Stromquelle zu sein.

Der wesentliche Nachteil des Solarstroms auf Booten und Caravans liegt einfach darin, daß der Standort laufend wechselt und somit eine optimale Aufstellung und Ausrichtung der Solarmodule nicht möglich ist. Hinzu kommt, und dies betrifft vor allem die Boote, daß ein günstiger Aufstellplatz fehlt.

Was möglich und wie es zu realisieren ist, soll in diesem Kapitel beschrieben werden.

Ein Beispiel für einen mobilen Einsatz von Solarmodulen betrifft die Funkamateure. Sender sowie Empfänger solcher Geräte haben Stromaufnahmen, die weit unter einem Ampere liegen. Es können somit Solarmodule verwendet werden mit Leistungsabgaben bis zu 5 Wp (siehe Foto auf Seite 94). Solche kleinen Solarmodule sind in vielen Fällen leichter als Batteriesätze, vor allem wenn über einige Tage aus entlegenen Gebieten gesendet werden soll.

Wenn auch stationär, so stellt das Notruftelefon an der B 14 im Schwarzwald solch eine Einsatzmöglichkeit einer Funkanlage dar. Die nachts sogar beleuchtete und über das ganze Jahr betriebene Notrufsäule der Björn-Steiger-Stiftung hilft Leben retten, so wie dies auch manch ein Funkamateur aus Katastrophengebieten konnte.

Meist ist in solchen Notgebieten auch die Stromversorgung zusammengebrochen. Sind dann die Batterien leer, könnte auch ein mobiles Solarmodul lebensrettend sein.

Notruftelefon an der B 14 im Schwarzwald. Diese nachts beleuchtete Notrufsäule der Björn-Steiger-Stiftung hilft Leben retten. Die Stromversorgung über die Solarmodule ist erheblich billiger als ein teures Kabel. Foto: AEG.

Safari-Caravan mit solarer Stromversorgung, gesehen auf dem Caravan-Salon in Essen.

Boote:
Solarstrom zur See

Wer ein Boot besitzt, sei es ein Motor-, aber vor allem auch ein Segelboot, der weiß, daß die Stromversorgung oft Sorge bereitet. Es geht oft wirklich nichts mehr, wenn die Batterien entladen sind. So kann der Motor über die Starterbatterie nicht mehr angelassen werden, und die über die Bordbatterien versorgten nautischen Geräte versagen ihren Dienst.

Inwieweit können nun Solarmodule zur Stromversorgung auf Booten nützlich sein? Gegenüber der stationären Anwendung ergeben sich drei wesentliche Nachteile:

– Die Aufstellfläche für die Solarmodule ist in vielen Fällen sehr beschränkt.

– Der Neigungswinkel kann meist nicht optimal zur Sonne ausgerichtet werden, d.h. die Montage erfolgt horizontal. Dies führt zu einer Leistungsminderung.

– Abschattungen führen vor allem auf Segelbooten durch den Mast, die Rahe oder die Takelage zu einer weiteren verminderten Stromlieferung.

Außerdem werden an die Solarmodule sowie an die Elektrik besondere Anforderungen gestellt. Hier seien die wichtigsten aufgezählt und die Möglichkeiten genannt, um die Anwendung des Solarstroms auf Booten zweckmäßig zu gestalten.

Mechanische Anforderungen

Auf Booten, und das betrifft natürlich ganz besonders Segelboote, muß das Deck überall begehbar sein und somit auch die darauf montierten Solarmodule. In Prospekten wird daher oft auf die Trittfestigkeit der Solarmodule hingewiesen. Zu beachten ist jedoch, daß Trittfestigkeit, außer bei flexiblen Modulen, noch nicht Sprungfestigkeit bedeutet.

Die Trittfestigkeit ist vor allem von der Rahmenkonstruktion abhängig. Sie ist stets für Solarmodule mit einem etwa drei Zentimeter dicken Profilrahmen gegeben. Module mit einem flachen Rahmen jedoch bekommen erst durch eine Teakholzhalterung die nötige Steifheit. Diese Halterung gleicht zudem die Wölbung des Decks aus.

Für den Bootsmarkt werden auch Solarmodule in einer sogenannten

„Marineausführung" angeboten. Es soll sich hierbei um besonders trittfeste, aber vor allem auch um seeklimataugliche Module handeln.

Die Trittfestigkeit nimmt bekanntlich zu, je kleiner die Fläche des Solarmoduls ist. Bei gleicher Rahmenkonstruktion und Glasstärke ist ein 20-Wp-Solarmodul stabiler als eines mit der doppelten Leistung. Allerdings benötigen zwei 20-Wp-Solarmodule stets eine größere Fläche als das mit 40 Wp. Wie trotzdem eine gute Festigkeit erzielt werden kann, beschreibe ich auf Seite 231 über die Aufstellung von Solarmodulen.

Zu der Seeklima-Tauglichkeit kann festgestellt werden, daß so ziemlich alle auf dem Markt befindlichen Solarmodule diesen Anforderungen genügen, auch wenn zur See die Korrosionsgefahr größer als zu Lande ist.

Allerdings werden auch solche Solarmodule zu erhöhten Preisen angeboten, deren Aluminiumrahmen eine besondere Veredelung durch eine Harteloxierung aufweisen. Dabei haben solche mit einer normalen Eloxalschicht eine gleich hohe Korrosionsbeständigkeit wie das erheblich teurere Produkt.

Man kann also davon ausgehen, daß industriell gefertigte Solarmodule, ob mit einem Aluminium- oder Edelstahlrahmen versehen, den Bedingungen des Seeklimas entsprechen. Dies betrifft nicht nur den Rahmen, sondern auch die Gummidichtung, die Kabeldurchführung sowie die Einbettung der Solarzellen. Schließlich werden Solarmodule stets auch unter Seeklimabedingungen auf Korrosion geprüft.

Solarmodule auf Deck können manchmal auch „Stolpersteine" sein.

Flexible Solarmodule scheinen mir unter Einschränkungen oft die beste Lösung des Einsatzes von Solarstrom auf Booten zu sein. Es handelt sich hierbei um solche, die einerseits extrem flach (nur etwa 3 mm dick) sind und um ihre Längsrichtung um einige Zentimeter gebogen werden können.

Das Modul kann somit direkt auf dem Bootsdeck an beliebiger Stelle installiert werden und paßt sich bedingt durch seine Flexibilität, der Deckwölbung an. Die wenigen Millimeter, die das Modul hoch steht, stellen dann auch keinen „Stolperstein" dar.

Zwei Nachteile ergeben sich jedoch: Der nicht ganz so gravierende ist, daß durch die direkte Montage auf Deck bei einer starken Sonneneinstrahlung die Wärme rückseitig nicht abgeführt werden kann, so daß durch eine verstärkte Temperaturerhöhung die Leistung nachläßt. Der zweite Nachteil liegt darin, daß die konstruktionsbedingte Vorderseitenabdeckung aus einer flexiblen, transparenten Kunststoffolie besteht, die durch Alterung vergilbt und zu einer Leistungsminderung des Solarmoduls führt.

Während solche Solarmodule gegenüber jenen mit einer Glasscheibe nicht nur trittfest, sondern auch bei sauberer Montage sprungfest sind, ist deren Oberfläche allerdings vor Zerkratzung und auch Hagelschlag zu schützen.

Trittfest aber nicht sprung- oder schlagfest ist solch ein Solarmodul auf einem Segelboot.

Elektrische Anforderungen

Neben den besonderen mechanischen Anforderungen von Solarmodulen auf Booten ergeben sich auch noch spezielle elektrische. Die in der Regel beschränkten Platzverhältnisse erlauben meist nur den Einsatz solcher Module mit einem hohen elektrischen Wirkungsgrad. Hierbei ist vor allem die Leistungsdichte in Wp pro m^2 ausschlaggebend.

Die Leistungsdichten verschiedener Solarmodule mit mono- und polykristallinen sowie amorphen Zellen seien hier aufgelistet:

Amorphe Module: 40 bis 45 Wp/m^2
Monokristalline Rundzellen: 80 bis 100 Wp/m^2
Monokristalline Rechteckzellen: 100 bis 120 Wp/m^2
Polykristalline Rechteckzellen: 90 bis 110 Wp/m^2

Die größte Leistungsdichte haben somit Solarmodule, die aus „high grade" monokristallinen Silizium-Rechteckzellen gefertigt werden, die niedrigste die amorphen Module, die deshalb nur in Sonderfällen angewendet werden sollten, nämlich wenn es sich um eine Ladungserhaltung von Batterien handelt.

Eine weitere wesentliche elektrische Kenngröße von Solarmodulen im Einsatz auf Booten ist ihre Leerlauf- oder Nennspannung. Da die Module zumeist direkt auf dem Deck installiert werden, wobei der Abstand zwischen dem Solarmodul und dem Untergrund gering gehalten wird, ist die Wärmeabfuhr auf der Rückseite bei einer hohen Sonneneinstrahlung kaum gegeben.

Dies bedeutet bekannlich, daß die Zellentemperatur stark ansteigt, jedoch die Nennspannung ebenso stark sinkt. Daher müssen Solarmodule verwendet werden, die eine Leerlaufspannung von mindestens 21 Volt mit der daraus resultierenden Nennspannung von mindestens 17 Volt aufweisen. Es handelt sich also um Module mit 36 oder 40 Solarzellen.

Während Solarmodule in der Regel, wie beschrieben, gegen Korrosion durch das Seeklima weitgehend beständig sind, trifft dies für den Laderegler nicht unbedingt zu.

Auch wenn die Montage des Ladereglers stets unter Deck, möglichst an einem gut einsehbaren Ort in der Nähe der Bordbatterie, erfolgen sollte, damit Warnleuchten erkannt werden können, so ist auch dort mit einer Korrosion zu rechnen.

Im Bootshandel werden meist marinetaugliche Laderegler angeboten. Trotzdem sollten zusätzliche Maßnahmen gegen Korrosion getroffen werden. Als marinetauglich werden nämlich solche Geräte bezeichnet, deren Platinen vergossen sind; das Relais für den Tiefentladeschutz ist dagegen ungeschützt und kann als einziges mechanisches Bauteil korrodieren und seinen Dienst versagen.

Als notwendige Schutzmaßnahme gegen das Eindringen von Feuchtigkeit müssen alle Öffnungen, wie die Kabeldurchführungen, Verschraubungen oder nicht abgedichtete Schalter und Kontrollampen, mit einer Silikonmasse verschmiert werden. Da diese Masse nach der Abbindung plastisch bleibt, kann das Gerät ohne Probleme später wieder geöffnet werden.

Ein übriges kann getan werden, wenn in das Gerät ein Beutel mit einer hygroskopischen Substanz eingelegt wird. Solche Feuchtigkeit anziehenden Stoffe sind z.B. entwässertes (dehydratisiertes) Magnesium- oder Calciumchlorid. Solche Stoffe können eine etwa ihrem Eigengewicht entsprechende Menge an Wasser binden. Es genügt daher die Menge eines gehäuften Eßlöffels, um den Laderegler für längere Zeit total trocken zu legen. Werden solche Maßnahmen durchgeführt, kann auf den Kauf eines teuren Ladereglers in Marineausführung verzichtet werden.

Vor allem auf Segelbooten werden häufig geschlossene, wartungsfreie Bordbatterien eingesetzt. Beim Kauf des Ladereglers sollte daher stets darauf geachtet werden, daß die Überladeendspannung auf 13,8 Volt (27,6 Volt für die 24-Volt-Anlage) eingestellt ist.

Aufstellung der Solarmodule

Für eine feste Installation der Solarmodule auf Deck können weder für Motor- noch für Segelboote allgemeingültige Hinweise gegeben werden. Schließlich werden Boote nicht in Großserien gefertigt, und an eine solare Stromversorgung wurde bei der Konstruktion meist nicht gedacht.

Ideal wäre beim Neubau eines Bootes, das Solarmodul direkt in das Kajütdach zu integrieren. Dies wäre auch für ein Segelboot ein günstiger Aufstellplatz, da hier wenig Abschattungen auftreten und das Kajütdach kaum begangen wird. Wird die Glasscheibe auf der Rückseite noch zusätzlich abgestützt, so kann das Solarmodul auch größere Belastungen verkraften.

Fast immer wird die Solarstrom-Anlage nachträglich installiert. Deshalb muß eine freie Fläche gefunden werden, die möglichst kaum abgeschattet ist und wenig begangen wird.

Um die Trittfestigkeit eines fest installierten Moduls zu erhöhen, rate ich zu folgenden Maßnahmen:

Erfolgt die Montage mit Teakholzhalterungen, was oft die eleganteste Lösung ist, sind die Seitenflächen des Moduls gut geschützt. Die Gefahr des Bruchs der Scheibe durch Überlastung kann nur in der Mitte auftreten. Daher sollte die Scheibenmitte unterstützt werden, je nach der Größe des Moduls an ein bis drei Stellen.

Als Unterstützungsmaterial eignen sich sehr vorteilhaft Gummistopfen (Korken) mit einem unteren Durchmesser von etwa einem Zentimeter. Sie weisen eine gute Festigkeit auf, sind elastisch und können einfach mit einem Messer auf die benötigte Länge geschnitten werden.

Die Stopfen werden so bemessen, daß sie genau den freien Abstand zwischen Solarmodul-Rückseite und Bootsdeck ausfüllen. Die Befestigung erfolgt wiederum mit einer Silikonmasse, und zwar an den Stellen, wo die Ecken von vier Solarzellen (bei runden sollte dies das freie Dreieck sein)

Dieses 18-Wp-Solarmodul, auf einer Ladeluke montiert, wird kaum eine vollständige Stromversorgung auf einem Segelboot ermöglichen. Zur Ladungserhaltung der Bord- und Starterbatterien ist es jedoch geeignet.

zusammenstoßen. Damit der Stopfen nicht wegrutschen kann, sollte mit der Silikonmasse auch die dickere Seite bestrichen werden, so daß er auf dem Bootsdeck haftet.

Nicht zu empfehlen ist eine Ausschäumung des rückwärtigen Freiraumes des Solarmoduls, obgleich hierdurch eine ideale Festigkeit erzielt wird, denn dann können so hohe Temperaturen entstehen, daß die Zellen beschädigt werden. Gleiches gilt für eine Unterstützung mit Styroporplatten.

Da nicht nur die Stellflächen begrenzt sind, sondern auch die Ausrichtung der fest installierten Solarmodule zur Sonne hin nur in Einzelfällen möglich ist, können mobile Solarmodule meist zweckmäßig eingesetzt werden. Hierbei handelt es sich um ein oder mehrere Solarmodule, die erst am Liegeplatz oder bei einer ruhigen Wetterlage angeschlossen werden.

Es wird dann, je nach Sonnenstand an der günstigsten Stelle aufgestellt. Leichte Solarmodule können sogar oft problemlos an der Reling befestigt werden. Ferner eignet sich auch oft der Bug oder das Heck für die Befestigung.

An dem Modul oder den Aufstellplätzen müssen jedoch meist Vorrichtungen angebracht werden, die eine einfache Aufstellung gestatten und einen Halt geben. Ansonsten könnte leicht eine Windbö oder stärkeres Schwanken das Modul über Bord gehen lassen. Außerdem läßt sich solch eine Vorrichtung, so anfertigen, daß ein Diebstahl wenigstens erschwert wird.

Das Solarmodul muß nur noch mit einem ausreichend langen Kabel versehen werden, damit eine leichte Ankoppelung an die Batterie oder den Laderegler möglich ist. Zweckmäßigerweise sollten an den vorgesehenen Aufstellplätzen Gleichstromsteckdosen angebracht werden, damit die Kabellänge kurz gehalten werden kann.

Diese mobilen Solarmodule sollten von ihrer Bauweise her leicht sein, damit sie ohne Probleme an ihren Einsatzort gebracht werden können. Dies gilt besonders für solche, die in die Reling gehängt werden. Auch hierfür eignen sich wiederum flexible Solarmodule recht gut, da sie, verglichen mit solchen, die als Abdeckung eine Glasscheibe und einen festen Rahmen aufweisen, erheblich leichter sind.

Über die notwendige Leistung der fest installierten Solarmodule auf Booten läßt sich wegen der individuell möglichen Aufstellflächen, wegen des Strombedarfs und wegen des Standortes, keine allgemein verbindliche Auskunft geben.

Eine Dimensionierung der Modulleistung ist jedoch für die Ladungserhaltung der Batterien leicht durchzuführen. Die Spitzenleistung eines waagrecht installierten Solarmoduls sollte 1 Wp pro 10 Ah Kapazität der Batterien betragen. Zu beachten ist hierbei, daß Bord- und Starterbatterie während des Ladungserhaltungsbetriebes (und nur dann!) parallel geschaltet werden.

Hat die Bordbatterie eine Kapazität von 100 Ah und die Starterbatterie eine von 80 Ah, so sollte die Spitzenleistung des Solarmoduls etwa 18 Wp betragen. Der Flächenbedarf hierfür ist gering und beträgt weniger als ein viertel Quadratmeter.

Werden dann noch zusätzlich mobile Solarmodule eingesetzt, wird die Stromversorgung für die Beleuchtung und andere Geräte ausreichen. Nur für den Kühlschrank reicht der Strom natürlich nicht aus.

Anwendungsbeispiele:

Solare Stromversorgung eines Satelliten-Navigators

Für eine Atlantik-Überquerung soll ein Satelliten-Navigator unabhängig vom Bordnetz mit einer Solarstrom-Anlage, jedenfalls teilweise, mit Strom versorgt werden.

Die wichtigste Voraussetzung für den Betrieb eines Navigators liegt darin, daß weder eine Stromunterbrechung noch eine zu niedrige Spannung auftreten darf, da sonst die gespeicherten Daten gelöscht und eine aufwendige neue Programmierung erforderlich werden würde.

Daher muß der Navigator von dem Bordnetz, das an die Starterbatterien angeschlossen ist, getrennt und mit einer eigenen Stromversorgung versehen werden.

Die Bord- und Starterbatterien werden in der Regel alle 3 Tage mit dem Motorgenerator einige Stunden lang aufgeladen; so lange reicht der Strom für die Bordversorgung aus.

Der Stromverbrauch des Satelliten-Navigators beträgt jedoch eine Amperestunde, so daß innerhalb dieser drei Tage 72 Ah verbraucht werden. Daher wurde für die Stromversorgung des Navigators eine Batterie mit einer Kapazität von 77 Ah ausgewählt, die jedoch teilweise über ein 35-Wp-Solarmodul versorgt wird. Dieses Modul liefert täglich etwa 10 Ah, so daß die Batterie nur bis zu einer Restkapazität von 40 % entladen wird.

Deshalb müssen 60 % des Stromes durch Nachladung mit dem Motorgenerator aufgebracht werden. Nur in diesem Fall ist die Batterie des Navigators über einen Schalter mit dem Bordnetz verbunden.

Um die Batterie des Navigators zu kontrollieren, wurde ein üblicher Laderegler mit Über- und Tiefentladeschutz verwendet. Dieser Regler weist eine Leuchtdiode auf, die den Tiefentladungszustand der Batterie anzeigt.

Da die Spannung der Tiefentladung in diesem Fall leicht mit einem Potentiometer einstellbar ist, wurde sie von 10,8 auf 12 Volt eingestellt. Dies bedeutet, daß die Diode aufleuchtet, sobald diese 12 Volt unterschritten werden. Die Last, d.h. der Navigator, würde somit bei einer Restkapazität von etwa 50 % von der Batterie getrennt werden. Der Navigator wurde deshalb natürlich nicht an den Regler angeschlossen, sondern direkt an die Batterie.

Der am Kartentisch gut sichtbar eingebaute Laderegler signalisiert daher über die Leuchtdiode nur, daß die Batterie zur Hälfte entladen ist. Nur das Solarmodul und die Batterie laufen über den Regler, so daß diese in jedem Fall vor einer Überladung geschützt ist.

Bei 13,4 Volt, also nach dem Wiederaufladen durch den Motorgenerator, erlischt die Tiefentladungskontrollampe, wobei der Ladungszustand der Batterie etwa 80 % der Nennkapazität entspricht. Vorher darf keinesfalls die Nachladung beendet werden.

Zwei weitere Vorteile bietet diese Schaltung. Liegt das Boot vor Reede und der Navigator ist abgeschaltet, werden Bord- und Navigatorbatterie zusammengeschaltet, und das Solarmodul übernimmt eine Teilversorgung des Stromverbrauchs an Bord. In der Zeit der Stillegung des Bootes werden alle Batterien für die Ladungserhaltung über das Solarmodul versorgt. Im nächsten Jahr kann dann eine neue Überquerung des Atlantiks stattfinden, und zwar mit vollen Batterien.

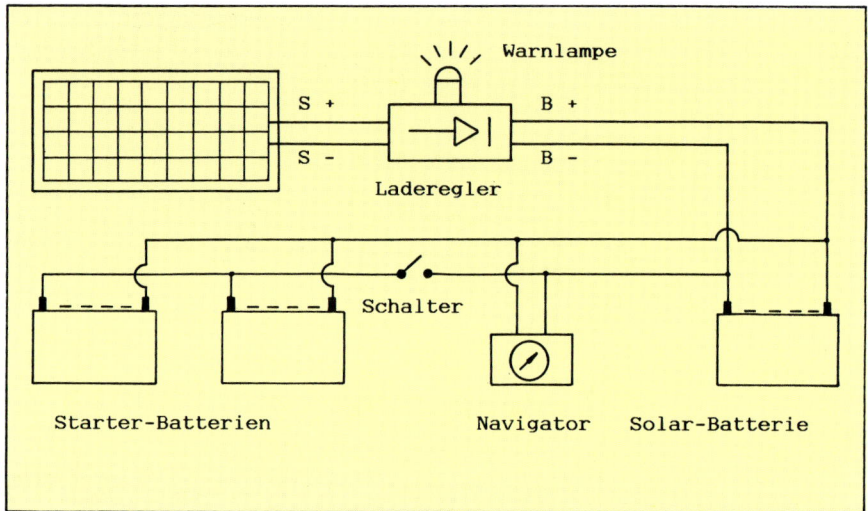

Der Einschaltpunkt der Entladekontroll-Lampe wurde auf ein Spannung von 12,0 Volt eingestellt, so daß bei Aufleuchten der Lampe eine Restkapazität der Batterie von 60 % bleibt. Der Ausschaltpunkt von 13,4 Volt ergibt sich durch die Schwellspannung von etwa 1,5 Volt.

Durch die hohe Restkapazität von 60 % ergibt sich eine hohe Zyklenzahl (Lebensdauer) der Batterie. Sollte das Aufleuchten der Lampe übersehen werden, bleibt eine genügende Zeitspanne, ehe die Batterie ihren Tiefentladepunkt erreicht.

Mit Solarstrom den Atlantik überquert. Teilstromversorgung eines Satelliten-Navigators.

Solarstrom für Flautenschieber

Auf vielen Seen oder Flüssen ist der Betrieb von Motorbooten mit Verbrennungsmotoren verboten oder eingeschränkt. Zugelassen sind auf diesen Gewässern dagegen Ruder- oder Segelboote, aber auch Elektroboote.

Der Grund dieses Fahrverbots solcher Motorboote liegt einerseits in der Geräuschbelästigung und andererseits in der Wasserverschmutzung durch Öl, Treibstoffe und unreine Abgase.

Für den Antrieb von Booten eignen sich Elektroaußenbordmotore, die auch als Flautenschieber bezeichnet werden. Es sind geräuscharme und umweltsaubere Antriebssysteme, die es je nach Größe des Bootes in verschiedenen Leistungsstufen gibt.

Betrachten wir einen kleinen Motor mit einer Spitzenleistung von 175 Watt (etwa 0,2 PS), so beträgt dessen mittlere Stromaufnahme etwa 7 Ampere bei 12 Volt. Die Schubkraft von 4 kp gestattet es, Boote mit einem Gewicht bis zu 200 kg fortzubewegen. Je nach Größe und Schnittigkeit des Bootes kann dieses einen Weg von 10 bis 20 Kilometer zurücklegen, wenn der Flautenschieber mit einer Batterie, deren Kapazität 100 Ah betragen soll, versorgt wird.

Wer schon einmal ein Segelboot über eine längere Strecke bei einer Flaute in den heimatlichen Hafen gepaddelt hat, weiß, wie mühselig dies ist. Aber auch der Flautenschieber nützt nichts, wenn die Batterie entladen ist.

Ein Solarmodul mit einer Leistung von z.B. 20 Wp kann in den meisten Fällen auch auf kleineren Booten an einer günstigen Stelle auf Deck angebracht werden. Seine Leistung reicht aus, um die 100-Ah-Solarbatterie zu laden. Dann ist im Notfall, also bei einer Flaute, der Strom für den Flautenschieber da, um mühelos den Hafen zu erreichen.

Aber genauso gut kann ein Anglerkahn mit einem Elektro-Außenbordmotor angetrieben werden. Damit lassen sich auch weiter entfernte Fischgründe fast geräuschlos ansteuern. Das Solarmodul, auf Deck oder am Steg fest montiert, liefert in der Woche den Strom, der für den Fischfang am Wochenende benötigt wird. Auf jeden Fall entfällt der mühselige Transport der Batterie zur nächsten Ladestation.

Anglerkahn mit Flautenschieber. Das zum Sonnenstand ausrichtbare 35-Wp-Solarmodul versorgt einen Elektro-Außenbordmotor (Eigenbau) mit Strom. Durch die Wasserreflexion der Sonnenstrahlen wird auch noch bei schrägem Sonnenstand die volle Leistung des Solarmoduls erbracht.

Caravan:

Solarstrom auf Reisen

Die Nutzung eines Caravans ist meist sehr unterschiedlich, denn manch ein Campingfreund fährt nur im Sommer mit der Familie in den sonnigen Süden, ein anderer jedes Wochenende zum Surfen an die Nordsee. Dementsprechend verschieden sind auch die Ansprüche an die Stromversorgung.

In dem ersten Fall also wird ein Standplatz gesucht, der meist auch mehrere Tage oder Wochen beibehalten wird. Der Surfer hingegen nutzt jede Wetterlage aus, um seinem Hobby am Wochenende nachzugehen.

Aber nicht nur die Ansprüche an die Nutzung des Caravans sind sehr unterschiedlich, es kommt auch auf die Art des Fahrzeugs an, nämlich ob es sich um ein Wohnmobil oder einen Wohnwagen handelt. Betrachten wir noch einmal den Surfer, dann wird er mit dem Wohnmobil zu seinem Standplatz jedes Mal hinfahren, schließlich will er mobil sein. Derjenige mit dem Wohnwagen wird sich jedoch einen festen Standplatz aussuchen, um nicht jedes Wochenende mit dem Gefährt die beschwerliche Reise antreten zu müssen.

Zur Standardausrüstung von Caravans gehört inzwischen die elektrische Beleuchtung, das Radio- und meist auch das Fernsehgerät, eine Wasserpumpe und ein Kühlschrank. Wie wir bereits erfahren haben, ist der Kühlschrank, auch als Kompressorgerät, der Verbraucher mit dem größten Strombedarf. Beim Absorbergerät kann der Betrieb schließlich über Strom oder Gas erfolgen, wobei jedoch zu beachten ist, daß der Energiebedarf etwa dem Fünffachen eines Kompressorkühlschrankes entspricht.

Wenden wir uns aber zunächst noch einmal den Komponenten der Solarstrom-Anlage zu, um die Besonderheiten für den mobilen Einsatz auf Caravans zu betrachten.

Das Solarmodul:

Stationäre Installation

Das auf dem Caravan fest montierte Solarmodul erfüllt zwei Aufgaben. Während der Stillstandzeit, also bei Nichtbenutzung des Caravans, sorgt es für die Ladungserhaltung der Bordbatterie und bei Wohnmobilen auch der Starterbatterie. Je nach Spitzenleistung der installierten Solarmodule, der Anschlußleistung und Nutzungsdauer der Verbraucher kann mit ihnen eine Teil- oder Vollstromversorgung erfolgen.

Vorteilhaft sind Solarmodule mit einem flachen festen Rahmen gegenüber solchen mit einem dicken Profilrahmen, da sie während der Fahrt dem Wind einen geringeren Widerstand entgegensetzen. Wegen des meist geringen Platzes auf dem Dach des Caravans sind Module mit einem hohen Flächenwirkungsgrad zu empfehlen.

Der Aufstellplatz auf dem Caravandach sollte möglichst vorne oder hinten, aber nicht in der Mitte gewählt werden. Dann kann nämlich das Fahrzeug in vielen Fällen wenigstens teilweise unter schattigen Bäumen geparkt werden, während die Solarmodule der Sonnenstrahlung ausgesetzt sind. Weist der Caravan vorne eine geneigte Fläche auf, deren Neigungswinkel bei 20 bis 40 Grad liegen, so ist dies meist der beste Aufstellplatz.

Unter diesen Bedingungen sollten Sie beachten, daß zwischen Wagendach und Solarmodul wenigstens ein Belüftungsspalt von einem bis zwei Zentimetern bleibt, damit keine zu hohe Leistungsminderung durch Erwärmung auftritt.

Muß die Installation jedoch auf einem waagerechten Dach erfolgen, so ist ein Montagegestell zu empfehlen, das am Standplatz eine Ausrichtung der Solarmodule zur Sonne erlaubt.

Bei der Montage der Solarmodule auf dem Dach des Caravans ist stets darauf zu achten, daß keine direkten Abschattungen auftreten, wie sie durch Gepäckträger oder Surfbretthalterungen entstehen können. Ein Schutz vor Steinschlag, z.B. durch eine Plexiglas-Abdeckung, sollte nur für die Fahrt angebracht und am Standort wieder demontiert werden. Solch eine Abdeckung ist auch nur unter extremen Reisebedingungen notwendig.

Der Caravan „Joker" von Volkswagen hat über dem Führerhaus eine Gepäckmulde, die sich vortrefflich für die Aufnahme eines Solarmoduls bis 40 Wp eignet.

Während der Fahrt ruht das Solarmodul in der Gepäckmulde und verursacht keinen Windwiderstand. Am Rastplatz wird es (hier mit einem Einbeinstativ) dem Sonnenstand entsprechend ausgerichtet.

Mobile Installation

Vielfach wird der Einsatz von sogenannten mobilen oder zusätzlichen Solarmodulen empfohlen. Es handelt sich hierbei um Solarmodule, die meist zusätzlich zu fest installierten Solarmodulen auf dem Dach des Caravans oder frei im Gelände an einem sonnigen Plätzchen aufzustellen und über ein loses Kabel mit der übrigen Anlage zu verbinden sind. Der Vorteil liegt auf der Hand: während der Fahrt wird die Bordbatterie stets durch den Motorgenerator aufgeladen, so daß das Solarmodul eigentlich nicht benötigt wird und daher im Wageninneren verstaut werden kann. Erst am Standort wird es ja benötigt und kann somit viel günstiger als der abgeschattete Caravan aufgestellt werden.

Der große Nachteil liegt ebenso auf der Hand. Ein nicht befestigtes Solarmodul wird schneller entwendet, als man glaubt, vor allem, wenn es nicht beaufsichtigt wird. Wird es jedoch während der Abwesenheit im Wageninneren verwahrt, produziert es keinen Strom und ist somit nutzlos. Ein mobiles Solarmodul kann daher zu einem teuren Vergnügen werden.

Steht der Caravan unter einem Baum, vermindert die Abschattung *der Äste die* Leistung des Solarmoduls stark. Daher kann ein mobiles Solarmodul *hier Abhilfe* schaffen. Allerdings ist die Gefahr des Diebstahls gegenüber einem fest installierten Solarmoduls groß.

Laderegler und Batterien:

Besonderheiten

Um die Bordbatterien vor einer schädlichen Tiefentladung zu schützen, ist ein Laderegler mit Tiefentladeschutz zu empfehlen. Auch macht der Überladeschutz des Reglers bei längeren Stillstandzeiten des Caravans eine stete Kontrolle des Säurestandes der Batterie überflüssig. Nur, wenn das Solarmodul für eine reine Ladungserhaltung ausgelegt ist, erübrigt sich solch ein Gerät.

Die Anschlußgröße des Ladereglers richtet sich nur nach dem maximalen Strom des fest installierten Moduls. Das mobile Solarmodul kann direkt, gegebenenfalls über eine Sperrdiode, an die Bordbatterie angeschlossen werden.

Während der Fahrt wird die Bordbatterie des Caravans über die Lichtmaschine des Fahrzeugs aufgeladen. Dieser Strom darf nicht über den Laderegler geleitet werden. Der Regler des Fahrzeugs sorgt automatisch auch für einen Überladeschutz der Bordbatterie. Während der Fahrt braucht weder der Laderegler noch das Solarmodul abgeschaltet zu werden. Der durch das Solarmodul erzeugte Strom trägt, vor allem auch bei kurzer Fahrt, noch zusätzlich zur Aufladung der Batterie bei.

Die Bordbatterie kann von der Starterbatterie entweder automatisch durch ein Trennrelais, durch Abkopplung des Zugfahrzeugs oder durch einen Handschalter getrennt werden. Geschieht dies nicht, so ist schon manchem Caravaner der Strom zum Starten des Fahrzeugmotors ausgeblieben.

Als Bordbatterien eignen sich auch hier solche, wie sie für reine Solarstrom-Anlagen beschrieben wurden. Wesentlich ist auch im Caravan ihre Kapazität. Für den 12-Volt-Betrieb, wie er im Caravan üblich ist, sollte sie mindestens das Dreifache in Ah der Spitzenleistung Wp des Solarmoduls betragen. Wegen der Nachladung durch die Lichtmaschine während der Fahrt ist sogar der vierfache Wert erstrebenswert. Ein Solarmodul mit 50 Wp sollte daher an zwei 100-Ah-Solarbatterien angeschlossen werden.

Verbraucher:

Insbesondere der Kühlschrank

Wie im Kapitel über „Last mit der Last" beschrieben, müssen alle Verbraucher nach optimalen Bedingungen ausgewählt werden. Ein Wechselstrombetrieb über einen Wechselrichter erübrigt sich meist oder wird nur dort angewandt, wo bestimmte Geräte, wie z.b. ein Mixer, kurzfristig benutzt werden sollen.

Der hauptsächliche Stromverbraucher im Caravan ist auch hier der Kühlschrank. Wird ein 60-Liter-Kompressorkühlschrank eingesetzt, so liegt der Strombedarf je nach Umgebungstemperatur bei 30 bis über 40 Ah. Dies bedeutet, daß eine 100-Ah-Batterie ohne Nachladung binnen zweier Tage so weit entladen ist, daß sie, ohne in den Tiefentladebereich zu kommen, abgeschaltet werden muß.

Hinzu kommt noch, daß der Kompressor laut ist, auch wenn es sich um einen Schwingkompressor handelt. In den leichten Fahrzeugen werden Schwingungen gut übertragen, so daß selbst das Brummen des Kühlschrankmotors nachts störend wirken kann. Wird ein solches Gerät verwendet, so sollte dieses mit einem Kältespeicher ausgerüstet werden, damit wenigstens über Nacht der Motor ausgeschaltet werden kann.

Vieles spricht daher für die Anwendung eines Absorberkühlgerätes im Caravan. Dieses kann mit Gleichstrom, Wechselstrom oder Gas betrieben werden. Alle drei Betriebsarten sind fast geräuschlos, denn auch der Strom wird zur Wärmeerzeugung benutzt. Beim Gasbetrieb ist nur ein leises Rauschen der Flamme zu hören.

Während der Fahrt wird der Kühlschrank über die 12-Volt-Bordbatterie versorgt, die ja durch die Lichtmaschine des Motors auf- und nachgeladen wird. Auch während einer kürzeren Rast braucht eine Umstellung auf den Gasbetrieb nicht zu erfolgen. Um trotzdem eine Tiefentladung zu vermeiden, sollte der Absorberkühlschrank an den Tiefentladeschutz des Ladereglers angeschlossen werden. Auch wenn die Strombelastung mit acht Ampere hoch ist, dürften die meisten Regler hierfür geeignet sein. Sollte einmal eine Umstellung des Kühlschranks auf Gasbetrieb vergessen worden sein, so wird die Batterie durch den Laderegler geschützt.

Am Standort angelangt, muß der Kühlschrank so schnell wie möglich auf Gas umgestellt werden. Würde er nur zwei Stunden lang weiter über die Batterie angetrieben werden, so entspräche dies etwa dem täglichen Stromverbrauch, den alle anderen Verbraucher zusammen aufweisen.

Wohnwagen, ausgerüstet mit zwei Solarmodulen mit einer Spitzenleistung von zusammen 62 Wp. Für den Betrieb eines Kühlschranks ist diese Leistung nicht ausreichend.

Anwendungsbeispiele:

Wie bereits in der Einleitung erwähnt, können Beispiele kaum dazu beitragen, eine Solarstrom-Anlage im mobilen Bereich allgemeingültig zu beschreiben. Die Gegebenheiten und Ansprüche sind zu vielseitig, als daß ein Rezept etwas nützen könnte. Daher nur zwei individuelle Beispiele, die mir aufgefallen sind.

Wohnmobil eines Surfers

Wen die Surfleidenschaft gepackt hat, der legt sich in vielen Fällen ein Wohnmobil zu, um an den Wochenenden oder auch im Urlaub seinem Hobby möglichst preiswert nachgehen zu können. Solch ein Wohnmobil ist mit den notwendigsten elektrischen Geräten ausgerüstet, wozu die Beleuchtung, das Radio, der Schwarzweiß-Fernseher und die Wasserpumpen gehören. Der Kühlschrank wird, wie beschrieben, mit Gas betrieben.

Der Stromverbrauch all dieser Geräte hält sich in Grenzen und liegt täglich im Mittelwert bei 15 Ah (180 Wh). Die Bordbatterie mit 100 Ah reicht somit über ein normales Wochenende vollkommen aus. Sie ist ja stets vollgeladen, wenn der Standort erreicht wird.

Knapp wird der Strom nur an verlängerten Wochenenden und im Urlaub, und zwar dann, wenn einige Wochen an einem festen Platz verbracht werden.

Mindestens einmal in der Woche müßte der Motor des Fahrzeugs angelassen werden, um die Bordbatterie nachzuladen. Durch den Einsatz eines Solarmoduls mit einer Spitzenleistung von 40 Wp, das auf dem schrägen Vordach des Caravans fest installiert wurde, wird genügend Strom für den täglichen Bedarf geliefert. Es ist bei der Standplatzauswahl nur Sorge zu tragen, daß das Solarmodul einen sonnigen Standort findet.

Wenn das Wohnmobil im Herbst abgestellt wird, braucht weder die Bordnoch die Starterbatterie ausgebaut zu werden, denn deren Selbstentladung wird durch das Solarmodul verhindert.

Wenn alle Verbraucher und die Bordbatterie bereits vorhanden sind, so betragen die Kosten für den Laderegler und das Solarmodul weniger als tausend Mark: eine Investition, die sich lohnen kann.

Das gleiche Beispiel ließe sich auch für einen Wohnwagen anwenden. Das Fahrzeug hätte dann einen festen Standort und würde von dem Surfer stets an den Wochenenden aufgesucht. Das Aufladen der Batterie erfolgt somit durch das Solarmodul auch während der Abwesenheit des Benutzers. Dadurch ist natürlich die Nutzung des produzierten Stromes effektiver als bei dem Beispiel des Wohnmobils.

Das Solarmodul mit einer Leistung von 35 Wp liefert am Tag den Strom (Bild links),
der abends zum Lesen benötigt wird (Bild rechts).

Die solare Stromversorgung macht den Caravan unabhängig von einem Netzanschluß.
Die Beleuchtung, das Radio und der Fernseher werden mit Gleichstrom betrieben,
der Kühlschrank mit Gas.

Caravan-Beleuchtung. *Rechts fest installierte Transistorleuchte, links mobile Tischleuchte mit Kompaktlampe hergestellt mit Selbstbausatz.*

Ein schlechtes Beispiel:

Wohnmobil mit unterdimensionierter Solarstrom-Anlage

Wiederum handelt es sich um ein Wohnmobil, das nach den Angaben einer Autozeitschrift wie folgt ausgestattet ist: Stereoradio, Farbfernsehgerät, Pumpen für Trinkwasser und Gasboiler, Beleuchtung, Gebläse für eine Heizung sowie ein 80-Liter-Kompressor-Kühlschrank. Eine tagelange Stromversorgung all dieser Geräte soll mit einem fest installierten Solarmodul für 18 Wp und einem mobilen 50-Wp-Solarmodul erfolgen. Dabei hat die Bordbatterie nur eine Kapazität von 100 Ah.

Gehen wir noch einmal von unserem ersten Beispiel aus, so beträgt der Stromverbrauch täglich 15 Ah, der auch mit dem Solarmodul unter den beschriebenen Bedingungen erzielbar ist. Nur wenn ein Farbfernsehgerät und ein Kompressor-Kühlschrank unter diesen Bedingungen durch Solarmodule tagelang mit Strom versorgt werden sollen, dann kommen mir Zweifel.

Das waagerecht fest installierte Solarmodul für etwa 18 Wp dürfte im Extremfall 8 Ah liefern, das mobile 50-Wp-Solarmodul, wenn es aufgestellt wird, maximal 30 Ah. Zusammen unter den besten Bedingungen also 38 Ah.

In der Praxis allerdings dürften beide Solarmodule zusammen, und dies auch nur unter Mittelmeerbedingungen, 25 nutzbare Amperestunden liefern.

Auf der Verbraucherseite hingegen müssen wir für den Kompressorkühlschrank mit einem Stromverbrauch von 35 Ah und für alle weiteren Geräte mit 15 Ah rechnen. Dabei wurde außer acht gelassen, daß ein Farbfernsehgerät gegenüber einem Schwarzweiß-Fernseher mindestens doppelt so hohe Anschlußwerte hat. Der tägliche gesamte Stromverbrauch würde unter günstigsten Umständen 50 Ah betragen.

Dem stehen die 25 Ah gegenüber, die durch die Solarmodule erzeugt werden. Bei einer notwendigen Restkapazität der Batterie von 25 Ah ergibt sich somit eine Stromautonomie von drei Tagen. Herrscht nur an zwei Tagen trübes oder regnerisches Wetter, so besteht nur noch eine Stromautonomie von knapp zwei Tagen.

Soll jedoch ein Fahrzeug mit solch einer Ausstattung an elektrischen Geräten für wenigstens eine Woche unabhängig von einer Steckdose werden, dann muß für eine höhere Batteriekapazität und Leistung der Solarmodule gesorgt werden. Realistisch wäre eine Leistung der Solarmodule von mindestens 100 Wp, bei einer Batteriekapazität von 300 Ah.

Eine richtig geplante Solarstrom-Anlage kann auch in der mobilen Anwendung sehr nützlich sein. Nur sollten Sie keine Wunder von ihr erwarten, falls nämlich die falschen Verbraucher angeschlossen wurden, die Batterien nichts taugen oder die Leistung der Solarmodule zu knapp bemessen wurde.

Camping:

Solare Campingleuchte

Bereits im 3. Kapitel im Abschnitt „Wir blättern Kataloge durch: Sinnvolle und untaugliche Verbraucher" habe ich Sie auf manch eine Tücke beim Einkauf von Geräten hingewiesen. In einem Katalog für „Ausgesuchte Artikel für Haus, Garten, Freizeit – Exklusive Geschenke" fand ich auf der Titelseite eine Solarlampe mit der Überschrift „Beleuchten mit Solar-Energie". Das Farbfoto signalisierte, wie Blumen fast taghell von dieser Leuchte angestrahlt werden.

Mich hat dieses Angebot interessiert, so daß die Bestellkarte schnell ausgefüllt war und die Lieferung auch prompt erfolgte.

Die Lieferung beinhaltete ein Produkt aus Taiwan mit dem Leuchtkörper und einem integrierten amorphen Solarmodul sowie einem dreiteiligen Pfosten aus Kunststoff. Die Montage und Aufstellung war leicht durchführbar.

Nach der Beschreibung wird über das Solarmodul eine gasdichte Blei-Batterie (6 Volt, 1,2 Ah) am Tage aufgeladen, so daß je nach Sonneneinstrahlung die Lampe bis zu 10 Stunden leuchtet. Dabei erfolgt die Einschaltung der Lampe bei eintretender Dunkelheit, gesteuert über eine Fotozelle, automatisch. Eine gute Idee also.

In einem verdunkelten Raum habe ich diesen Mechanismus sofort ausprobiert, und damit kam auch die Ernüchterung: Die Helligkeit der Lampe kann man nämlich nur mit einer Funzel vergleichen. Von taghaller Beleuchtung keine Spur.

Dies ist allerdings auch kein Wunder, denn als ich nachschaute, was für eine Lampe verwendet wurde, mußte ich feststellen, daß es sich um ein Glühlämpchen mit einer Leistung von nur 0,5 Watt handelte. Solche Lampen werden für Skalen- oder Instrumentenbeleuchtungen verwendet. Die Helligkeit entspricht nicht einmal der einer Kerze (siehe Tabelle im 2. Kapitel auf Seite 76).

Natürlich war weder im Katalog noch in der Beschreibung die Leistung der Lampe und des Solarmoduls angegeben. So führte ich eigene Messungen durch. Die Spitzenleistung des Solarmoduls wurde zu etwa 0,7 Watt ermittelt, und der Nennstrom betrug etwa 120 mA bei voller Sonneneinstrahlung. Außerdem konnte ich feststellen, daß durch einen elektronischen Regler die Batterie vor einer Tiefentladung geschützt wird. Eine sinnvolle Einrichtung.

Und noch etwas mußte ich feststellen, was die Lebensdauer der gasdichten Batterie stark beeinträchtigen dürfte. Bei starker Sonneneinstrahlung, hoher Lufttemperatur und geringer Windgeschwindigkeit heizt sich das Solarmodul und somit das schwarze Gehäuse der Leuchte auf Temperaturen weit über 60 °C auf und somit auch die Batterie. Ihre Zyklenzahl wird dadurch natürlich erheblich vermindert.

Ein ständiger Einsatz dieser Solarleuchte im Garten erscheint mir daher wenig sinnvoll, ganz zu schweigen von der geringen Helligkeit der Lampe. Daher kam mir die Idee, die Leuchte als Campingleuchte umzufunktionieren.

Wer zeltet, der weiß, daß das Hantieren mit Kerzen umständlich und nicht ganz ungefährlich ist. Taschenlampen mit Trockenzellen sind meistens dann leer, wenn man sie gerade braucht. Eine Solarleuchte wäre also ideal. Denn Sonne ist meist dort vorhanden, wo gezeltet wird.

Allerdings wäre die Leistung der Glühbirne auch beim Zelten nicht ausreichend. Daher wurde diese gegen eine Lampe mit doppelter Leistung ausgetauscht. Dieses Stecklämpchen mit dem Sockel „W 2x4,6 d" hat nunmehr eine Leistung von 1 Watt (6 V/160 mA) und ist so hell wie eine normale Taschenlampe.

Unterwegs wird die Batterie der Solarleuchte z.B. auf der Hutablage des Fahrzeugs geladen. Auf dem Campingplatz steht sie vor dem Zelt und liefert den Strom für die Beleuchtung bei Dunkelheit.

Nach der Reise sollte die Batterie der Campinglampe vor der Verwahrung noch einmal vollgeladen werden. Nicht zu vergessen ist, daß der Schalter der Beleuchtungsautomatik auf „off" steht, sonst würde die Batterie durch den Eigenstromverbrauch der Elektronik langsam entladen werden.

Und noch ein Tip für Bastler: Ich habe die Solarleuchte so umgebaut, daß mit dem Solarmodul auch Ni/Cd-Batterien kleiner Leistung aufgeladen werden können.

Zwischen der eingebauten Blei-Batterie und der Stromzuführung vom Solarmodul wurde eine Einbaubuchse mit Schaltkontakt gelegt. Soll eine äußere Batterie geladen werden, so unterbricht der Klinkenstecker die Stromzuführung zu der in der Solarleuchte eingebauten Batterie.

Mit dieser sehr einfachen Schaltung wurden, jedenfalls teilweise, die vier Ni/Cd-Monozellen meiner elektronischen Schreibmaschine aufgeladen. Auf dieser Maschine entstand dieses Buch. Wie wir sehen, kann man mit Solarstrom auch Bücher schreiben.

Unterwegs wird die Batterie der Solarleuchte z.B. auf der Hutablage des Fahrzeugs geladen (Bild links). Auf dem Campingplatz steht sie vor dem Zelt und liefert den Strom für die Beleuchtung bei Dunkelheit (Bild rechts).

Die Helligkeit der umgebauten Solarleuchte reicht auch zum Lesen aus.

Die Solarleuchte wurde so umgebaut, daß mit dem Solarmodul kleinere Ni/Cd-Batterien geladen werden können, wie hier die vier Monozellen einer elektronischen Schreibmaschine, *auf der auch dieses Buch geschrieben wurde.*

Anhang

Für Sie entdeckt...

...soll Ihnen den Einkauf von Solarmodulen und Zubehör erleichtern. Diese Übersicht wurde in zwei Abschnitte aufgeteilt. Teil A: Produkte und Hinweise; dem Teil B: Bezugsquellen von Solarmodulen und Zubehör.

Teil A: Produkte und Hinweise

Bei den Produkten handelt es sich ausschließlich um Geräte, die mit 12- oder 24-Volt-Gleichstrom betrieben werden. Werden Firmenanschriften aufgeführt, so handelt es sich nur um eine Auswahl, von denen mir ausreichendes Informationsmaterial vorgelegen hat. Die Produkte sind alphabetisch aufgeführt. Die entsprechenden numerierten Lieferanschriften finden Sie im Teil B.

Die Hinweise geben Informationen über Institutionen oder sehenswerte Solarstrom-Anlagen. Für Sie entdeckt habe ich...

Batterien

Das mir vorliegende Prospektmaterial läßt einen Vergleich von Solarbatterien verschiedener Hersteller nicht zu. Bei verschlossenen (gasdichten) Batterien fehlt der wichtige Hinweis, daß diese in Solarstrom-Anlagen nur an einen möglichst temperaturgesteuerten Laderegler angeschlossen werden dürfen.

Ein Kauf der Solarbatterien bei örtlichen Zweigniederlassungen kann sich lohnen. Bei einer telefonischen Umfrage in Köln konnten anderen Lieferanten (Teil B) gegenüber erhebliche Preisvorteile festgestellt werden. Außerdem entfallen hohe Frachtkosten bei Selbstabholung.

Hier eine Aufstellung der bekanntesten Solarbatterien. Angaben für 12-Volt-Batterien: Firma, Typenbezeichnung und Kapazität 100 Stunden Entladezeit.

Anker: TV-Marina-Solar, Typ 57000 (77 Ah), 60500 (115 Ah)
DETA: DETA-Solar, Typ 8 590 1 (100 Ah)
Steco: Steco-Solar 3000 (105 Ah)
VARTA: VARTA Solar, Typ 82035 (50 Ah), 82070 (100 Ah)

Bezugsquellen: 3-9, 11, 13-17, 19-23

Elektromofa

Unter dem Motto „Schont die Umwelt und die Kräfte" bietet die Firma HERCULES unter der Bezeichnung Electra ein serienmäßig gefertigtes Elektromofa (Fahrrad) an. Der Testbericht der Zeitschrift „Radfahren" (1/92) des ADFC zeigt auf, daß solch ein Elektromofa vor allem an Bergen viel Muskelkraft einsparen kann. Immerhin kann ohne Pedalunterstützung im Flachland eine Reichweite von 25 Kilometern erzielt werden. Die Höchstgeschwindigkeit beträgt dann 20 km/h.

Hier einige technische Angaben: 24-Volt-Gleichstrommotor, wird über Kupplung zugeschaltet. Leistung 185 Watt (Spitze 360 Watt). NiCd-Akkupack mit einer Nennkapazität von 7 Ah. Ladezustandsanzeiger am Lenker.

Statt des Netzladegerätes ist eine Ladung der Batterie über Solarmodule vorstellbar. Hierführ würden 2 Solarmudule (Reihenschaltung da 24 Volt) mit einer Leistung von 25-30 Wp benötigt, die über einen Laderegler an eine Wechselbatterie angeschlossen werden. Dies ergibt somit eine kleine Solartankstelle. Dann wird wirklich die Umwelt geschont.

Prospekte und Lieferung über HERCULES-Fachgeschäfte.

Elektronik-Bauelemente

Wer Geld sparen will, kann in Elektronik-Fachgeschäften und im Versandhandel z. B. Bausätze für Laderegler oder Ladungsanzeiger, aber auch preiswerte elektrische Meßgeräte finden.

Bezugsquellen: 7, 21

Fernsehgeräte

Grundig Farbfernseh-Portabel P 37-342/900

Die Grundig AG hat ein speziell für Solarstrom geeignetes portables Farbfernsehgerät entwickelt. Es arbeitet mit einer Gleichspannung von 10 bis 30 Volt, kann aber auch im Netzbetrieb laufen. 37-cm-Bildschirm, Mehrnorm-Empfang (PAL, Secam etc.), Satelliten-Direktempfang, 40 Watt Leistungsaufnahme.

Bezugsquelle: Fachhandel.

Garagentorantrieb

Wer die Bequemlichkeit liebt, kann für sein Garagentor einen Solar-Torantrieb installieren. Dies lohnt sich vor allem dann, wenn die Garage von einem Netzanschluß zu weit entfernt ist. Der Bausatz besteht aus einem Solarmodul (20 Wp), Aufstellgestell für das Flachdach, einem Laderegler, Batterie (40 Ah), Garagentorantriebskopf mit Funkempfänger und Beleuchtung und dem codierbaren Handsender.

Bezugsquelle: Vertriebsniederlassungen der AEG Hausgeräte AG.

Gartenleuchten

Bei den Gartenleuchten sind Fortschritte gemacht worden. So werden statt Glühlampen geringer Leistung inzwischen entweder Halogenlampen oder Kompaktlampen mit erheblich höherer Lichtausbeutung verwendet. Ein sonniger Platz ist jedoch Voraussetzung, daß die Leuchte nachts für einige Stunden den Weg erhellt.

Bezugsquellen: 1-3, 11, 14, 19, 22, 23

Installationsmaterial

Im Kapitel 3 habe ich bereits einige Anregungen gegeben, um auf einfache und preiswerte Weise die Solarstrom-Anlage zu installieren. In vielen Fällen werden jedoch große Kabelquerschnitte nötig sein, die ein guter Fachhändler auch führt. Weiteres Installationsmaterial wie Sicherungen, Stecker, Meßgeräte etc. finden Sie unter...

Bezugsquellen: 3, 5, 7, 9, 11, 14, 15, 20-23

Kleinladegeräte

Solare Kleinladegeräte werden überwiegend für die Ladung von NiCd-Zellen verwendet. Zu beachten ist, daß die Ladeströme der Solarzellen mindestens 10% der Kapazität der Mignon-, Baby- oder Monozellen betragen sollte.

Bezugsquellen: 2, 3, 7, 14, 19-23

Kühlschränke

Auf dem Markt werden eine große Anzahl mit Gleichstromkompressoren betriebene Kühlboxen, Kühlschränke und Tiefkühltruhen angeboten. Der tägliche Energieverbrauch wird meistens über die prozentuele Einschaltzeit des Kompressormotors angegeben. Ein von mir untersucher Kühlschrank mit 42 Litern Inhalt, Kältespeicherplatte und externem zwangsbelüftetem Kompressor hatte einen praktischen täglichen Energieverbrauch von ca. 300 Wh.

Bezugsquellen: 2-6, 9-11, 13-17, 19, 20, 22, 23

Laderegler

Der Laderegler ist die Schaltzentrale zwischen Solarmodul und Batterie. Bei verschlossenen (gasdichten) Batterien ist er zwingend notwendig. Empfehlenswerte Laderegler schützen die Batterie vor einer Über- und Tiefentladung. Außerdem sollten sie LED-Anzeigen für den Ladezustand der Batterie aufweisen. Ich konnte feststellen, daß es bei gleichwertigen Ladereglern erhebliche Preisunterschiede gibt. Deshalb lohnt sich eine Checkliste und ein Preisvergleich.

Bezugsquellen: 1-9, 11, 13-17, 19-23

Lampen und Leuchten

Die Kompaktlampe mit elektronischem Vorschaltgerät ist wegen ihres im Vergleich zu Glühlampen sehr geringen Energieverbrauchs, bei Solarstrom-Anlagen klar zu favorisieren. Ein Selbstbausatz der Firma Stengel GmbH wurde von mir im 2. Kapitel ausführlich beschrieben. Neu auf dem Markt sind Kompaktlampen mit integriertem Vorschaltgerät und E 27-Sockel. Diese lassen sich in normale Glühlampenfassungen einschrauben. Wird solch eine Lampe aus Versehen statt an Gleichstrom ans Nezt angeschlossen, so wird die Lampe zerstört. Auch Halogenleuchten sind für Solarstrom-Anlagen zu empfehlen.

Bezugsquellen: 1, 3-9, 11, 14-23

Pumpen

Für die Wasserversorgung z. B. eines Wochenendhauses eignen sich vor allem Membranpumpen, in Ausnahmefällen auch (Bilge)-Kreiselpumpen. Weitere Pumpen siehe Stichworte: Springbrunnen- und Umwälzpumpen.

Bezugsquellen: 1, 3-5, 7-9, 11, 12, 14-17, 19-23

Schlagbohrmaschine

Mit dem „accu-system V12" der Firma GARDENA kann über einen 12-Volt-Akku-Pack u. a. eine Schlagbohrmaschine, eine Rasen- oder Heckenschere sowie ein Rasentrimmer angetrieben werden. Die Aufladung des 12-Volt-Akku-Packs kann über ein Solarmodul erfolgen. Außerdem besteht die Möglichkeit der Wiederaufladung über ein Schnelladegerät, das ans Netz oder an die Auto- oder Solarbatterie angeschlossen wird.

Bezugsquellen:
Fachhandel für Haushaltwaren oder Gartengeräte

Solarmodule

Solarmodule aus polykristallinen Solarzellen weisen bei einigen Firmen einen Wirkungsgrad bis zu 14% auf und entsprechen somit den monokristallinen Modulen. Si-amorphe Solarmodule sind bei niedrigem Wirkungsgrad (etwa 5%) immer noch teuer. Überhaupt sind bei vergleichbaren Solarmodulen je nach Händler erhebliche Preisunterschiede festzustellen. Eine Checkliste und ein Preisvergleich der Angebote lohnt sich. Die meist gehandelten Solarmodule zeigt diese Aufstellung:

AEG (Wedel):   polykristallin, 10 bis 50 Wp
Bezugsquellen: 2, 7, 9, 15

BP (Spanien):   monokristallin, 55 Wp, polykristallin, 45 Wp
Bezugsquellen: 1, 15

Kyocera (Japan):   polykristallin, 12 bis 63 Wp
Bezugsquellen: 4, 9, 11

Siemens Solar (ARCO USA): amorph und monokristallin, 1 bis 53 Wp
Bezugsquellen: 1, 3, 5-7, 14, 15, 19, 21, 23

Solarex (USA):   amorph und polykristallin, 5 bis 64 Wp
Bezugsquellen: 1, 8, 13, 14, 20, 23

Sovonics (USA): amorph, Rade Koncar (Kroatien): amorph und andere
Bezugsquellen: 1, 14, 22

Spannungswandler

Der Spannungswandler dient zur Spannungsreduzierung von Gleichstrom, so z. B. von 24-Volt-DC auf 12-Volt-DC. Zu beachten ist bei vielen Spannungswandlern der niedrige Wirkungsgrad.

Bezugsquellen: 7, 10, 14, 21-23

Spielzeug

Nicht nur Kindern, sondern auch Erwachsenen macht Solarspielzeug Spaß.

Bezugsquellen: 4, 14, 21

Springbrunnenpumpe

Die Springbrunnenpumpe kann an einem Zierteich zwei Funktionen ausführen: Belüftung und Filterung des Wassers. Zur Anpassung der Kollektormotors an das Solarmodul (bei direktem Betrieb) sollte die Pumpe einen integrierten Impedanzwandler aufweisen.

Bezugsquellen: 1, 3, 4, 8, 9, 11, 12, 14-16, 19-23

Umwälzpumpe

Umwälzpumpen sind wie Springbrunnenpumpen Kreiselpumpen. Sie werden im Regelfall in Solarkollektor-Anlagen eingesetzt.

Bezugsquellen: 1, 3, 4, 11, 12, 14-16, 19, 22, 23

Versuchsfeld für Solarmodule

Das größte Versuchsfeld für Solarmodule findet man in Kobern-Gondorf. Außerdem wird dort von der RWE die direkte Einspeisung des Solarstromes in das Netz getestet. Das Versuchsfeld liegt auf einem Berg an der Mosel in der Nähe von Koblenz. Eine kostenfreie Besichtigung ist an Werktagen möglich. Vom Ort aus ist der Weg gut beschildert.

Wechselrichter

Bei einer richtigen Auslegung der Solarstrom-Anlage ist ein Wechselrichter im Freizeitbereich nicht notwendig. Erfreulich ist jedoch, daß Wechselrichter neuerer Bauart auch im unteren Lastbereich einen inzwischen guten Wirkungsgrad erzielen.

Bezugsquellen: 3-5, 7, 11, 13, 14-17, 19-23

Windgeneratoren

Wie beschrieben, kann ein Windgenerator eine ideale Ergänzung zu den Solarmodulen sein. Inzwischen gibt es Windgeneratoren kleiner Leistung (60 bis 150 Watt), die sich gut in Solarstrom-Anlagen integrieren lassen. Für eine luftige Aufstellung muß allerdings gesorgt werden.

Bezugsquellen: 7, 14, 15, 19

Zeitschaltuhren

Zeitschaltuhren für reinen Gleichstrombetrieb können sehr nützlich sein. So können z. B. laute Kompressorkühlschränke mit Speicherplatte nachts automatisch abgeschaltet werden. Dies spart keinen Strom, dafür ist aber im Caravan oder auf dem Boot die Nachtruhe gesichert.

Bezugsquellen: 3, 7, 14, 16, 19, 20

Zeitschriften

In Zeitschriften für Boote, Caravans, Kleingärtner oder Elektronik erscheinen temporär Artikel über Solarstrom und ebenfalls Zubehör. Z. T. findet man in diesen Zeitschriften auch Testberichte. Auf eine Zeitschrift der Deutschen

Gesellschaft für Solarenergie soll hier jedoch hingewiesen werden. Es handelt sich um „SONNENENERGIE", Zeitschrift für regenerative Energien und Energieeinsparung.

Anschrift:
DGS-Sonnenenergie Verlags GmbH
Augustenstraße 79
8000 München 2
Telefon 089/524071, Telefax 089/521668

Teil B: Bezugsquellen von Solarmodulen und Zubehör

Alleine in Deutschland soll es inzwischen etwa 300 Händler für Solarmodule und Zubehör geben. Hier kann von mir nur eine sehr begrenzte Auswahl an Händlern getroffen werden, nämlich jenen angeschriebenen, die mir ausreichende Prospekte, Informationsmaterial und Preislisten kostenfrei übersendet hatten. Weitere Anschriften finden Sie jedoch im Branchen-Telefonbuch unter der Rubrik Solartechnik, in manchen Fachzeitschriften und in der Zeitschrift „SONNENENERGIE", oder Sie rufen mich in Köln unter der Nummer 0221/727855 an.

1   Dr. Ackermann Solartechnik
    Kanalweg 2
    8048 Haimshausen
    Telefon 08133 / 1053

2   AEG Hausgerätetechnik
    Vertrieb über Hausgeräte Vertriebsniederlassungen

3   ATEC Elektronik-Vertriebs-GmbH
    Mühlaustraße 19
    8913 Schondorf
    Telefon 08192 / 1041, Fax 08192 / 1042

4   Beck-Solartechnik
    Gutleuthofweg 42
    6900 Heidelberg
    Telefon 06221 / 800830

5   Fritz Berger GmbH
    Postfach 1160
    8430 Neumarkt
    Telefon 09181 / 33 01 05
    Versandhaus für Camping- und Caravanartikel, Katalog

6   BREIING Neutec GmbH
    Siegburger Straße 223
    5000 Köln 21
    Telefon 0221 / 8 89 89-0, Telefax 0221 / 8 89 89 18

7   CONRAD Elektronic
    Klaus-Conrad-Straße 1
    8452 Hirschau
    Telefon 09622 / 30-193
    Versandhandel für Elektronikartikel, Katalog

8   Engelhardt Solartechnik
    Rosenweg 14
    7251 Weissach-Flacht
    Telefon 07044 / 3 21 47

9   Energieladen Köln
    Olpener Straße 616
    5000 Köln 91
    Telefon 0221 / 8 90 20 33, Telefax 0221 / 8 90 20 11

10 GERNERT Mobiltechnik
    Am alten Feld 13
    3590 Bad Wildungen
    Telefon 05621 / 23 85, Telefax 05621 / 44 43

11 IBC Solartechnik
    Am Hochgericht 15
    8623 Staffelstein
    Telefon 09573 / 30 66, Telefax 09573 / 38 32

12 Johnson Pumpen GmbH
    Postfach 1935
    4900 Herford
    Telefon 05221 / 8 42 04

13   Michel solar electronics
     Waldstraße 1
     6607 Quierschied-Göttelborn
     Telefon 06825 / 7501

14   Muntwyler Solarcenter
     Postfach 512
     CH-3052 Zollikofen
     Telefon 031 / 575063, Telefax 031 / 575127

15   pro solar Energietechnik GmbH
     Meerburger Straße 31
     7980 Ravensburg
     Telefon 0751 / 17021

16   Solarwerkstatt Bremen
     Scharnhorststraße 131
     2800 Bremen 1
     Telefon 0421 / 230022, Telefax 0421 / 235055

17   Sport Berger
     Münchener Straße 88-90
     8047 Karlsfeld-Rothschwaige
     Telefon 08131 / 98051-54, Telefax 08131 / 92526
     Versandhaus für Camping- und Caravanartikel, Katalog

18   Stengel Licht + Elektronik
     Rembrandstraße 2
     4156 Willich 3
     Telefon 02154 / 5169, Telefax 02154 / 80418
     Vertrieb von Stromsparlampen, Kompaktlampen Selbstbausatz

19   SUNSET Energietechnik GmbH
     Industriegebiet 3
     8555 Adelsdorf
     Telefon: 09195 / 996, Telefax 09195 / 5133

20   SVE Solarenergie-Vertriebs GmbH
     Hanauer Landstraße 553
     6000 Frankfurt/M 61
     Telefon 069 / 419214-5, Telefax 069 / 419247

21 Völkner electronic GmbH
    Postfach 4743
    3300 Braunschweig
    Telefon 0531 / 8762-0, Telefax 0531 / 8762175
    Versandhandel für Elektronikartikel, Katalog

22 WAGNER & CO SOLARTECHNIK GmbH
    Zimmermannstraße 1
    3550 Marburg
    Telefon 06421 / 67055, Telefax 06421 / 681339

23 ZENIT Energietechnik GmbH
    Wilsnackerstraße 40
    1000 Berlin 21
    Telefon 030 / 3941180, Telefax 030 / 3941175

Literatur- und Quellenangaben

Für die Ausarbeitung dieses Buches standen neben der aufgeführten Literatur eine große Anzahl weiterer Schriften zur Verfügung. Ohne im einzelnen diese zu benennen, wurden Prospekte, Datenblätter, Beschreibungen folgender Firmen benutzt:

AEG, ARCO Solar, KYOCERA, Siemens, Solarex, Anker-Akkumulatoren, VARTA, JOHNSON-Pumpen, KISSMANN, OSRAM, Stengel GmbH, Albers-Technik und Burmeister-Elektronik.

Bastiansen, Uwe: Wasserstoff, der Energieträger der Zukunft.
Eichborn-Verlag, Frankfurt am Main 1987.

Borsch-Laaks, Robert und Stenhorst, Peter: Das Solarzellen Bastelbuch.
Sanfte Energie.
Verlag, Springe 1983.

Cobarg, C.C.: Sonnenkraft im Zentrum alternativer Energiequellen.
Frech-Verlag, Stuttgart 1981.

Rotarius, Thomas: Dauerhafte Energiequellen.
Cölbe 1983.

Diaz-Santanilla, Guillermo: Technik der Solarzelle.
Franzis-Verlag, München 1984.

Elektronik: Energie aus Solarzellen. Sonderheft Nr. 52.
Franzis-Verlag, München 1981.

Funkschau, Zeitschrift für elektronische Kommunikation, Jahrgänge von 1984 bis 1988.
Franzis-Verlag, München.

Gath, Hans: Gleich- und Wechselstromlehre, Grundlagen der Elektrotechnik.
Frech-Verlag, Stuttgart 1986.

Gygax, Peter: Sonnenenergie in Theorie und Praxis.
Verlag C.F. Müller, Karlsruhe 1980.

Jäger, F. (Herausgeber): Photovoltaik, Strom aus der Sonne.
Verlag C.F. Müller, Karlsruhe 1986.

Juster, Felix: Solar-Zellen.
Franzis-Verlag, München 1984.

Köthe, Hans-Kurt: Praxis solar- und windelektrischer Energieversorgung.
VDI-Verlag, Düsseldorf 1982.

Lehner, Günter: Solartechnik. Grundlagen, Anwendungen, Zukunftsaussichten.
Expert-Verlag, Grafenau 1981.

Muntwyler, Urs: Praxis mit Solarzellen.
Franzis-Verlag, München 1986.

Rau, Hans: Heliotechnik, Sonnenenergie in praktischer Anwendung.
Udo-Pfriemer-Verlag, München 1978

Sonnenenergie, Zeitschrift für regenerative Energiequellen und Energieeinsparung. Jahrgänge von 1983 bis 1988. Deutsche Gesellschaft für Sonnenenergie.
Sonnenenergie-Verlags GmbH, München

von Sturm, Ferdinand: Elektrochemische Stromerzeugung.
Verlag Chemie, Weinheim 1969.

Stichwortverzeichnis